U0142898

商業溝通

掌握交易協商與應用優勢

林仁和 著

五南圖書出版公司 印行

序

《商業溝通——掌握交易協商與應用優勢》是一本實務取向的教科書與參考書。主要目的包括：大專學生、商業工作者以及有興趣研究溝通等讀者提供參考。因此，本書應用大眾化的陳述方式，在每一章的最後提供具有知識性與趣味性的溝通故事一則：「溝通加油站」。

「溝通」是個人生存與人際關係發展的核心，所謂「溝」是「通」的前提；而「通」則是「溝」的橋樑。換言之，商業工作者必須先認清溝通問題的「溝」，包括有形、無形與潛在的障礙物，然後透過學習、訓練以及經驗累積來實現。根據這個原則，本書規劃「基礎篇」六章與「實務篇」七章，共十三章，每一章提供各三節（三項）議題討論，最後三篇附錄，提供讀者更寬廣的商務溝通視野。

「基礎篇」的目的是商業溝通工作者的基本訓練。六項主要課程包括：第一章搭建溝通的橋樑，第二章學習溝通的技巧，第三章排除溝通的障礙，第四章加強溝通的訓練，第五章邁向商業溝通專業以及第六章善用寫作溝通技巧。

「實務篇」提供商業溝通工作者的專業訓練。七項相關課程包括：第七章掌握交易的溝通，第八章掌握服務的溝通，第九章掌握行銷的溝通，第十章掌握管理的溝通，第十一章掌握談判的溝通，第十二章發展國際的溝通以及第十三章開發溝通新工具。

對讀者而言，本書是一本「教科書」與「參考書」，對作者來說，它不僅是知識與經驗分享，更重要的是提供許多提示，讓讀者從事商業溝通工作更有信心與行動力。正如英國約翰•拉斯金（John

Ruskin）與愛爾蘭威廉•巴特勒•葉芝(William Butler Yeats)兩位教育家所指：教育不只在於使人知其所未知，而且更在於行其所未行（Education does not only mean teaching people to know what they do not know；but it also means teaching them to be have as they do not be have）；教育不是裝滿一桶水，而是點燃一把火（Education is not the filling of a pail but the lighting of a fire）。

面對人工智慧（AI）挑戰，英國《金融時報》（*Financial Times*）曾指出，在本世紀末，將有70％的職業會被自動化技術取代。因此，有先見之明的各個專業教育工作者，都在研究如何避免在這一波來勢洶洶的「超級智能」（Super- intelligence）浪潮中被淹沒。尼克•博斯特羅姆（Nick Bostrom）（2016年5月1日）剛出版的新書《超級智能：路徑，危險，策略》（*Superintelligence: Paths, Dangers, Strategies*）提出了相對的策略，特別在第五章「決定性的戰略優勢」（Decisive Strategic Advantage）中有詳細的闡述，非常值得參考。我們堅信工程師是人工智慧的創建者，商業溝通工作者在分享高科技的同時，更要加快腳步學習如何管理它，成為人工智慧產品的主人！

本書為授課教師提供「教師手冊」。主要內容包括：授課教學計畫，課程內容PPT，測驗問題題庫以及個案。

林仁和

2016年5月5日

東海大學

目　錄

目　錄

第一篇　基礎篇

Chapter 1

搭建溝通的橋樑

01 商業溝通的意義

02 商業溝通的語言

03 建構良好的溝通

教育不在於使人知其所未知,而在於行其所未行。

[英國]約翰·拉斯金

Education does not mean teaching people to know what they do not know；it means teaching them to behave as they do not behave.

[UK] John Ruskin

教育不是裝滿一桶水,而是點燃一把火。

[愛爾蘭]威廉·勃特勒·葉芝

Education is not the filling of a pail but the lighting of a fire.

[Ireland] William Butler Yeats

01 商業溝通的意義

根據本節的「商業溝通的意義」主題，我們要進行以下三項議題的討論：

1. 商業溝通的定義
2. 商業溝通的功能
3. 商業溝通的程序

一、商業溝通的定義

商業溝通（Business Communication）是指商業交易與服務互動的相關過程。它是根據溝通的基本原則，應用在商業實務操作上的行為，包括個人或與多人之間在生意交往中，具有目的（購買或銷售），彼此交換價值觀念（商品價格），交換商品知識以及建立相互信賴等資訊交流的過程。它是商業交易的重要管道與方式。

商業溝通主要是透過語言（包括：聲調、表情、手勢和體態）、文字（包括：信件、文稿、宣傳和廣告單）以及科技工具（包括：電話、電子郵件、視訊和網路）等方式來完成。簡單的說，商業溝通具有三種特殊的意義：

1. 交易的必要歷程。

2. 具有特殊意義與目的。

3. 負有責任與義務。

（一）交易的必要歷程

商業溝通是交易的必要歷程。商業溝通是一種歷程（process），主要是指：買賣雙方在一段時間之內，有計畫地進行一系列的商務行為。它包括與生意伙伴的電子郵件往來，或以電話、視訊交換意見，甚至使用網路對談，都算是一種商業溝通的例子。因而在每一個溝通的歷程裡，都會產生資訊交換，這種行為都算是在進行商業溝通的過程。更進一步，商業溝通也擴大到其他相關的實務領域：顧客服務溝通、行銷溝通、管理溝通、談判溝通、網路溝通等等。

（二）具有特殊意義與目的

商業溝通是具有特殊的意義與目的。商業溝通其重點在於：它是一種具有特殊意義（meaning）的溝通歷程，有別於消遣式談話或聊天。在商業溝通的過程中，其內容表現出的是（WWI）要件：「什麼」（what）？其意圖所傳達的理由是「為何」（why）？以及其重要性的價值，對此溝通「有多重要」（importance）？

（三）負有責任與義務

商業溝通負有責任與義務。交易雙方在溝通歷程中，表現的是具有責任的互動（Interaction），在溝通過程的當時以及溝通之後所產生的結論，包括肯定、否定或未定等，雙方都對所交談的事情要負有責任的。在尚未溝通之前，不能預設立場，不能預先確定溝通互動後的結果，例如，賣方跟買方說：「能不能用這個價錢，買這批貨？」此時，在還未造成互動前，不能知道結果為何，可能是肯定，也可能是否定；而且肯定或否定的結果，其過程又存在著許多的語言、語氣及

態度等表達的差別。因此，兩者都必須一致，雙方溝通結論具有責任與義務，彼此接受約束。

二、商業溝通的功能

商業溝通具有社會性、心理上和決策上的功能，它與我們在商業工作與生活上的各層面息息相關。例如，在社會性上，商業人士為了發展信譽和維持生意關係而溝通；在心理上，生意人為了滿足個人與生活經濟需要，以維持工作正常運作而進行溝通；而在決策上，生意人也會為了分享資訊和影響生意對手的意願而進行溝通。

（一）社會性功能

商業活動具有重大的社會功能，包括維持社會經濟的穩定、市場的商品調節，及生活用品的供需。在這個前提下，商業溝通提供了社會性功能，且藉由社會功能，商業工作者可以發展、維持與其他同業間的關係。一般而言，商務工作者必須經由與對方的溝通中，來瞭解對方，並藉由溝通的歷程，彼此間的關係才得以發展、改變或者讓商業關係正常維繫下去。

（二）心理上功能

商品生產者，為了滿足社會的商品需求和銷售業者的行銷，因而雙方進行商業溝通。在心理學上認為，人類是一種社會的動物，生意人與對方談生意就像需要為了生活而工作一樣重要。如果一位生意人與其他生意人失去了洽談生意的機會與接觸方式，大都會產生一些心理上的症狀，例如產生失落感，喪失工作動機，且變得心理失調。他們平常可與其他同業閒聊，即使是一些不重要的話，但卻能因此滿足了彼此互動的需求，而感到愉快與滿意。

溝通的另一個層面則是，為了加強肯定自我而和對方溝通。由

於溝通，進而能夠探索自我以及肯定自我。要如何得知自己的工作專長與人格特質，有時個人會藉由溝通，而從別人口中所得知。與對方溝通後所得的互動結果，往往是自我肯定的來源，每個人都希望被肯定、受重視，結果從互動中就能找尋到部分的答案。

（三）決策上功能

人類是具有群體合作的社會動物之外，也是個人獨立而彼此競爭與合作的決策者。我們無時無刻都在做決策，不論接下來是否要去拜訪客戶，要去何處與客戶會面，或者該談什麼，以上這些都是在做決策。做商業決策時，有時可能靠自己就能決定的，而有時候卻須和上司或同事商量後，才一起做決定。

商業溝通，滿足了決策過程中的兩個功能：第一，溝通促進資訊交換，而正確和適時的資訊，則是做有效決策之關鍵。以溝通促進資訊交換，有時是經由自己的觀察，一些是從閱讀，有些是從傳播媒體得來的資訊；但也有時是經由與對方溝通而獲得的許多資訊。第二，溝通會影響對方。藉由溝通來影響對方的決策，例如，和對方討論交易價格，他的詢問意見與你的傳達意見之間的互動，就可能會影響到決策的結果。

三、商業溝通的程序

商業溝通的功能呈現出，要達成交易雙方互相瞭解，必須有明確的進行溝通程序。因此，注意溝通程序，明白各階段的彼此相關性，正是改善商業溝通的第一要件。商業溝通過程，基本上包含七個步驟，前三個步驟由發送訊息的人進行，後面四個步驟則由接收訊息的人來完成。

（一）發展觀念與確定理念

發展觀念與確定理念是發送訊息的人所進行的第一個步驟。目的是要發展商業溝通的明確觀念或感受：確定商業溝通的理念。在設法將自己的觀念傳送給別人時，你可曾說過：

「我不確定該怎麼說，但是……」

然後設法再加以解釋。這種說法就表示你對自己想要進行商業溝通的內容並沒有清楚的瞭解。假使連自己都不能夠真正清楚想說什麼，你更不可能期待別人能瞭解。因此，在想要傳遞你的觀念或感受給別人的時候，你對自己和別人都負有責任。因此，最好先自我形成明確的觀念和感受，然後傳達給對方。

（二）把理念轉變為訊息

把理念轉變為訊息就是選擇正確的言語和行動來傳遞你的觀念：把理念轉變為可以被接受的訊息。商業溝通理念必須被傳送出去，否則雙方之間的瞭解便不可能發生。儘管有些溝通者會遲疑而不願說出自己的想法，然而必須記住的是：壓抑個人的感受經常是形成彼此誤解的最大原因。

人們（特別是主管者）通常不太願意讓其他人（部屬）知道他的想法，以維護其權威角色；有些人（部屬）害怕被（主管）拒絕則是最主要的溝通障礙。由於思想和感受代表整個人，告訴別人你真正的想法和實際的感受，假使不能被人們接受時，很明顯的，便表示他們拒絕了你。

為了避免被拒絕，大多數人經常保留真正的感受，只透露他個人確信可被接受的部分。結果，在抱怨商業溝通的問題時，反而忘了是因為不願和別人分享你的觀念，這才是導致你和別人無法深入談好生

意的關鍵。

　　觀念和感受是由語言和行動來進行商業溝通的。正確的說法是：「語言本身沒有特殊意義，是人使語言具有意義。」因此，每當傳達觀念給別人時，要記住：確實使所用的語言和行動，讓接受訊息的人也具有同樣的感受才好。

（三）把訊息傳達出去

　　把訊息傳達出去是要求在傳達訊息時，要注意周圍並努力減少溝通障礙，然後把訊息傳達出去。商業溝通除了對外也要對內部，對組織機構而言，就像血液對於人體一樣重要。當血液的供應被切斷，不再流向手時，手會變得麻痺而失去作用。這時萬一血液的供應不能恢復，最後肌肉會死亡，就產生了壞血症。假使再不加以處理的話，壞血症會擴散毒素至身體的其他部位，最終必導致死亡。

　　商業溝通就像組織所需的鮮血，它將觀念、感受、計畫和決策轉換成為建設性的行動。但是，假使其中發生障礙，導致組織內的某些溝通管道被切斷，很顯然的，這些部分便會失效和麻痺。因此，除非商業溝通障礙被移除，否則將會破壞那一部分的組織生產力。例如一些高度傳染性的組織病症，像降低士氣的人格衝突、各種消極的態度，以及錯誤的猜疑等等。假使再不予以理會的話，這些傳染病最後會蔓延至整個組織，減低整體的生產力量，最終結束組織的生命。因此，要努力找出個人和組織的溝通障礙，並設法清除它，以及這些障礙對彼此瞭解的不利影響，這是十分重要的課題。

　　當然我們不可能完全消除所有在溝通上的障礙，但是，大部分是可以被減少的。內部溝通障礙的定義：凡是阻止或扭曲個人與個人以及個人和團體之間發展互相瞭解的任何事件，均是溝通障礙。

　　在公司管理中，最常發生溝通障礙的八個項目如下：

1. 只聽個人想聽的事情，排斥別人。

2. 任憑個人的情緒來解釋事情。

3. 對別人的動機（作為）懷疑或沒有信心。

4. 噪音或其他引起分心的事情。

5. 與對方不同的價值系統和感受。

6. 不接受與個人固有信念或觀念衝突的訊息。

7. 使用過多不同意義的言詞。

8. 所說的和其行為不一致。

一般而言，溝通障礙可以降低，卻很難完全避免，然而，藉著一些技巧可以大大的減低誤解。其中包括下列七個項目：

1. 儘量使用面對面的直接溝通。

2. 使用簡單的話，避免用語言技巧加強別人印象。

3. 要求聽者回饋意見。

4. 全心注意聽講話者的反應。

5. 除非對方講完，不要打斷講話者說話。

6. 鼓勵大家自由的表達。

7. 不論你是否同意，接受對方表達不同意的權利。

（四）注意接收訊息

在前三項由發話者主導之外，以下四項則由聽話者來承接。首先，注意接收訊息：接受者必須藉著聽話和觀察行動來接收訊息。在商業溝通程序中，聽話者必須處理容易阻止或扭曲真正想法或感受的溝通障礙，同時，他要觀察對方的動作，又要傾聽發送訊息者的言語。

（五）解釋訊息

在接收訊息之後，接受者必須解釋這些語言和行動。也就是接受者將言語和行為翻譯成為想法和感受，這是形成瞭解的關鍵步驟。在這一個步驟中，許多原有的想法和感受經常被遺漏掉。除非所接收到的訊息能夠被正確的瞭解與解釋，對方是無法進一步有所反應而採取行動。

（六）肯定、否定或不理會

在解釋訊息之後，接收者必須能夠對訊息做適當的決策。如果不能夠被正確的瞭解與解釋，對方是無法進一步有所反應：Yes、No或不理會。當接收者對所接收到的訊息能夠被正確的瞭解與解釋時，才能夠進一步的採取確實的反應與行動。

（七）回饋行動

最後，在接受者能夠形成正確的觀念和感受時，正確的回饋行動才能夠出現。假使在第一步驟中所發送的觀念和感受與第四項目中所接收的相同，互相瞭解的回饋就出現了，雙方都完成了有效的溝通。否則，假使項目四所接收的觀念和感受與項目不相同時，誤解就形成，溝通就失敗了。

思考問題

1. 商業溝通具有哪三種特殊的意義？
2. 商業溝通的過程中，其內容表現出的（WWI）要件，是指什麼？
3. 商業溝通，滿足了決策過程中哪兩個功能？
4. 商業溝通過程，基本上包含哪七個步驟？

02 商業溝通的語言

　　根據本節的「商業溝通的語言」主題，我們要進行以下四項議題的討論：

1. 語言的基本功能
2. 語言的溝通應用
3. 語言溝通的原則
4. 語言溝通的規範

一、語言的基本功能

　　語言是建立人際關係的前提條件，因爲它提供了人與人之間的溝通橋樑，因而，在商業溝通的議題上語言是必要的工具。語言作爲人際活動的特別媒介物，活躍在人類社會的各個領域，包括家庭、學校、社交以及工作場所等等，成爲維繫人際關係的重要關鍵。換言之，凡有人群的地方，就會發生語言關係，並且透過人際交流建立人際關係。

　　人類的活動無比複雜，不僅有生產活動，還有政治活動、宗教活動、藝術活動、思想活動、科學實驗以及交易活動等等。於是語言就成爲人際活動的特別媒介物（工具），語言自然成爲維繫人際關係的重要關鍵。

第一，語言在現代功能上，包括有面對面的、遠距離的、同時代的、隔代的、書面的、口頭的、雙邊的、多邊的、友好的、敵視的、親熱的、政治的、經濟的、軍事的、外交的等各種人際交流，這些活動都需要由語言去承載和交流。

第二，語言溝通既是一種個人心理的反應現象，又有其他社會關係的內涵；既有個性的因素，又有社會的共同性；既是一種現實的關係，又屬一種文化的累積，這一切都在語言中得到記載、表現與發展。總之，假使沒有語言，人類何以能夠認識自我、認識他人、認識這個豐富、多彩的社會！沒有語言，何以能向他人準確無誤地表達複雜的思想、微妙的情感；沒有語言，何以能傾聽現代人的心聲，與他們產生感情共鳴和心靈溝通！

第三，語言成就了人類的活動、人類的關係、人類的社會密切相關。語言使人類活動、人際關係以及人類社會交流而發展更為豐富與多樣化。反之，沒有語言，人類的活動、人際關係、人類的社會交流，同樣是不可想像的。

總之，語言是人類的活動工具，是人際關係的關鍵，也是人類社會存在的基本條件。

二、語言的溝通應用

語言的溝通前提，反應了語言溝通應用的普遍性。只要有語言存在的地方，就離不開語言的溝通的工具性。儘管在客觀上，任何一種語言都能反映一定的人際關係，都能對人際關係產生一定的影響。

（一）語言溝通技巧

在溝通過程中要想按自己的意圖去影響他人的人際關係的類型和環境，必須恰當地掌握語言溝通的技巧。語言溝通的好壞，直接關係到人際關係的成敗。任何人際關係的建立、發展、鞏固、改善和調

整，都要依靠一定的語言溝通。

當售貨員要使買賣成交，光靠商品的品質和顏色品種是不行的，還必須處理好與顧客的人際關係。這就要運用適當的語言溝通。我們常常可以聽到售貨員接待顧客所說的第一句話是：

「您要什麼？」
「您要買什麼？」
「您要看什麼？」

第一句說法很不禮貌，含有審問的語氣；第二句說法會使顧客感到乞討之意。顯然這兩種說法都不能建立良好的人際關係，而第三句說法，也不甚妥當。當然，對那些專程來買東西的顧客，這樣說也未嘗不可，但對那些只是來逛逛、看看的顧客，就有逼他購買的感覺；再說，這種問法是以賣者的身分向買者提出，一下子就把雙方框入了「買賣」的角色關係了，使銷售者與多數的客人的人際關係突然緊張起來。因此我們建議使用中性的第四種問法比較得體，以服務員的口吻提出：

「歡迎光臨」
「您有什麼需要服務？」

顧客感受到尊重，而且只是歡迎您的光顧，問您有什麼需要服務的地方，並不強迫您買，顧客沒有什麼心理負擔，這樣反倒能夠招徠顧客，收到良好的經濟效益和人際效益。

（二）溝通水準高低

語言溝通的效果受到溝通水準的高低，直接關係到說話目的與接

受程度間的矛盾處理問題。在語言交流中，說（寫）者所表達的不一定就是聽（讀）者所能完全瞭解與接受的。怎樣才能實現自己的表達目的，又不弄僵人際關係呢？這就要取決語言溝通的技巧了。

當語言溝通的表達水準與技巧高時，即使批評對方、說服對方、拒絕對方要求、不同意對方觀點、勉強對方之類的話，對方也能聽得進去；如果語言溝通技巧不好，即使表揚、讚美、贊同、支持對方的話，都可能引起對方的誤會和猜疑。許多人都遇到過這種情況，本是好意，卻由於語言技術水準不高，反而造成不好的後果。例如，在醫院看病時，就避免使用「您好嗎？」打招呼。

總之，語言是人類表達感情、溝通思想、傳播訊息的一種必要工具，每一個人從出生到老，運用大家共同語言來互相溝通，因此，語言是最具有普遍性的溝通應用工具。語言是人類交際的工具，是思維的物質表徵，是訊息的媒介。語言起源於人類的活動實踐，活動的發展必然促使社會成員更緊密地相互結合起來。

三、語言的溝通原則

原則是事物內在規範的反應，是各種同類性質活動都必須遵循的基本原則。各種語言溝通也是這樣，它們有著各自必須遵循的、內在的規定性。

（一）建立溝通原則

在涉及的語言溝通中，無論是我們要批評對方，還是要讚揚對方；無論是我們與他人想交談些什麼，還是不想交談些什麼；無論是我們想在此時此地談，還是想在彼時彼地談等等，在我們心中往往都有一些共同需要遵循的原則。

由於原則往往是比較抽象的，是由人去制定並使用的，所以運用起來有時就具有一定的片面性和主觀性，有時與現實的語言環境需

要，產生了衝突和矛盾。我們常批評說，某人腦筋「燒過頭」、「壞了」或「橫材拿入灶」（台語）、「太固執，不見棺材不掉淚」等等，這些都是巧妙的表現在語言策略和型態上的抽象的原則。

（二）靈活性

因此，儘管語言溝通離不開原則，必須以原則為基礎，但另一方面原則又不能機械地套用，必須具備靈活性。聞者與說者產生共鳴、達到適當的靈活性，即原則性與靈活性相配合。這是應用語言應當遵循的基本規律。

（三）一致性

語言溝通要求堅持原則性與靈活性之外，需要有一致性，必須遵循如下的要求：一方面，要堅持原則性，即堅持內容正確、格調高雅、目的明確等規則，不能為保持一團和氣而喪失立場。不論是什麼樣的人際關係，該說的話一定要說，不能只堅持「照顧面子」。再一方面，也要講究說話方式方法的靈活性，要根據人際關係的類型與特點，根據語言交流的內容、場合、時間的不同，來採取適合而又不拘泥於相同的表述方法。

語言的一致性，在拒絕他人的要求時，顯然格外重要。我們在生活中，時常碰到有人提出我們難以應允、不合情理的要求，對於這些非份要求，在處理時，如果我們缺乏了靈活性，只是簡單地去拒絕對方，往往容易造成難堪的僵局，從而使彼此之間原本融洽的關係發生變化。特別是當與我們關係極為親近的老朋友、老長官、老部下、老同學、老鄉、親屬等向我們提出一些要求時，更是難以拒絕他們。這時，講究方法的靈活性，用以維護語言內容的原則性，就更為可貴了。

四、語言的溝通規範

任何語言溝通都要遵循相應的規範和程序，它是整個社會各個領域的團體以及人與人之間，根據語言交流的一般規律而形成的一整套行為標準。這種廣義的語言規範，包含著廣義的角色規範和狹義的語言規範。

語言溝通的角色規範是指：與一定角色相聯繫的有關行為的社會標準。而狹義的語言規範則是指：各種選詞與造句而組成完整篇幅文章的規則與會話規則。

（一）角色與語言規範

角色規範既然是與一定角色相聯繫的有關行為的社會標準，自然是一套大家有共識的原則。語言學家格賴斯（H. P. Grice，Philosophy of Language, 2007）曾經指出，要想使談話能夠順利進行下去，談話雙方要遵循：「談話合作原則」，這種原則包括四個部分：

1. 數量原則：話語的訊息量，不能太多或太少。
2. 品質原則：說話人要自信，內容要真實可靠。
3. 相關原則：說話要貼切，不說無關之事。
4. 方式原則：說話要清楚明白，避免歧異。

倘若違反上述原則，談話就難以進行，雙方就無法溝通，更無語言的藝術性可言。這一點在不同形式的語言系統中，雖然各有不同的文化特色，這四項標準原則還是大家需要遵守的原則，商業溝通更是需要！

一般社會性語言，由於適用於人類在社會生活中，為滿足各種需要而進行比較寬廣的訊息交流或聯繫，因而十分講究打招呼的語言溝

通、自我介紹的講話藝術、提問題的語言溝通、拒絕的語言溝通、電話以及網路通訊的語言溝通等。這些不同層次和階段的語言溝通，由於其自身所具有的不同性質的要求，就共同構成了一般性的社交語言溝通特有的規範和技巧，從而有別於其他語言溝通的規範和技巧。商業溝通則屬於比較專業性的一環。

（二）演講與辯論

演講與辯論是商業溝通的一種重要工具，例如，商品介紹與交易談判。演講的語言，不同於一般社交語言，它由於要力爭透過系統完整的語言表述來說服公眾，因而十分講究開場白的藝術、結束語的藝術，以及有聲語言、肢體語言和時機語言的藝術。演講語言要活潑、集中並合於規範。

辯論語言在商業溝通的應用上，不同於社交和演講語言的規範，它由於是為了證明自己觀點的正確，而在語言上與對方發生直接對抗，因而十分講究巧辯的語言溝通和善辯的語言溝通。

（三）談判與推銷

談判與推銷在商業溝通實務上，是演講與辯論的延長。換言之，許多談判與推銷的個案都以演講與辯論為前提。

談判語言，由於要斡旋於涉及各方切身權益的分歧和衝突中，須反覆磋商，尋求解決的途徑和協議的達成，使其具有自己的規範特色。因此，它十分講究傾聽的技巧、發問的藝術、應答的學問以及引誘的策略、讓步的策略、改變策略的計畫等。對這些規範的認知和實踐程度，決定了談判的勝負。

推銷語言，是指從事帶有行銷性質工作的人來說，其語言還必須經常依循廣告和行銷語言的基本規範。廣告講究標題語言、本文語言乃至圖畫的藝術。行銷講究發話和討價還價的語言溝通，講究其中的奧妙玄機。

總之，只要是社會交流的語言，就無不有規範存在。因為語言是為人類在社會中的角色及其行為規範服務的。但由於人際關係複雜多變，語言環境也異常活躍，因此商業溝通的語言也不應呆板僵硬，而是要順應變化、不斷創新，也就是講究說話的變異性，使規範性與變異性巧妙結合。運用得好，經常有很好的效果。

思考問題

1. 語言的基本功能是什麼？
2. 什麼是語言溝通的一致性？
3. 什麼是語言廣義的角色規範和狹義的語言規範？
4. 「談話合作原則」包括哪四個部分？

03 建構良好的溝通

根據本節的「建構良好的溝通」主題，我們要進行以下三項議題的討論：

1. 建立溝通的基礎
2. 確立溝通的組成
3. 從基礎學習溝通

一、建立溝通的基礎

關於如何學習營建良好而滿意的商業溝通，筆者建議學習以下五種關鍵性的技巧：

第一，溝通方法。這些方法能夠幫助人們真正領會他人在說些什麼。具體的方法，例如採用新的回饋方式，使他人感到你能夠完全明白他所說的問題，並能感同身受地做出共鳴。如果方法運用得當，他人可以有效地解決自己的問題，而不會產生對你的依賴。

第二，溝通的決策。這些言語和非言語的行為，能夠使你既能考慮並滿足自己的需求，又不會讓人覺得你很強勢、濫用職權、操控局面或者控制他人。

第三，解決衝突。這些能力可以幫助你應對與衝突相關的不良情緒反應，同時也能夠使你的商業溝通，在衝突解決之後變得更加緊

密。

　　第四，合作問題。這種技巧能夠在各方利益都能滿足的基礎上，解決矛盾衝突。問題解決的方式自然也是促進商業溝通的方式。

　　第五，技巧選擇。溝通技巧選擇是幫助你在某一特定的環境中，選擇特定的溝通技巧。

　　以上是有效商業溝通必需的基本溝通工具，是最基礎的，也是最重要的能力要求。這些能力著重於傾聽技巧，而不去指導人們如何積極地維護自己。也有只強調如何維護自己的權益，而忽視了積極傾聽的必要性。能夠將兩者結合起來，又很少涉及衝突決議和問題解決的相關內容，而這些在所有的商業交往過程中都是不可或缺的。

　　商業溝通必須建立在人際溝通的美好基礎上。因此，一個笨拙的商業溝通者與親密者、配偶和子女的疏遠，以及事業管理關係低迷，有必然的關係。研究發現，儘管人們普遍存在著防衛傾向，但各個年齡階段的人都能學習特定的溝通技巧，以此來改善自己的人際關係和工作狀態。

　　話說，一向一帆風順的小謝，在生意上第一次遭受了巨大的挫折與失敗，小謝心灰意冷，整天呆在家裡悶悶不樂。九歲的兒子安安放學回來，興高采烈地向小謝大聲宣布：

　　「爸，我有個好消息向您宣布！」
　　「是嗎？安安」。

　　小謝漫不經心地回答。聰明的安安看出了小謝的不快，問道：

　　「爸爸，您心情不好嗎？是打球輸了嗎？」

　　安安剛剛加入學校乒乓球業餘培訓班，對乒乓球非常有興趣。小

謝回答他說：

「差不多，我輸了比賽」。

「那有什麼了不起！」安安說，

「我剛進業餘班的時候，連球拍都不會握，可是我很專心注意班上的冠軍，心想我總有一天要和他一樣厲害。每天一訓練完，我就找他挑戰，當然我從來沒贏過，心情非常沮喪，所以我非常同情您，爸爸，您的對手是冠軍嗎？」

「那不見得！」小謝答道。

「哇！連冠軍都不是，那就更不應該輸給他。您知道我是如何戰勝冠軍的嗎？」

「如何？」

「我努力練習，經過一段時間準備後，我又去向驕傲的冠軍挑戰，果然，第一局我又輸了」。

「第二局呢？」

「也輸了」。

「那你真的又輸了」。

「可是，爸爸，第三局我贏了他」。

「可你，最終還是輸給了他」。

「但是，第三局我贏了他，我終於打敗了他一回。爸爸，您失敗了幾次？」

「一次！」

「爸，您真笨，才一局您就認輸了，您應該來五戰三勝制，徹底打敗對手。」

「五戰三勝制？這主意真好！」小謝豁然開朗，心情也好多了，就問安安：「你剛進門時說有好消息告訴我，是什麼好消息？」

安安認真地答道：「就是在第三局我終於戰勝了對手呀！」

從小謝與兒子安安的對話中，指出了三項成功溝通的關鍵；首先，安安說話直接坦率，讓小謝不能迴避他的溝通問題；其次，安安一步步的鞏固自己勝利的理論基礎；最後，獲得小謝的同理心認同。其實成功者並不是沒有失敗的人生。失敗了能再爬起來，從失敗中吸取教訓，時時記住自己的目標，才能獲得真正的成功。成功者是不怕失敗挑釁的，他們敞開胸懷迎接失敗的挑戰，因為他們明白：不到最後，絕對不放棄。

二、確立溝通的組成

在本章第一節第三項中，我們討論過商業溝通程序的七個步驟，在此，我們要進一步探討如何確立溝通的組成。這個組成包括輸出者、接受者、資訊和管道四個主要因素。

（一）溝通輸出者

在溝通過程中，輸出資訊者是提供資訊來源者，他必須充分瞭解接受者的情況，以選擇合適的溝通管道，以利於接受者的理解。因此，輸出資訊者要順利的完成資訊的輸出，必須對編碼（Encoding）和解碼（Decoding）兩個概念有基本的瞭解。

編碼是指將想法、認識及感覺轉化成資訊的過程；解碼則是指資訊的接受者，將資訊轉換為自己的想法或感覺。為了提高編碼的正確性，必須注意以下五點：

1. 資訊相關性

資訊相關性是指：資訊提供者的資訊必須與接受者所知道的範圍相關聯，如此才可能使資訊被接受者所瞭解。所有資訊必須以一種對接受者有意義或有價值的方式傳送出去。

2. 資訊簡明性

資訊簡明性是指：資訊提供者要盡量將資訊轉變為最簡明的形

式，因為越是簡明的方式，越可能為接受者所瞭解而願意談判。

3. 資訊組織性

資訊組織性是指：資訊提供者將資訊組織成有條理的重點，以便接受者瞭解及避免接受者承擔過多的負擔。

4. 資訊重複性

資訊重複性是指：資訊提供者主要是在口語的溝通中，重複強調重點有利於接受者的瞭解和記憶。

5. 資訊集中性

資訊集中性是指：資訊提供者將焦點集中在資訊的幾個重要層次上，以避免接受者迷失在一堆雜亂無章的資訊之中。在口語溝通中，可藉由特別的語調、舉止、手勢或臉部表情來表達這些重點。若以文字溝通方式，則可採用劃線或強調語氣，以突顯內容的重要性。

（二）溝通接受者

溝通接受者係指：獲得資訊的人。接受者必須從事資訊解碼的工作，即將資訊轉化為他所能瞭解的想法和感受。這一過程要受到接受者的經驗、知識、才能、個人素質以及對資訊輸出者的期望等因素的影響。

（三）溝通資訊

溝通資訊是指：在溝通過程中，傳給接受者（包括：口語和非口語等）的消息。同樣的資訊，輸出者和接受者可能有不同的理解，這可能是輸出者和接受者的差異所造成的，也可能是由於輸出者傳送了過多的不必要資訊。

（四）溝通管道

溝通管道是指：在溝通過程中，資訊輸出者為接受者提供適當的溝通管道，以便雙方得以進行對談與交流。以企業組織為例，企業的

內部組織透過適當的溝通管道將資訊傳送給各部門。這些溝通管道包括正式或非正式的溝通管道、向下溝通管道以及向上溝通管道。

三、從基礎學習溝通

在前面討論的兩項議題：建立溝通的基礎、確立溝通的組成——這是建構良好溝通的前置課題，然後讓從事商業溝通者以便建立個人的溝通方法和風格。

關於個人的商業溝通方法和風格，可以肯定這些都是學習的結果。對個人影響最大的可能是溝通部門主管及資深同事，而他們所使用的溝通方法，可能也源自於他們的前主管及前同事。當然也可能是從經驗累積的，或者透過書本、廣播、電視、網路和其他管道取得，我們所處的社會文化也在不斷的影響著個人的溝通方式。

並非所有的商業溝通者都能在自己工作的組織中建立起有效的溝通。有些幸運的人，他們良好的溝通能力似乎是「天生的」。什麼看起來是天生的呢？其實這往往是他們從在學的時候，就學習到有效溝通技巧，並進而轉化成良好溝通品質。

有許多從事商業溝通者在工作時，就已經接受了溝通的訓練。例如，部門主管及同事會使用一些特定的非言語行為（例如：握手，微笑），或表示不悅的行為（例如：發脾氣，責備他人）。管理心理學家埃德加・施恩（Edgar H. Schein：Organizational Culture and Leadership, 2010）針對組織文化列舉了下列項目：

1. 如何做表面工作？
2. 如何塑造自己正面形象？
3. 如何在他人面前隱藏自己？
4. 如何躲避承擔工作關係中的風險？
5. 如何操控他人或忍受被他人操控？

6. 如何在必要的時候傷害和懲罰他人？

　　有人可能會認為上述所描述的組織文化經驗並不準確。不用懷疑，個人溝通風格的形成並非一個簡單的過程。在工作學習時，對所處環境中存在的主導性比較大，也是會因人而異的。如果部門主管及資深同事中有些人脾氣壞，經常在溝通過程中發脾氣，那麼對屬下可能會形成截然不同的處理憤怒情緒的方式，有的人可能會壓抑自己的憤怒情緒，有的人則可能經由衝突形式，將憤怒情緒發洩。一旦部門主管及資深同事錯誤的溝通方式被部屬模仿，將會導致惡性循環的組織文化。當然，惡性循環也可以被打破，因為可以透過培訓加以改善。

　　在特定組織文化之下，有些人對於自己的溝通模式往往持有「宿命論」的觀點。他們認為自己說話和傾聽的方式，就像自己眼睛的顏色一樣，都是「天生的」，想要去改變個人的溝通風格，幾乎是不可能的。無論如何，只要有正確的思想和堅定的決心，都能透過培訓學習提高溝通效率。

　　當然，想要改變已形成的商業溝通方式並非易事。多年來形成的習慣已經根深蒂固地內化成個人特質，如果改變，就會感覺不舒服、不自然。任何「新的」方式看起來都是蠻困難的，人們也傾向於放棄改變。但是一旦自己能夠意識到自己的商業溝通方式是多麼不恰當，很多人也會產生強烈的改變願望。當他們有效地使用某項學習到的新的溝通技巧時，他們會感覺非常興奮！

　　在網路時代，快速變化是最基本的特性。學者指出，人們一生的職場生涯中，要經歷許多發展階段，每個階段都有截然不同的特點，就像人們在夜晚的舉止跟清晨時不可能完全相同一樣。同時，世界也在不斷地變化。人類文化自誕生的那一刻開始變化，便成為永恆的主題。變化法則：「任何事物都不能維持不變。」「不變好，則

變壞。」商業關係不是增強，就是削弱；或親密，或疏遠；有時有價值，有時無價值。任何人不但能夠改變與人交往的方式，而且也必將改變。與其被動的讓生活發生變化，不如主動的掌握變化的技巧。

清朝年代有一個自負非凡的秀才去買柴，他等了大半天才碰上一位賣柴者。他對賣柴的人說：

「荷薪者過來！」

賣柴的人聽不懂「荷薪者」（擔柴的人）三個字，但是聽得懂「過來」兩個字，於是把柴擔到秀才前面。

秀才問他：「其價如何？」賣柴的人聽不太懂這句話，但是聽得懂「價」這個字，於是就告訴秀才價錢。

秀才接著說：

「外實而內虛，煙多而焰少，請損之。（你的木柴外表是乾的，裡頭卻是濕的，燃燒起來，會濃煙多而火焰小，請打個折吧！）」

最後，賣柴的人因為聽不懂秀才的話，於是擔著柴就走了。

總之，從事商業溝通的工作者最好用簡單的語言、易懂的言詞來傳達你的訊息，而且對於說話的對象與說話的時機要有所掌握，有時過分的態度矯情和語言修飾反而達不到想要完成的目的。

思考問題

1. 學習營建良好而滿意的商業溝通，有哪五種關鍵性的技巧？
2. 為了提高編碼的正確性，必須注意哪五點？
3. 管理心理學家埃德加‧施恩（Edgar H. Schein）針對組織文化列舉了哪些項目？

溝通加油站

互助是最好的報酬

在「第一章搭建溝通的橋樑」裡，要建構良好的溝通，與讀者分享一則故事：互助是最好的報酬。

商業談判溝通的最理想結局是雙贏，因此，幫助對手就是在幫助自己；不吝嗇於回報別人的幫助，有時候回報別人正是另一個幫助的開始。

話說，蘇格蘭有一個窮苦的農夫叫弗萊明。有一天，他正在田裡耕作，忽然聽到附近有人發出求助的哭喊，他立即放下農具衝到河流邊察看。原來是一個小孩在玩耍時不小心掉到了河裡，而且父母又不在身邊。弗萊明把小孩從死亡邊緣救回來，讓他重回父母親懷抱。

幾天後，有一輛嶄新的馬車停在他家門口，馬車裡走出來一位優雅的紳士。這位紳士是那個被救小孩的父親。紳士對他說：

「我要報答你，因為你救了我兒子的性命」。

農夫說：

「我不能因此而接受報酬，救人是應該做的」。

兩人正在爭執時，農夫的兒子從外面回來。紳士就問：

「他是你的兒子吧？」

農夫很驕傲地回答說：「是的」。

紳士說：「這樣吧！你讓我帶走他，我會讓他接受良好的教

育。假如這個小孩像你一樣，他將來一定會成為一位令你驕傲的人」。

　　為了孩子的將來，農夫答應了。後來農夫的小孩從聖瑪利亞醫學院畢業，並成為舉世聞名的人物。他就是亞歷山大・弗萊明（Alexander Fleming）大爵士，也就是盤尼西林的發明者。他在1944年受封騎士爵位，1945年，他與弗洛里和錢恩因為對盤尼西林的研究活動而獲得諾貝爾醫學獎。

　　數年後，紳士的兒子染上了肺炎，是什麼藥物救活了他呢？是盤尼西林。這位紳士的兒子是誰呢？他是政治家英國首相丘吉爾（Winston Churchill）爵士。

　　商業談判溝通的最理想結局是雙贏，因此，幫助對手就是在幫助自己；不吝嗇於回報別人的幫助，有時候回報別人正是另一個幫助的開始。而最好的報酬就存在於幫助與感恩之間！

Chapter 2

學習溝通的技巧

01 溝通回饋性傾聽技巧

02 溝通衝突問題與解決

03 肢體語言的溝通技巧

01 溝通回饋性傾聽技巧

根據本節的「溝通回饋性傾聽技巧」主題，我們要進行以下三項議題的討論：

1. 兩種傾聽的技巧
2. 解釋性傾聽回饋
3. 總論性傾聽回饋

心理學家約翰‧鮑威爾（John. Powell：*Transforming Our Conceptions of Self and Other*，2015）認為回饋性的傾聽是聽出弦外之音，而非表面的意思。真正的傾聽，要透過語言，體察深層含義，尋找語言背後的說話原意。這種傾聽是探詢言語和非言語的內容所展現出來的真實故事。當然，這是在語義上存在問題。你所理解的詞語含義跟我所理解的可能不相同。因此，回饋性傾聽在商業溝通上扮演了重要角色。

現代的商業溝通過程通常會牽涉到：不同領域的專業名詞，不同語言與文化背景者，甚至相同語言的不同社會型態者等等。所以，我永遠無法告訴你：你說了什麼，而只能是：我聽到了什麼。然後，我必須用我的語言對你敘述，來探索哪些是留在你內心的，我尚未解讀的，保證我完整地、毫無曲解地理解你。

一、兩種傾聽的技巧

傾聽的溝通應用非常廣泛，包括在教育、管理、醫療以及貿易等方面。同時，在專業程度上的訓練也有區別。在這裡，我們要進行討論以下兩種基本的傾聽技巧。

（一）關注技巧

傾聽的藝術在於能夠做出恰當的回饋性反應，然而其先決條件是要學習關注技巧，這是排除批判性，而且是具有所謂「同理心empathy」的關注。在回饋性反應中，聽者可以用一種表示理解和接納的態度，重新再現談話者的情感或談話的內容。這種表示理解和接納的態度是從關注技巧取得。

一位心理學家與一群媽媽們討論非評判性的回饋與其他常見的回饋方式有何差異。

培訓者：假設在一個糟糕的早晨，一切都進行得非常不順。電話鈴在響，搖籃裡的寶寶在哭，當你意識到這些的時候，又聞到了麵包烤焦的味道。你的丈夫看著烤焦的麵包喊道：「我的天啊！你什麼時候才能學會烤麵包啊？」這時候你該做何反應？

A媽媽：我會把焦麵包丟到他頭上！
B媽媽：我會說：「管好你自己的事情吧！」
C媽媽：我的情感受到了嚴重的傷害，所以我只能哭泣。

培訓者：你丈夫的話讓你對他產生什麼樣的感覺？
媽媽們：憤怒、敵意、怨恨。

培訓者：你還會輕輕鬆鬆地再去烤第二批麵包嗎？
A媽媽：我會在麵包裡放些瀉藥。

培訓者：當丈夫上班之後，你會從容地去收拾房間嗎？

A媽媽：不可能，這一天的心情肯定糟糕透了。

培訓者：假設背景是一樣的，麵包烤焦了，但你的丈夫看到這些，就說：「嘿，親愛的，今天早晨好像跟你過不去哦——寶寶哭了，電話響了，現在又是麵包。」

培訓者指出：這是一種具有同理心的回饋性反應，用一些非評判性的詞語，使聽者感覺他也一起感受到了這一切。

A媽媽：如果我丈夫那樣說的話，我就放心了。

B媽媽：我會感覺特別好！

C媽媽：我感覺很好，會情不自禁地擁抱和親吻丈夫。

培訓者：爲什麼呢？——寶寶還在哭，麵包依然是焦的啊？

媽媽們：那些都不重要了。

培訓者：那什麼是重要的呢？

B媽媽：你會心懷感激，他沒有責怪你——他是支持你的，而不是看你的笑話。

從簡短的互動中，我們可以發現回饋性傾聽的重要四項內容。

第一，培訓者所展示的反應是評判性的。

第二，媽媽們對丈夫反應的是直接回饋。

第三，互動是簡潔的。

第四，適當的時候，丈夫回饋的內容遠比說出來的要有效得多。

以上的案例，提供商業工作者與消費者進行溝通的參考。

（二）應對技巧

王太太的汽車撞到了另一輛車。事故發生後，她儘快打電話聯絡上了丈夫，跟他說自己發生了交通事故。「汽車損壞程度如何？」這是丈夫的第一反應。得知車子的狀況之後，王先生又問妻子：「誰的過失？」接著說道：「不要承認任何事情。你打電話給保險公司。稍等一下，我給你電話號碼。」

「沒有其他問題了嗎？」妻子問道。

「沒有了。」他回答，「這足以解決問題了！」

「哦，問題可以解決了！」「真的嗎？」妻子大聲喊道：「我就知道！你只關心這場事故，我斷了四根肋骨，正躺在醫院裡呢！」

王先生的反應，身為丈夫來說，似乎過於冷酷無情了，但這也是很多人的典型反應。因為，王先生的妻子遇到了麻煩〔發生了交通事故並且住院〕，王先生在談話中的應對角色應該是聽者；但他所做的卻是說話者。

在商業溝通工作上，聽者最基本的任務，就是不去干擾說話者，從而讓聽者能夠很好地瞭解對方的處境。但遺憾的是，一般的「聽者」往往會透過問很多問題或交待很多事情，打斷或轉移了說話者的談話。研究發現：聽者通常會藉由頻繁的發問來主導並轉移某段談話的情況。另外，聽者也會滔滔不絕地壟斷談話的現象，值得省思。

二、解釋性傾聽回饋

解釋性傾聽回饋是溝通過程的第二步。解釋是指用聽者自己的語言對他人談話的要點進行簡明扼要的回饋反應。內容包括以下四個項目。

第一，言詞簡潔。好的解釋應該言詞簡潔。人們在試圖做出解釋的時候，往往過於繁瑣，有時甚至比談話者說得還多。如果解釋不夠簡潔，會干擾談話者正常的思緒。有效的聽者應該學會壓縮自己的語言。

　　第二，針對資訊重點。有效的解釋只需對談話者資訊的要點進行回饋，不用過於修飾，要抓住核心要點。良好的聽者應該有能力去蕪存菁、一針見血地取得關鍵性的重點。

　　第三，取得事實觀點。這是關注談話者傳遞的資訊的內容。解釋的是事實觀點，而不是情感或情緒的表現。

　　第四，自己語言表述。有效的解釋需要用聽者自己的語言表述出來，聽者應該具備一定的理解能力。看起來好像是「說話者自己說出，並想其所想。」然後將所理解到的內容用自己的話總結概括。解釋如果運用得當的話，會推動彼此更順暢的交流。

　　美玲和她的朋友之間的一段對話，他們討論的是如何在構建家庭和繼續在公關公司追求事業的兩難之間做出選擇。讓我們以解釋性傾聽回饋的觀點加以分析。

　　美玲：我不知道是否該生個寶寶。老公小張對此也不太確定。我喜歡我的工作……很刺激，很有挑戰性，而且薪水很好。但有時候，我真的很渴望有個可愛的寶寶，成為一個全職媽媽。

　　瑪莉：你非常熱愛你的工作，但有時候又有當媽媽的強烈渴望。

　　美玲：（肯定地點點頭）

　　瑪莉一語點破了美玲所談內容的重點，並用自己的語言簡潔地表述出來。她做出的反應就是解釋，事實上，有些權威專家把它解釋成為「簡潔的一字回應」。

　　當解釋完全正確時，談話者常常會肯定的表示「是的」、「沒

錯」、「恰恰如此」，或者點點頭，這意味著聽者做出的反應是正確的。上面的對話中，美玲的點頭，告訴了瑪莉她的理解是正確的。如果解釋不恰當，說話的人往往會糾正對方的錯誤理解。

學習傾聽技巧的人，在初次嘗試使用解釋性回饋技巧的時候會感覺很奇怪，而且並不認為解釋會有作用。他們擔心運用回饋技巧會激怒對方。

實際上，很多人在溝通上已經做過很多回饋性的反應而不自知。例如，有人告訴你一個電話號碼，你在寫的時候重複一遍來確保無誤；有人幫你指路，幾公里後該轉彎，你也可能會重複一次路徑，確保自己瞭解並且記清楚了。遇到這樣的情況時，如果不進行確認，可能會造成不必要的麻煩。我們過去可能撥錯過很多電話號碼，走過很多冤枉路。溝通專家相信，大多數人只是偶爾才使用的回饋技巧，如果更頻繁、更科學地使用到人際關係中的話，會顯著地減少彼此間的誤解。

三、總論性傾聽回饋

在商業溝通上，總論性回饋是用簡短的語言來概括談話的主題和談話者的情緒狀態，通常是在較長的一段談話之後。總論性回饋把對方的評論性詞語或突出地描述情感的詞語綜合起來，或者重新進行準確注解。

如果產品推銷者在說明會上只是充斥著毫無意義的片斷資訊，這就是溝通的垃圾時間，除非聽者（購買者）有能力把推銷者最重要的說明部分有意義地組合起來。想想看，放在盒子裡的一片片拼圖和拼好的完整拼圖，二者有何不同。同樣的道理，有效地總結可以使談話者看到自己的隻字片語被整合成意義豐富的一段內容。總論性的回饋，就是聽話者提出來可以幫助談話者綜合回顧自己說過些什麼。它突出了談話中不斷被重複的內容，或者最緊張激烈的內容。

卡爾·榮格（Carl. Jung）是久負盛名的瑞典心理學家，他曾經跟一位同事談起1907年他與另一位著名心理學家弗洛伊德（Sigmund Freud）初次會面的情形。榮格似乎有太多的話要對弗洛伊德說，他很快地傾訴了整整三個小時。最後，讓榮格感到很意外的是，弗洛伊德打斷了他，並把榮格的演講總結成幾個類別，這使他們接下來的互動交流更有成果。

總結可以幫助談話者更清晰地瞭解自己。吉拉德·伊根（Egan G.）舉了一個例子：

諮詢師：讓我們來回顧一下剛才所談的內容。你情緒很低落，抑鬱——這次已經不同於以往的意志消沉，而是到了壓抑痛苦的極限。你擔心健康問題，但這看起來不像是導致抑鬱的原因，而是抑鬱情緒的一個表現。你的生活中有很多沒得到解決的問題，其中一個是最近的工作變動，意味著你跟朋友的相聚會越來越少，生活區域的差異是個不小的問題。

另外一個問題——也是令你感到痛苦和無能為力的——你極力地想留住青春歲月，你不想面對時光流逝的殘酷現實。第三個問題是你對工作的過分投入——以至於當你完成一個長期的專案之後，空虛感立即湧上心頭。

來訪者：您總結得很對，儘管把這些一一呈現在面前會讓我更加痛苦。我真的需要調整一下我的價值觀，我需要一種嶄新的生活方式，需要與他人更多地進行直接接觸。

這一類總結包含對質性的因素，聽者必須小心翼翼地判斷談話者是否有心理準備來接受這樣的對質性總結。

進行總結的目的之一，是讓談話者對所談論的內容和感受有一種發展的感覺。這種發展的、往前走的感覺可以很快使談話進入行動部分。總結也可以使聽者有機會檢驗自己的全面理解是否準確。

　　總論性回饋具備以下條件時是有效的，聽者收集了談話內容的要點，也選擇相關的資訊——幫助談話者更清晰地理解他所談的關鍵內容。伊根說：「總結，並不是機械地將資訊片段累加，而是對相關資訊的系統呈現。」

　　下面的句子可以幫助你學習使用總結技巧：

❀ 「你所談的主題似乎是⋯⋯。」
❀ 「讓我們來回顧一下剛才所說的⋯⋯」
❀ 「考慮你所說的，我感覺可能是有一種模式，我說一下，你看否是這樣。你⋯⋯」
❀ 「剛才在認真的聽，你主要關心的似乎是⋯⋯」然後舉個例子。

　　有效的總論性回饋可以得到談話者的肯定、接納和進一步運用。好的總結應該能夠讓談話者更深入、更明確、更集中地討論問題。好的總結可以幫助談話者清晰地理解自己，而不只是聽到自己話語的重複。即使總結中沒有任何新的資訊，也會讓談話者感到新鮮，因為聽者第一次把資訊整合在一起。同時，有效的總結可以將散漫的談話片斷被重新整理好。

　　良好的聽者需要對談話者所說的內容進行有效地回饋。他用自己的語言重述剛才的資訊和情感內容，同時，也在溝通彼此的理解和接納。主要有四種回饋技巧：解釋，是第一種回饋技巧，重點關注談話者的事實訊息。情感回饋，是聽者從一般的資訊中尋找反應情緒情感的辭彙，「聽懂」談話者的肢體語言，並捫心自問，「如果我做了或

說了同樣的事情，我會作何感想？」然後，將這些感覺體驗回饋給談話者。第三種回饋技巧：情感反饋和資訊回饋二者結合起來就是意思回饋。最後，總論性的回饋是將一大段談話內容中最為重要的部分進行壓縮整合。

思考問題

1. 試舉例說明傾聽的關注技巧。
2. 試舉例說明傾聽的應對技巧。
3. 何謂解釋性傾聽回饋？
4. 何謂總論性傾聽回饋？

溝通衝突問題與解決

根據本節的「溝通衝突問題與解決」主題，我們要進行以下四項議題的討論：

1. 溝通的衝突問題
2. 高姿態問題處理
3. 合作性問題解決
4. 實行完美的方案

商業溝通由於牽涉到商業利益的競爭以及利害關係的角力，衝突是必然的過程。因此尋找解決衝突是商業溝通首先要學習的課題。

管理問題專家威廉‧瑞汀（William. Reading）針對溝通問題解決曾指出，問題解決途徑允許雙方思想的相互分離，它不需要把一種觀點直接轉變為另一種觀點。它可以提供一種「中立」階段，使人們能夠以開放的姿態看待事實，並願意考慮不同的觀點。換言之，我們要學習的不是絕對贏得溝通的方法，而是尋找解決方法的工具。

一、溝通的衝突問題

商業談判通常會發生三種類型的衝突：情緒衝突、價值衝突與需求衝突。

（一）情緒衝突

在重要的人際關係中，人類是情感動物，不可避免地會因個人的性格差異而產生敵意。這種情緒衝突情況經常出現在「諜對諜」的政治關係。然而，在單純的商業溝通過程中，比較少見，除非牽涉到個人的感情，例如，對談雙方是異性，同時對另一方產生了愛慕之意，而對方拒絕時，就可能發生。

（二）價值衝突

這一類型的衝突似乎沒有「解決之道」，因爲商業交易，在市場機制的大環境前提，加上雙方之間沒有實質性或明確的價格標準，自然容易發生。但是，使用衝突解決策略可以幫助觀念差異的人更好地理解對方，幫助他們學會忍耐對方的立場，避免讓他們的觀點和行爲差異影響溝通。

（三）需求衝突

需求衝突是商業溝通的討論重點。在價值衝突和情緒衝突之外，涉及到實質性內容的就是需求的衝突。例如，在市場供需不平衡的情況下，甲方的出售需求強烈，則爲乙方買進的還價的大空間。使用衝突解決策略可以幫助雙方縮短觀念差異，以同理心理解對方，幫助他們學會同情對方的處境。當有一天，在市場供需情況相反之時，你也會需要對方諒解的。

二、高姿態問題處理

高姿態的問題處理通常是貿易協商中握有較多籌碼一方的常用手段，在談判中稱爲「下馬威」。常見的過程是：否認、支配與投降三部曲。握有比較少籌碼一方也可以應用這些技巧以反制之。每一種高壓性問題處理可以在特定的場合下使用，但是，如果一方頻繁使用某

一種問題解決技巧的話，肯定會讓對方反感，導致產生消極的對抗後果。

（一）溝通中否認

否認的技巧在商業溝通的衝突會帶來巨大的危險，所以有些人否認商業關係中衝突的存在。特別是握有比較多籌碼一方，他們在優越感的前提下，認為對方的合作是「理所當然」的。然而，握有比較少籌碼一方，也有可能不去應對衝突，只是沈默加以否認，並不讓自己意識到衝突的存在。對衝突的壓抑似乎是向自己和對方「偽裝」一切都很好。

如果一個商業工作者持續地否認溝通問題的存在，他就有可能使自己在這個貿易世界上，變得更脆弱與過度敏感。反覆使用否認，會導致身心疾病以及其他形式的心理危機。因此，商業溝通避免使用否認的技巧。

（二）溝通中支配

商業溝通過程中問題解決的一種途徑：支配。將自己的方法強加於對手。支配解決問題的過程，從自己需求的角度出發來制定解決方案。這種方案可能會行得通，或者有特定的效果，但卻破壞了溝通關係。因為對方的需求沒有得到絲毫的重視或者沒有被準確地瞭解或者沒有得到滿足。

可以想像攻擊型的人在衝突解決過程中傾向於支配和統治。但令我們奇怪的是，相當一部分妥協型的人，在處於領導地位的時候，在衝突解決過程中，傾向於將自己的方法強加給別人。這種情況常發生在管理者和部屬之間，管理者總是以為自己是正確的，因為他們自認比部屬知識豐富、經驗多。於是，他們會主導問題解決的過程。我們也發現很多缺乏決斷性的人，在「手中沒有權利」時會表現出妥協的姿態，但一旦他們的職位在某人之上，他們又表現出相當的支配性。

在衝突解決過程中，將自我的解決措施強加給對方，會產生很多消極的後果。首要的是會導致怨恨，這種怨恨是對方指向提供解決策略的人。而且，人們對處於支配控制地位的人的怨恨，會激起以往對權威角色的所有憤怒。所以，獨裁專制的人不僅會因爲當前的所作所爲成爲眾矢之的，而且還會成爲眾人發洩心中積壓已久的怨恨情緒的對象。如果支配行爲不斷出現，其消極後果會顯著加劇。人們會採取蓄意破壞、消極怠工、被動攻擊、疏遠仇視以及其他破壞性的行爲來進行反擊。

（三）溝通中投降

當商業溝通中對方的需求與自己的需求產生衝突時，很多人棄械投降。他們總是很輕易地選擇放棄。因此，在他們的商業溝通過程中，自己的需求永遠沒有機會得到滿足。有些管理者扮演「妥協者」的姿態來領導部屬。在部屬的需求、願望和請求面前，一次又一次地妥協，而管理者自己的合理工作要求則被放置一旁。

當一個人習慣性地向某人妥協時，其實是在表達對這個人的「憎恨」。心理學家杰拉德Gerard Blokdijk（*Yield Management*, 2015）在談到妥協型管理方式的危害時，告訴管理者：「如果你想憎恨你的公司，儘管讓部屬每次都如願，這是眞理。」

反覆使用上述三種選擇，或者它們的組合，都會導致妥協行爲。前面談到的妥協行爲的消極後果，也是頻繁使用否認、迴避或放棄投降的後果。

三、合作性問題解決

合作性問題解決技巧是商業溝通的重要課題，通常有二種常見的選擇：迴避與妥協。每一種合作性問題解決技巧都可以在特定的場合下使用。

（一）溝通中迴避

有些商業工作者意識到溝通關係中的需求衝突，他們只是盡可能的去避免面對衝突。危機發生時，他們從競賽中先逃離，以掩飾問題，裝作衝突根本不存在。很多企業經營者都在維持公司表面的和諧，真正的企業內部卻危機重重。

相反的，過早地接納對方的要求，可能出於好意，但卻是一種破壞性的逃避衝突的做法。過早地接納試圖去彌補關係，而沒有處理溝通受傷的感覺，以及在關係中存在的其他衝突性的現實問題。再次，潛在的情緒最終會使局面變得難以控制。反覆逃避衝突，看起來似乎在努力維持和諧的關係，但是，逃避潛在的威脅，最終會弄垮溝通關係。逃避衝突的同時，也不可避免地錯失了商業性機會。而且，持續存在的逃避不可避免地會導致否認，以及全部的溝通消極後果。

（二）溝通中妥協

商業溝通過程中問題解決的另外一種途徑：妥協，我們把妥協定義為「在雙方都做出讓步的基礎上達成的一致」。妥協同時考慮到雙方的需求和擔憂。有時候妥協在解決人際衝突中可以發揮非常重要的作用。亨利・柯里（Henry. Curry）是美國的政治家，透過眾議院引導制訂了《密蘇里和約Missouri Compromise：The Missouri Compromise and Its Aftermath, 2009 by Robert Forbes》，他認為折衷妥協才是將整個國家凝聚起來的基石：所有的法律法規……都是在雙方妥協的基礎上建立起來的……如果有人能夠凌駕於人性之上，超越人性的弱點、不滿足、慾望、需求，如果他願意，他可以說：「我永遠不會做出妥協。」但是，我們沒有人能夠擺脫人類的本質弱點，所以，不要不屑於做出讓步和妥協。

在需求、願望和價值產生衝突的時候，商業溝通的妥協無疑具有顯著的影響力。但是，如果過分頻繁或不恰當地做出妥協，也會招致

令人頭痛的麻煩，就像古老傳說中所羅門的判決所揭示的那樣。

（三）裁決的智慧

公元前九世紀，所羅門是以色列的國王。國王必須履行的重要義務中，其中一項是裁決民眾的個人糾紛。有一天，兩個女人同時來到所羅門面前，她們同時指著一個孩子，說這個孩子是自己的：

第一個先說：「我的國王，這個女人跟我住在同一間房子裡，我生孩子的時候她也生了一個孩子……她的孩子被她壓死了。然後她趁我熟睡時從我身邊偷走了我的孩子，又把她死去的孩子放在我的身邊。當我第二天早上醒來，發現孩子死了。我可以辨認出，這個不是我的孩子。」

另外一個女人說道：「不，活著的孩子是我的。死去的孩子才是你的。」但第一個女人也重複了同樣的話，「不，死去的孩子是你的，活著的是我的！」然後她們在國王面前扭打起來。

國王陷入了沉思之後，他說：「給我一把劍。」下屬把劍呈上來，國王吩咐說：「把這個孩子劈成兩半，一半給她，另一半給她。」

這個時候，站在遠處的孩子的親生母親向國王哭喊到：「哦，我的國王，請把孩子給她吧！千萬不要殺死這個孩子！」另外一個女人則說：「不，把孩子殺了，我們都不應該擁有這個孩子。」國王說：「把這個活著的孩子給站在遠處的這個女人，不要傷害孩子。這個女人才是他真正的母親。」

在那種情形下，妥協或折衷的方法對其中一位女人來說，是孩子的死亡。頻繁使用妥協必然會對另外一方產生災難性的作用，儘管商業溝通可能不像故事中那麼極端。在很多商業溝通關係中，妥協或折

衷的方法是必要採用的策略。在組織單位中，也是如此。但是，過分使用妥協的方法，會扼殺創造性，使組織成員感到壓抑並影響工作業績。

在管理上，妥協通常是不好的，這是不得已才使用的方法。如果兩個部門或小組之間遇到了不能解決的問題，並把問題報告主管時，主管應該傾聽雙方的意見。然後，選擇其中的甲方案或乙方案，同時，要求被接受者要補充對方的內容為條件。這樣可以強化被肯定的一方解決問題的積極性，也要讓沒有被接受的一方能夠「心服口服」，使部屬在解決問題時避免訴諸於妥協這種方式。

所以，妥協意味著雙方都沒有完全滿足自己的需求和願望。我把這個方法稱之為「半輸型策略Semi-lose type policy」，每一方都需要放棄一些東西來解決衝突或問題。

四、實行完美的方案

在商業溝通的最好情況是：透過合作性問題解決途徑來尋求一個「完美的解決方案」，在合作性問題解決策略中，一旦溝通談判者發現需求產生了衝突，他們會一起尋找能夠被雙方接受的解決措施。這需要重新審視問題，尋找新的選擇，關注雙方共同的利益。在這個過程中，每一方都不需要彼此妥協或支配，因此沒有人會喪失什麼，所以他們不必放棄或投降，因為雙方都可以從中獲利。這種策略常被稱為衝突解決的「雙贏策略Win-win strategy」，這種策略往往也是商業溝通解決需求衝突時最理想的途徑。

在進行溝通培訓之後，我們的培訓者會驚喜地發現，絕大多數人即使在處理面臨最為棘手的談判時，仍然存在雙贏的策略。然後很多人會認為，他們是多麼高興擺脫了數年來一直使用的贏與輸、半輸和雙輸的問題解決方法。

當然，也有不少人質疑雙贏的策略是否能夠在「現實世界」中得

到應用。只要耐心嘗試，有很多非常困難的矛盾衝突，在進行合作性的問題解決之後，有相當數量的應對方案可以使用。但這種策略也並非萬能靈藥。有時候這種方法不太適用，反而是另外一種方法效果更好。但是，我們能夠證實，這套策略可以成功地應對人們遇到絕大多數的典型問題。

思考問題

1. 商業談判通常會發生哪三種類型的衝突？
2. 什麼是高姿態的問題處理的三部曲？
3. 合作性問題解決技巧通常有哪二種選擇？

03 肢體語言的溝通技巧

根據本節的「肢體語言的溝通技巧」主題，我們要進行以下五項議題的討論：

1. 尋找聽覺線索
2. 尋找視覺線索
3. 解讀語言背景
4. 發現差異存在
5. 表達自我感受

對商業溝通者而言，通常以語言為主，包括口語與文字。然而肢體語言的表達則可能會被忽略。因此，學習肢體語言的溝通技巧，就更為重要。

肢體語言在溝通上被稱為「沉默的語言」（Silent language）或者「行為的語言」（Verbal behavior）。首先，商業工作者需要有意識地去注意聽覺線索，以幫助自己認識對方。第二，我們也要去注意視覺線索。第三，我們要嘗試在合適的背景下解讀這些非言語的資訊。第四，我們要注意到聽覺與視覺之間可能存在的不一致問題。最後，我們需要關注在溝通中的自我感受，將自己的感受回饋給對方，使對方得以確認或糾正我們的看法。

一、尋找聽覺線索

商業工作者需要有意識地去注意那些我們認爲在溝通過程中最有助於理解對方的聽覺線索，將精力集中在從聽覺線索所取得的最有用資訊。

與傳統的溝通觀念不同，在溝通者所傾聽的談話者身上，可以取得很多聽覺的非語言來顯示其情感的線索。作爲聽者，我們在聽覺方面主要有三種資訊來源：所說的特定詞語、語音與語調以及語速的快慢、停頓的頻率和長短以及語氣詞使用的頻繁程度。

語音與語調是溝通的非語言一項重要資訊。有效的聽者聽到的，不止談話者的話語，還包括語速、抑揚頓挫、音色以及其他非常微妙的聲音變化等等，這些都在傳遞著重要的資訊。這也是爲什麼當求助者走進心理諮詢室的時候，幾乎每個人都可以透過傾聽語氣的不同而辨別個別求助者表達的差異，這是溝通者擁有最基本的能力。

例如，當我們聽到：「我們度過了這樣的週末」這句話，根據說話者語氣的不同，至少會有兩種截然不同的意思。這句含糊的話語，可以意味著一個非常美妙的週末，然而，用另一種語氣說出話來又可能意味著非常糟糕的週末。另外，如果一個人用顫抖的聲音說：「我辭職了。」可能表示說話者很傷心，或對辭職的恐懼。如果用活潑有節奏的聲音來說的話，可能表示說話者非常高興能夠辭職。

以下提供商業工作者參考，在溝通中常見的語音與語調以及反應說話者的意思。

❋聲音單調：反應厭煩；

❋語速遲緩，語氣低迷：反應抑鬱；

❋語調高，語氣強：反應興奮與狂熱；

❋聲音提高：反應驚訝；

❖言語生硬：反應自我防禦；

❖語調高，語句短促：反應憤怒；

❖語調高，聲音拉長：反應不信任。

有些溝通者非常善於透過熟練的傾聽技巧，根據對方說話的方式去觀察和理解他人。厄爾‧斯坦利‧加德納（Erle Stanley Gardner），著名的科幻小說家，《佩里‧梅森》（*Perry Mason: Seven Complete Novels*, 1994）的作者，說了一個有關他的律師搭檔的故事，這位搭檔總是能夠從語言線索挖掘出關鍵性的資訊，而這些資訊是其他人都覺察不到的。在時尚雜誌的一篇文章中，加德納寫道：

在我跟他做搭檔的日子裡，每當我們一起出庭的時候，我注意他不去看旁邊的證人，而是盯著一張紙，不時地在上面速記一些證人說的話，有時候只是簡單地畫上幾筆，但是，始終都非常注意傾聽證人在說什麼。

在盤問的時候，我的搭檔會偶爾碰碰我的胳膊提醒我。這個時候不是證人在試圖說謊，就是他試圖掩飾什麼，無一例外。我的耳朵無法察覺這些細小的聲音變化，而我的搭檔卻恰恰相反，每次的判斷都驚人的準確。

也許商業工作者們都不太可能達到加德納搭檔的這種高超水準，但是，我們仍然可以努力去觀察談話者的語氣和聲調、說話的節奏以及表達的速度。這些聲音品質都可以幫我們瞭解談話者的情緒狀態，同時，也可以將我們對情緒的理解及時回饋給談話者。

二、尋找視覺線索

在尋找聽覺線索外，商業工作者也要尋找視覺線索。在視覺方面也有三種途徑可以反應說話者的情感內容：臉部表情，手勢、姿勢和動作，衣著、修飾和環境。

（一）臉部表情

　　行為科學家普遍認為臉部表情是情緒資訊最重要的線索。商業工作者想要瞭解生意對手的內心感受，去觀察變化的臉部表情不失為一種既有效又安全的方法。

　　在一百多年以前，提出進化論的自然科學家達爾文，就肢體語言寫了一本書，名為《人類和動物的情感表達》。達爾文（Charles Darwin：*The Expression of the Emotions in Man and Animals*, 2005）提出的一項關鍵性假設：人們可以透過臉部表情來解讀他人的情感，這項假設已經被最近的研究所證實。

　　臉部表情不僅能顯示一個人特定的情緒狀態，而且能夠反應出人們最關注的東西。有時候，一個人呈現出自然生動的表情，這可能發生在談話之中，這時談論的內容看起來無關緊要。需要聽者去探尋是什麼引發了情緒變化，並把溝通的關注點放在這方面。如果對方的心情非常興奮，表現出獨特的興趣，商業工作者就應該順著此時的話題繼續走下去。

　　眼睛是傳情的心靈視窗。興奮激動時，眼睛閃閃發光；悲傷難過時，眼淚汪汪；怒火中燒時，怒目而視。眼睛也傳遞著與他人之間的情意、信任和距離。在許多社會文化背景下，溫暖的目光接觸表示最真誠的接納與最高水準的心理共鳴。

（二）手勢、姿勢和動作

　　手勢、姿勢和動作是溝通的非語言第二項重要資訊。談話者的個人姿勢和肢體運動也能反映出他的情感、自我感覺和能量水準。頭部、手臂、手、腿和腳的運動也是有反應意義的。比如，一個溝通者想結束這次談話，可能會伸展一下腿，來回挪動一下腳，將桌子上的紙弄平，收好公事包，或挺直身體做出準備要走的姿勢。

　　商業工作者在主持會議、進行小組行銷討論、產品介紹，或者需

要自己在團體中擔任領導角色的時候，我們會發現「合作姿態」尤為重要。當我們主持很多長達一天的會議，我們常常發現大家有種「肢體語言共識」。有時候整個團體；都很興奮活躍，有時候則沉悶低迷。為了達到最好的溝通效果，我們必須注意採取「姿勢談話」，就是做出投入的合作姿態，改變沉悶的氣氛，給團體注入能量。

（三）衣著、修飾和環境

衣著、修飾和環境是溝通的非語言第三項重要資訊。一個人穿著打扮的方式以及挑選溝通環境或者創造溝通環境的方式，都在向這個世界傳遞著重要的資訊。一個鬍鬚刮得非常乾淨、西裝畢挺、衣著考究的男人，跟一個留著鬍子、留著長髮、穿著洗得發白的牛仔褲、T恤衫，腳穿著拖鞋的年輕男子，顯然有著截然不同的生活方式。一位每週去美髮、穿著精緻的女士，跟另一位不化妝、總是穿牛仔服的女士，也是明顯不同的。

另外，一個人住家的地理位置和風格，裝修房屋的樣式，都能傳遞出其個人特點。儘管辦公室和其他工作場所往往都是固定的風格，但每個人也都用自己的方式將這個空間顯示出自己的風格。桌子乾淨還是凌亂；工作環境是擺滿文件，還是擺滿自己的照片；是樸素簡單，還是花俏華麗，這些都是個性的寫照。這些非語言的表現，都值得商業溝通工作者注意。

三、解讀語言背景

解讀語言背景是指，在溝通環境中解讀說話者的肢體語言。有些描述肢體語言的小說所描述特定的姿勢都有特定不變的含義，這其實是對人們的誤導。正好相反，一些心理學家則認為，沒有任何一種姿勢具有固定的含義。沒有一種單獨的動作可以獨立存在，它必須是一系列動作中的一部分，也應該在某一環境背景下才有意義。

因此，商業溝通工作者要知道說話者特定的姿勢就像是語言段落中的一個單詞，這個詞本身可能意義很多，但只有在段落或章節的語言環境中，我們才能準確地得知它是什麼意思。在大的環境中，姿勢的含義可以得到更好地理解。同時，絕大多數的單詞只有很少的意思，這取決於是誰在什麼樣的環境中使用這個單詞。總之，我們很難賦予某一個獨立的非言語行為一個普遍的意義，儘管它在某一環境中意義顯著。

不只是肢體動作需要在特定的環境中加以對待，人們的口頭言語也需要這樣。如果只是孤立地去聽某些詞語或觀察某些行為，將會導致錯誤的理解。有效傾聽的目標是從整個人身上尋找線索。

四、發現差異存在

發現在溝通過程中出現差異的存在是指：在溝通環境中注意觀察說話者提供資訊不一致的地方。例如，你可能會注意到有一種情形，一個人嘴上表達的意思跟他肢體語言傳達的意思截然相反。

我們來看看這段對話，妻子對丈夫說：「你看起來對我很失望，很憤怒。」丈夫的臉通紅，拳頭握得緊緊的，重重地敲在桌子上，然後大聲說：「我沒有憤怒。」於是，妻子發現丈夫拳頭握得緊緊的，重重地敲在桌子上的舉止比「我沒有憤怒」這句話更有憤怒的說服力！

另外，有些時候，肢體語言是用來掩飾人們不敢說的話語的煙霧彈。我們聽到的最悲傷的話語卻常常是伴隨笑聲說出口的。我們不止一次地聽到人們用笑聲作為痛苦情感的掩護，敘說生活中最苦楚、最哀傷的事情。當人們聽到笑聲和痛苦的內容時，往往會選擇避免面對悲傷的情感，也和說話的人一起笑。這種行為在我們的社會中非常常見，我們會用「一笑置之」等詞語來形容用笑逃避悲傷情緒的行為。

事實上，在口頭言語溝通和肢體語言的反應存在不一致時，兩種

資訊都是非常重要的。一位女士口頭上說「不」而眼睛裡表示「是」的話，這可能意味著她正面臨心理衝突，渴望表達情感，與「應該」矜持之間難以抉擇。一個大聲喊自己沒有憤怒的男人，可能不希望承認自己或他人的情緒體驗。

同時，當一個人笑著說出悲傷往事的時候，可能是希望在分享自己生活經歷的同時，不給他人帶來情感上的負擔，或者他發現在分享內心深處的感受時，心情很矛盾。當然，除了我們說的這些之外，可能還會有很多其他意思。關鍵是，溝通工作者需要注意言語和行為動作，或者兩種肢體語言之間，產生不一致的時間，這將有助於在溝通中尋找不一致的意義所在。

五、表達自我感受

最後，讓肢體語言表達溝通者的自我感受。溝通工作者需要關注在溝通中的自我感受，將自己的感受回饋給對方，使其對自己的話得以確認或糾正。

心理學家弗洛伊德指出人類的潛意識可以使人毫無察覺地對他人產生作用；而這種作用方式往往是透過肢體語言進行的。非言語交流可能並未引發聽者有意識地思想反應，但是，仍然對其身體產生作用。隨著我們對自己身體感覺關注程度的提高，我們常常能夠很敏感地捕捉到其他人的感覺。

一位管理諮詢家指出一個有嚴重問題的企業組織是很容易從氣氛上感覺出來的。與這種組織做近距離接觸的人，會很快覺察到成員的不舒服感受。一家即將面臨縮編的公司，組織氣氛自然是冷冷冰冰，每個人都客氣得令人生厭，或者每個人都很小心地呼吸，像是在等待被凌遲一般。在這種氣氛中，公司老闆的身體會首先感到不舒服，胃裡像有東西在翻滾，肩膀酸疼，或者頭暈腦脹，老闆一旦意識到這些身體不適，就可以仔細去察覺員工究竟有什麼反應。

總之，在商業溝通過程中，肢體語言表達說話者的自我感受。我們也需要關注在溝通中的自我感受，將自己的感受回饋給對方，使其表達的得以被確認或被糾正。因此，我們要學習一套能夠幫助自己瞭解他人感受的方法。我們要認識身體的姿勢和活動是對方的情緒線索，於是，溝通者才會調整自己的身體來配合對方的姿勢和手勢。

　　由於在重複對方的行為動作中有意識地去體驗自己的感覺，進而能夠更好地理解對方，好讓對方有機會確認我們要傳達的資訊。溝通者在充當聽者的時候，也成功地使用過很多次這個方法。很顯然，要注意這個方法需要聽者敏感靈活地「複製」對方的狀態，如果笨拙地去做，可能會有反效果。

思考問題

1. 有哪些聽覺線索？
2. 有哪些視覺線索？
3. 如何表達自我感受？

競爭的功課

在「第二章學習溝通的技巧」裡，我們要與讀者分享一則故事：競爭的功課。

商業溝通工作者一定要敢於競爭，敢於在競爭中盡力發掘自己，敢於面對失敗，敢於改變自己。在這個過程中，就會成功而有所成就。

這是一位行銷工作者王先生與寶貝女兒的故事。

女兒第一次將男朋友帶回家裡，王先生在客廳裡陪著女兒和男朋友天南地北地聊著。

王先生問女兒的男友：

「你喜歡打球嗎？」

男朋友回答：「不，我不是很喜歡打球，我大部分的時間都用來看書、聽音樂。」

王先生繼續問：「那你喜歡賭馬嗎？」

男朋友說：「不，我是不賭博的。」

王先生又問：「你喜歡看電視上的田徑或是球類競賽嗎？」

男朋友說：「不，對於這些競賽性的活動，我沒什麼興趣。」

男朋友走後，女兒問父親：「爸，你覺得這個人怎樣？」

父親回答：「你和他做朋友我不反對，但如果你想嫁給他，我就不贊成。」

女兒驚訝地問：「為什麼呢？」

父親說：「一般人養黃鸝鳥，絕不會將黃鸝鳥關在自家的鳥籠裡，主人會帶到茶館，那兒有許多的黃鸝鳥。這隻鳥在茶館聽到同類此起彼落的鳥鳴聲，便會不甘示弱，也引吭高歌。這是養鳥人訓練黃鸝鳥的訣竅。」

女兒問：

「這和我的男友有什麼關係呢？」

王先生回答：

「養鳥人刺激黃鸝鳥競爭的天性，來訓練黃鸝鳥展露優美的歌聲，若是沒有競爭，這隻黃鸝鳥可能就終生不會有令人讚賞的鳥鳴聲。這主要是因為牠沒有和其他的鳥互相較量。」

父親繼續說：

「你的男朋友，經過我剛剛與他的一番談話，發現他既不運動，也不喜歡運動，也不喜歡賭博、球賽，排斥一切所有競賽性的活動。我覺得像這樣的男人，將來恐怕很難有所成就，所以反對妳嫁給他。」

黃鸝鳥優美歌喉的展露，與牠對其他鳥兒歌聲的不甘示弱有關。當行銷工作者只躲在自己築成的城堡內拒絕競爭的時候，雖然暫時避免了失敗的打擊，但同時也拒絕了成功的可能性。我們為我們最大的失敗的來臨隨時做好準備，所以行銷工作者一定要敢於競爭，敢於在競爭中盡力發掘自己，勇於面對失敗，敢於改變自己。在這個過程中，就會成功而有所成就。

Chapter 3

排除溝通的障礙

 01 商業溝通的主要障礙

 02 溝通衝突的預防與控制

 03 解決溝通問題的途徑

01 商業溝通的主要障礙

根據本節的「商業溝通的主要障礙」主題，我們要進行以下五項議題的討論：

1. 指責對方
2. 說話傷人
3. 批判對方
4. 討好稱讚
5. 評判性障礙

商業活動主要建立在優良的人際關係上，然而，由於溝通工作者個人的人格特質關係，在溝通過程中會產生助力或阻力。其實，溝通的助力與阻力之間並沒有明確的界線，一句平日打招呼的話：你好嗎？就不適合應用在悲傷的場合。正如俗語所說：補藥用過頭，會變成毒藥。在這個前提下，我們要探討商業交流的主要溝通障礙。這一類障礙主要包括五種類型：(1)指責對方、(2)說話傷人、(3)批判對方、(4)討好稱讚和(5)評判性障礙。它們都有共同的內容，那就是不適當的評價他人。

心理學家卡爾・羅傑斯（Carl Rogers：*Barriers and gateways to communication*, 1982）在關於溝通交流的講座上這樣說道：「他相信影響人際溝通的最大障礙，是我們很自然的傾向於去評價他人，包括讚

同或者反對他人的言論。」

很少有人會認為自己對演講人的反應具有評判性，然而，這種認知不正確。在那個講座上，羅傑斯向聽眾們舉例證實，評價他人的傾向是普遍存在，只是人們很少意識到自己的這種傾向。例如，今晚當你們離開會場，你可能會聽到這樣一種言論——「我不喜歡這個人的演講。」那麼你會做何反應？通常你做出的反應不是同意就是反對這個言論。你可能會說：「我也這麼覺得。這人演講得太差了。」或者你會反駁，「不會啊，我覺得很好呢！」用另外一句話來講，你首先的反應是評價他剛才所說的，根據你自己的標準和觀點來進行評判。

舉另外一個例子。假設我說道：「我認為近來某某黨的表現是合情合理的。」當你聽到這句話時，你的腦子裡會產生什麼反應？最可能的反應應該是評價性的。你會發現自己對這句話表示贊同或者反對，或者對我這個人進行評判，例如，「他肯定是個保守派。」或「他的想法看起來很有根據。」

羅傑斯又提到了關於人類存在評價性傾向的另外一個重要內容。他指出，儘管人們的評價傾向普遍存在於每一種語言的交流過程中，但是，如果雙方的交流環境中涉及較深的情感和情緒內容，那麼，這種傾向就會更明顯。所以，情緒越強烈，溝通的相互性就越小。喪失了彼此的心理空間，只剩下兩種觀點：感受或評判。

在這樣的情景下，我們相信你也能夠從自己的體驗中意識到這一點。當你聽完一場激烈的討論，同時自己沒有太多的情感投入的時候，你會走開，並且會想：「實際上，他們討論的根本不是這樣一回事。」但是，他們確實說的是同樣一件事，只是每個人都從自己的角度去做了判斷和評價。這樣的討論，從真正意義上說，並不具有溝通和交流的意義。我再重複一遍，從我們自己的觀點出發，做出受情緒引導的評價的傾向，正是影響人際溝通的最大障礙：評判性障礙。在攸關一個企業興衰的商業交流上，溝通工作者應該引以為戒。

一、指責對方

在溝通過程中最常見的評判性障礙是指責對方。具有專業優越感的溝通工作者有時候感覺必須批評某人，要不然，對方不會進步，然而，這個前提並不一定正確。父母們認爲，對孩子的指責是必要的，要不然他們永遠都不會成爲勤奮好學、舉止得體的人。老師們認爲，對學生的批評是必要的，要不然他們永遠都不會認眞唸書。

在企業裡，主管們也會認爲對員工的督導是必要的，要不然產量總是上不去。我們可以看到，使用批評指責對方，或者其他「障礙」來試圖達到的效果。其實，可以透過其他的方式更有效地達到。請商業工作者觀察一下自己與對手之間的互動交流，看看我們是如何頻繁地批評和指責對方的，這非常有意義，值得反思。對某些管理者來說，批評部屬就是自己的管理方式。一位美國海軍上將曾經給白宮的參謀哈里・霍普金斯（Harry. Hopkins）取了一個外號：「Tip Forces Marshal」（針尖部隊大元帥），正是因爲後者愛批評指責對方的天性。

二、說話傷人

在溝通過程中說話傷人，給對方貼標籤，不論是主動或被動來說，通常都有一種負面的消極暗示意義。「黑鬼」、「頑固的人」、「政客」、「乳臭未乾的小子」、「潑婦」、「獨斷專行家」、「怪胎」、「笨蛋」、「嘮叨鬼」等等，這些都是對他人的侮辱性標籤。還有一些標籤，則是給別人頭上戴高帽子：「聰明的」、「刻苦的」、「奉獻的」、「跟爸媽一樣優秀」、「能幹的」等等，不管是出自善意或者無意，對成長中的孩子而言，這個標籤化是不必要的。

貼標籤的做法，妨礙了商業工作者進一步去瞭解自己和生意伙伴，因爲站在我們面前的人，永遠都不會是一個標籤就能描述的一

個完整的人，這種偏見會妨礙溝通的順暢與效果。心理學家克拉克（Candace Clark：*The Label*, 2013）分析在人際關係中的標籤問題，看起來是我們很瞭解他人，但實際上，我們只是捕捉到影子，而沒有抓到實質。我們一旦相信對自己和他人都瞭若指掌，而不再去關心我們面前和我們周圍發生了什麼，不再去瞭解我們不知道的東西，不再費力去弄清眞相。我們繼續給自己和他人套用一成不變的標籤，這些標籤替代了人類的意義、獨特的感覺以及人與人之間彼此增強的聯繫。

三、批判對方

批判對方，也是貼標籤的一種形式，是幾個世紀以來人類一直在使用的武器，尤其是從心理學家弗洛伊德（Sigmund Freud，1856年5月6日－1939年9月23日）時代開始，這種武器被運用得更加廣泛。這些人不是去傾聽和關心人們眞正說了些什麼，而是去充當情緒偵探，探尋人們背後隱藏的動機，然後，說出類似於某種心理綜合症的批判對方。這種趨勢影響了人際關係的討論思維，同時也造成人際溝通的困惑。

有一位女士在某位心理學家擔任接待秘書，剛工作不到一個月就辭職不做了。他的朋友問她為什麼要這麼做，她解釋道：「老闆分析我做任何事情的動機，我眞是受不了。如果我上班遲到了，他就說這是因為我有敵對情緒；如果我早到了，是因為我緊張焦慮；如果我按時上班，那就是因為我有強迫傾向。」

或許我們也會發現，如果一個人被告知他在進行自我防禦、自我欺騙、在用行為表現出他的內疚或恐懼，或其他潛意識的衝動，或「更複雜的內容」的時候，那麼，與他之間的溝通肯定會受到阻礙，甚至受到某種程度的傷害。

四、討好稱讚

　　社會上，普遍存在一種共識：所有誠實的討好稱讚都是有益的。很多父母、老師、老闆等，稱讚之詞都毫無保留。討好稱讚，被認為有助於「樹立自信，增加安全感，激發動力，促進學習，培養良好意志和改善人際關係。」，如此看來，討好稱讚之詞無論如何都不可能是導致溝通受阻的「障礙」。然而，這項積極評價卻時常會帶來消極的負面後果。

　　討好稱讚往往是用來使人們改變其行為的巧妙手段。當一個人帶著某種不可告人的目的來對他人進行討好稱讚時，往往會導致怨恨。從教育的觀點看，過度的使用討好稱讚，並不一定意味著愛對方。相反的，被討好稱讚的，往往是被操控的、被利用的、被設計的、策略性所征服的。即使不被當作操控他人的武器，討好稱讚也常常會產生危害效果。你是否曾意識到，人們往往會保護自己免受他人的過度討好稱讚，就像保護自己免受攻擊一樣？他們的警覺意識和自我防衛意識，使他們在面對討好稱讚時往往會採用否認來應對，比如：

- ❖ 我並不認為自己做的有那麼好。
- ❖ 這真的沒什麼。
- ❖ 我可承受不起這個榮譽，我的助手小張應該歸功於他。
- ❖ 這次只是幸運罷了。
- ❖ 我應該做得更好。

　　看了上述評價性討好稱讚的危害後，你是否會認為行為科學家得出的結論是：所有形式的討好稱讚都是有害無益的？那你的想法就錯了，事實不是這樣的。向他人適度表達積極情感是人際溝通中極為重要的要素。我們會在以後的章節討論如何建設性地表達討好稱讚之情。

五、評判性障礙

我們在討論上述類型的溝通障礙時，有人會做出類似的反應：

❖ 啊，這正是我主管多年來所採用的溝通方式！等著看吧，我會把這些錯誤的溝通手段，講給他聽。

❖ 天哪！我的老闆慣用的手段就是這些！下次他再對我使用這些時，我會指出來，讓他清楚地看到這些。

這就是評判性溝通障礙：告訴他人他們的溝通存在障礙。這一類型的溝通障礙屬於評判性障礙。如果你希望改善你與他人的交流，指點某人的不足並不是個明智的做法。

聽到關於上述溝通障礙的講解，商業工作者可能會有些內疚。忽然意識到他們的溝通中也存在某些障礙因素，並導致人際現狀不容樂觀，拉遠了自己與他人的距離。在我們的工作中，對溝通障礙因素進行詳細討論之後，人們常常會寫下這樣一段話：

❖ 意識到這三種類型的溝通障礙，就像是芒刺在身的感覺。如果我以前能夠明白如何在與人交流的時候做出得當的回應，真不敢想像我現在的人際該是多麼完美！

❖ 我就像是突然發現了敵人所在，真正的敵人原來就是我自己！

❖ 我一直認為我是一個很好的「傾聽者」，從來沒有意識到我其實在以傾聽的方式打斷交流的。

上述所提到的溝通「障礙」，在經過自責之後，商業工作者依然充滿了希望。畢竟，如果你意識到某種不好的溝通方式會帶來破壞性的結果，你肯定就會棄之不用了。學習識別這些溝通「障礙」，在人際之路上為順利前行邁出了積極一步。

商業工作者會偶爾使用一下這些所謂的溝通「障礙」。偶爾的使用並不會對人際關係造成不良影響。但如果頻繁使用，這些「障礙」就很有可能發揮其消極作用。這些溝通的不良習慣是可以改正的。閱讀完這一節，對這些習慣有了充分的認識會對你的改變有很大的幫助。商業溝通工作者可以辨別哪些是最需要消除的溝通障礙，然後集中力量去做。改變的初始階段，往往是非常艱難的，也最容易使人受挫，因為任何習慣一旦形成之後，想要改變，都需要長久的努力。在改變舊習的同時，你也可以嘗試使用以下章節中提到的有益的溝通技巧。幾千年前，一位智者曾經說過：改變惡習的最好方法就是用良好的習慣來置換。這要比簡單的清除更有效。時至今日，這句話仍然實用。當你學習如何更加有效地去傾聽、肯定、化解衝突、解決人際問題的時候，你身上存在的那些不良的溝通習慣也必然會隨之消失。

某些交流方式會導致溝通受阻，危害人際關係，導致無力感、憤怒或者對他人的依賴等不良後果。上述溝通「障礙」中的某一種或某幾種，所帶來的後果也可能是使人變得更加順從、無能，或者更加抵觸、反叛、好爭辯。這些都會嚴重影響自尊，削弱人際交往的慾望，影響自我決定的能力，將重點放在對自己之外事務的評價上。當然，這些溝通上的不良習慣也可以得到改正，例如，可以透過學習我們所講述的良好的溝通技巧來加以改正。

思考問題

1. 商業交流的主要溝通障礙，包括哪五種類型？
2. 為何討好稱讚會成為溝通障礙？
3. 為何改變惡習的最好方法就是用良好的習慣來置換？

溝通衝突的預防與控制

根據本節的「溝通衝突的預防與控制」主題，我們要進行以下三項議題的討論：

1. 衝突是不可避免
2. 個人衝突的管控
3. 團體衝突的管控

一般性的人際溝通，由於個人情緒與價值觀念差異，衝突是難以避免的，何況牽涉到利益取向的商業性溝通會更劇烈和嚴重。因此，學習如何預防與控制是一項重要課題。

犯罪心理學家理查德・沃爾頓（Richard H. Walton ：*Practical Cold Case Homicide Investigations Procedural Manual*, 2013）指出：有些人會把衝突的解決和控制看成衝突管理的兩種不同目標。衝突解決意味著對方最初的分歧或感覺不復存在，或者僅僅希望獲得對衝突的控制，即衝突的消極後果被削減，即使對方仍然持有異議和敵意。

一、衝突是不可避免

在個人成長的過程中，註定會經歷衝突的，當然包括任何一位商業工作者。

（一）衝突的存在

有一天商業溝通工作者老王和同事老謝花了一小時的時間來回顧他們這多年來所經歷的衝突。儘管他們的工作方式是那麼平和，他們仍然驚奇地發現，無論在工作中，在生活中，在他們只有350人的企業機構裡，存在大量的衝突，而且，有些是很嚴重的衝突。

然後，老王和老謝又想到目前的社會衝突。三分之一的婚姻以離婚收場。在很多家庭裡，父母和子女之間存在的「代溝」。教師遊行罷工，學校預算被削減，教會因為意見分歧而四分五裂。到了晚上，打開電視看新聞，世界的衝突又映入眼簾。時事新聞不斷曝光，勞工與雇主間的衝突，城市與郊區的衝突，贊成流產的人士與提倡「生命權」組織的衝突，異性戀擁護者與同性戀者的衝突，環保與核能武器公司的衝突等。

（二）衝突可預期

儘管我們經常對生活中和社會中頻繁出現的衝突感到驚奇，但是，我們的經驗告訴我們，這些都是可預期到。畢竟，人與人的看法、價值觀、慾望、需求和習慣等都存在差異。因此，社會學者詹姆斯·麥迪森（James Madison：*Bill of Rights: with Writings that Formed Its Foundation*, 2008）就曾說過：「最常見和最持久的衝突，來自於財產的多樣化和不公平分配。」這句話正反應當前社會衝突的寫照。

或許，在我們的社會裡每天不斷爭吵的根本原因，在於我們都只是人，而不是神。但是，我們也不可能將人際關係的緊張，甚至破裂完全歸結為人類的自私、叛逆、誤解、憤怒和其他因素。但是，作為一位從事於商業溝通的工作者，雖然要面對這些不可避免的社會現象，還是要學習如何在工作上克服類似的困境。

二、個人衝突的管控

商業溝通工作者的第二項課題是，學習個人衝突的預防和控制方法。儘管衝突不可能得到徹底的消除，但是，我們可以透過個人衝突的預防和控制技巧來避免部分不必要的爭端。減少衝突的方法之一，就是儘量避免前面所指的溝通障礙，尤其互動中的一人或多人存在強烈需求時，命令、威脅、評判、罵人以及其他溝通「障礙」都會滋生和惡化衝突。

（一）決策技巧

溝通專家指出：決策技巧可以有效預防和控制衝突。決策技巧使一個人能夠在儘量減少爭端的同時滿足自己的需求。透過決策來滿足需求，可以防止情緒失控引發衝突。預防性的決策資訊也可以防止潛在的問題，例如，「我打算今天寫一篇文章，所以如果你能在房間裡保持安靜的話，我會非常感激。」決策和傾聽技巧能夠幫助清除兩種主要的衝突來源：錯誤和資訊缺失。

對商業溝通工作者而言，與對手之間可能導致衝突的行為有所覺察的話，會幫助自己消除很多不必要的對峙。某些詞語、表情或動作是激發特定的人陷入衝突的導火線，這些行為在一般情況下不會對當前的關係產生影響。這些行為模式可能深深地植根於早期的童年經歷。

（二）覺察能力

看得懂氣象的人能夠看出天空中暴風雨的前兆。同樣的道理，有覺察能力的溝通工作者，也能夠識別他人的行為，以及對方行為有可能導致人際風暴的徵兆和模式。儘管我們對天氣的變化束手無策，但是，人際關係中的早期危險信號，可以使我們有時間和機會採取有效的預防措施。

商業溝通工作者在傾倒裝滿情緒壓力的「垃圾桶」時，不往別人的「桶裡」倒垃圾，是一種重要的衝突預防和控制技術。在我們的日常生活中，總會產生情緒緊張和精神壓力。我們可能在自我釋放情緒的同時增加了別人的緊張度。如果我衝著你大喊大叫，我釋放了壓力，但是，同時卻給你增加了壓力。然而，我可以在自己的房間獨自一人大喊大叫，或者向允許我傾倒情感垃圾的、持中立態度的第三方進行情緒釋放。此外，高強度的運動、競技性的體育活動、性活動等都可以緩解壓力，同時又不給他人帶來壓力。我們深信這種降低衝突方法的重要性。

強化來自家庭和朋友的情感支持，可以減少衝突產生的可能性。我們都知道在人際環境中需要更多的溫暖和關懷。一般來說，我們愛的人和關心的人，是不太有必要與之爭鬥的。

（三）忍耐與接納

提高忍耐度和對別人的接納，也可以減少現實性的衝突。從某種程度上說，我們的容忍性和對他人的接納程度，是後天培養形成的，也可能有基因遺傳的作用。但我們每個人都可以比當前的自己更容忍和更接納別人。較好的決策技巧，生活中強有力的情感支持，有效的溝通技巧以及理智情感治療所提倡的智慧方法，都是提高寬容和接納程度的好方法。

（四）爭論控制

「爭論控制」是衝突管理的另外一項重要技巧。在《國際衝突和行為科學》一書中，談判專家羅傑・費舍爾（Roger Fisher：*International Conflict and Behavioral Science*, 1964）指出，「爭論控制」的重要性，如同「武器控制」之於世界和平的重要性。這項法則不僅在人與人之間的衝突控制中非常有價值，在處理國家與國家之間的爭端時也尤為重要。「爭論控制」的要素主要有：

1. 在處理衝突的時候，最好是先設定程序，而不是立即處理大量的問題。

2. 一次只解決一個問題。

3. 將問題分解成小的單元，而不是整體處理複雜的大問題。

4. 首先處理最容易解決、最容易找出令各方滿意答案的問題。

5. 最終需要開始認真考慮基本的問題。當一次爭吵接著一次爭吵的時候，應該有人站出來指出：「真實的問題是什麼？」

6. 在不違反某一方原則的前提下，對爭端進行定義。如果可能的話，要用非意識形態的詞語來定義。嘗試找出能夠滿足自我和他人需求的方法。

（五）價值問題

在涉及價值問題的時候，談判專家羅傑‧費舍爾指出，智者會說：「我們試圖尋找的解決方法，不僅只是合乎我們自己的原則，而且也能夠與對方的原則保持一致，至少是當它合理的解釋和應用時。透過強調對方的原則不會遭遇挑戰，這樣問題解決起來才更容易。」

當某人在衝突過程中，很難表達自己的情感或觀點時，應該請他儘量說出自己的想法和情緒，並給予其安全的保證。在衝突中，我們總是想去爭奪最後的話語權。在最後的一句話前面又說出很多很多話。所以，類似於「我希望聽聽你是怎麼想的！」這樣鼓勵對方開口說話的情形，實在是比較難。當對方說出自己在某一關鍵話題上不一致的意見時，我們又很容易去辯論、貶低對方，或者憤怒地譴責對方。僅僅邀請對方開口並不夠，你還需要防止自己對對方做出憤怒攻擊。我們發現做到這一點相當困難，但是，這絕對重要，尤其是在對方不那麼自信的時候。

最後，對衝突的後果和代價進行充分細緻的評估，可以防止自己

陷入不必要的爭論。估計衝突的代價比較困難，因為情感互動是不可預測的，而且常常難以控制。無論如何，陷入不必要的衝突又不試圖瞭解其後果的人是最不明智的。

三、團體衝突的管控

商業溝通的工作雖然以個人為主，但是，在大型企業中，越來越多以溝通團隊或小組的形式進行。因此，學習集體或組織的衝突預防和控制技巧也是必要的。

（一）社會結構

特定形式的社會結構導致了不必要的衝突，一些機構使非現實衝突的風險降到最低，同時，另外一些社會結構妨礙了現實性衝突的面對和解決。諸如家庭、集體、商業、人際關係等，是有助於幫助預防衝突的社會組織形式。

組織機構本身或者人際關係本身，就有可能導致大量的衝突。例如，社會問題專家吉迪恩·昆達（Gideon Kunda：*Engineering Culture: Control and Commitment in a High-Tech Corporation*, 2006）認為，集中控制的政府官僚機構具有的潛在衝突誘因，要比非集中控制的企業機構高很多。在問題研究中，將組織根據其結構性畫成一條直線，兩端分別是極度嚴格和極度寬鬆。根據研究分析，極度嚴格的機構比處於直線另外一端的寬鬆機構，缺乏有效的溝通和缺少建設性管理衝突的能力。

（二）領導與組織因素

領導者的個性特徵與技巧方法也非常重要。防禦水準較低，支持性的管理者能夠幫助組織成員避免很多不必要的麻煩。儘管「弱勢團體」可以整合使用創造性的衝突解決和預防技巧，但掌握權力的

個人、有很強的個人魅力的領導者，或者具備成熟有效的溝通技巧的人，能夠強有力地影響組織的衝突的解決效率。

組織的氣氛也是影響衝突產生和解決的因素之一。儘管有些競賽是健康有益的，但研究顯示，非贏即輸的競賽會導致不必要的衝突，並降低組織解決衝突的有效性。相反，需要共同努力合作才能完成目標的活動，會促進真誠和諧的氣氛。這個重點，值得企業管理者與商業溝通者省思。

具有共識、清晰明確的政策和步驟，備受理解和支持的人力資源，有助於減少不必要的混亂和衝突。想像一下，如果沒有交通法規，我們的高速公路上將充斥著事故和衝突。有的人靠左側行駛，有的人靠右側行駛，後果應該是不堪設想。

（三）防範的制度

一夫多妻或一妻多夫制的婚姻，儘管在現代社會中很罕見，但是，在穆斯林（回教）社會依然存在，他們具有一套明確的政策和程序來防範一系列的衝突。社會問題專家布拉德（Jeffrey Brodd ： *Invitation to World Religions*, 2015）的研究指出：

無論什麼時候，只要是一個丈夫，多個妻子的狀況，就會出現妻子之間尖銳的矛盾衝突，相互之間嫉妒仇恨。這不足為奇，但一夫多妻制的社會裡制訂了一套方法來防止衝突的爆發：

1. 將每個妻子和她的孩子安排在單獨的房間。
2. 通常是第一個妻子最權威，高於其他的妻子。

第一個妻子的權威雖然很少受到威脅，但是，一夫多妻文化也有機制防止她獨斷專權。更重要的是，丈夫應該平等地對待所有的妻子，不能有偏倚。例如，丈夫應該遵循嚴格的輪轉制度，平均分配在

每個妻子房間過夜的時間。

　　布拉德還說，當今的家庭制度也有一定的制度和程序，對衝突管理是至關重要的。當然，對商業機構和其他的組織機構來說，亦是如此。相反，如果組織機構或其成員不按照政策和程序來執行，就會導致非現實衝突的增加。

（四）改善與轉變

　　企業機構或家庭的改善轉變以及轉變的機制或方式，也會改善衝突的數量和嚴重程度。在快速轉變的社會裡，企業機構或家庭也必須做出相應的變化，有時候是非常顯著的變化，或者是體驗到巨大的壓力。同時，過分迅速的轉折，或溝通技巧不足，都會導致不必要的嚴重衝突。

　　應該建立應對抗議與抱怨的機制。肯尼斯·鮑爾丁（Kenneth Ewart Boulding）說，組織機構解決主要衝突的手段，不是簽訂協定，而是設置應對有關不滿、衝突和要求的機制。根據他的言論，勞工和管理部門如果只是把精力集中在某一事件的解決上，將不會有太大的進展。建立公平機制，解決當前及隨後可能發生的衝突才是關鍵。

（五）情感瘟疫

　　「情感瘟疫」（Emotional Plague）也是導致不必要衝突的來源之一。心理治療師威廉·萊希（William Leahy MD：The Home Health Aide Handbook，2014）發明這個名詞，我們可以將它應用範圍擴大到商業溝通的領域。情感瘟疫指的是一些人採用破壞性的方式對待那些對他們並無威脅的人。被指為「瘟疫」這個人，會是有魅力的、智慧的和活躍的，當他們（企業主管）與健康、可愛或者高度投入到建設性工作的人（部屬）接觸時，他們會阻礙或破壞別人的成功。

　　「情感瘟疫」跟其他的流行病一樣，需要隔離治療。我們不會選擇這樣的人進入我們的組織，或允許他們進入我們的朋友圈。但是，

問題是「情感瘟疫」很難在開始的時候就被發現。一旦發現這樣的人存在，就應該由組織開除或終止與他的人際關係。如果「情感瘟疫」發生在家庭成員中，就很難做出抉擇了。

培訓衝突管理技巧對衝突的預防和解決來說都是必要的。在緊張的衝突環境中使用正確的解決方法，需要不斷地提高技巧。更進一步的衝突管理技巧也應該在培訓計畫中得到體現，例如傾聽、決策和合作性問題解決等。最終，培訓應該成為家庭或機構努力改善衝突過程的一部分。達成共識的衝突預防和解決技巧，應對衝突的機制——這些以及其他一些方法，應該作為全面的衝突管理培訓計畫中的一部分。

思考問題

1. 衝突為何不可避免？
2. 「爭論控制」有哪些要素？
3. 為何組織的氣氛也是影響衝突產生和解決的因素之一？
4. 何謂情感瘟疫？

03 解決溝通問題的途徑

根據本節的「解決溝通問題的途徑」主題，我們要進行以下四項議題的討論：

1. 解決策略的途徑
2. 衝突之前的準備
3. 對衝突進行評估
4. 用策略處理衝突

一、解決策略的途徑

應用衝突解決策略的四種途徑，可以幫助商業溝通工作者實施衝突解決策略。

（一）尊重與傾聽

首先，當對方沒有使用該策略的時候，我們可以使用尊重與傾聽。透過尊重地傾聽對方，簡要地表達自我觀點，你可以幫助對方平復情緒，投入到更有效的討論中。

（二）簡單解釋

當商業溝通工作涉入爭辯或意識到衝突即將展開時，就邀請對方一起使用諮詢顧問建議的策略來解決衝突。

例如：楊老師是一位男教師，跟他的一位學生小明總是不斷地起衝突。在學習衝突解決策略之後，他決定在下次衝突的時候使用這個技巧。不久機會就來了，這是楊老師對當時情形的描述：

小明和班上另外一個學生打架，教室裡的一些器材都被損壞了。以前諮詢顧問跟楊老師就此討論的時候，總是不了了之。這一次，楊老師決定使用諮詢顧問建議的策略。

第一步，小明到楊老師的辦公室等候，他把班上的其他同學帶到圖書館去。等楊老師回到辦公室的時候，小明看起來似乎正想「逃走」，他以前很多次都這樣做。

第二步，楊老師在他旁邊坐了下來，沉默了將近一分鐘之後，對他說：「小明，在我們談話之前，我們先來定個協議。我們每個人要聽對方的談話，在自己談話之前先把對方說話的內容重複一遍。然後我們儘量簡單直接地進行討論。」楊老師與小明交談了幾分鐘。

第三步，楊老師停頓了一下，之後有長時間的沉默。然後，看著他問道，「你覺得怎麼樣？這樣可以嗎？」楊老師伸出手做出握手的姿勢，小明也伸手說「可以。」

結果呢？他們彼此都比從前更能理解對方也更加喜歡對方了。在處理過情緒內容之後，他們開始互相關心持續一個月之久，問題終於解決了。

（三）適當環境進行

這途徑是在鎮靜、平和的環境下進行。在溝通工作會議的時候，首先，解釋衝突是任何一個團隊都不可避免的問題，成功地應對衝突中的情感內容之後，大家可以有效而富有建設性地討論差異與矛盾。為了解釋具體的方法，可以用角色扮演的方法，可能的話，也可以用文字資料來解釋衝突解決策略。然後，在組織內部討論使用該策略的預期目標。在使用該策略的時候，你可能會遇到意想不到的抵抗。

如果發生抵抗，你可能也會猜得到：避免直接應對否定意見，要表示自己的尊重，仔細地傾聽反對意見，表示你對此情況的理解。然後，做出簡要地陳述。在充分的傾聽之後，我們通常會說：「我們對以往解決矛盾的方法不太滿意，我想你也是不太滿意的。我們希望這一次能夠試用一下這個辦法，看看是否有效。如果沒什麼作用，就不再理會它了。願意嘗試一下嗎？」

（四）解決爭端

　　最終，溝通工作者會成功地使用這個方法來解決爭端與衝突。如果對立方同意你扮演第三方的角色，那你的任務就是要保持中立，確保衝突解決過程按步驟進行。在某些微妙的場合，第三方可能會決定在每個人談話之後進行回饋。當同樣的話語從對立方的口中說出來的時候，中立的一方在總結陳述時，應該儘量減少誤解和扭曲。

　　但是，比較常見的是，第三方解釋衝突解決過程，確保各方都能對此過程達成共識。然後，溝通工作者要引導過程的順利進行，主要是透過提醒人們接下來如何去做。偶爾，第三方也會總結每個人提出的主要內容。第三方的角色應該是置身衝突之外的，幫助其他人使用技巧，這樣可以在沒有壓力的環境中溝通，幫助他們學習技巧，在將來沒有第三方協助的情況下，成功地應對未來的衝突。

二、衝突之前的準備

　　心理學家喬治・巴赫（George R. Bach ：*The Intimate Enemy: How to Fight Fair in Love and Marriage*, 1983）幾十年來一直在夫妻和商業機構之間宣導「公平對抗培訓」他說，彼此同意投入衝突，是取得良好結果的關鍵前提。

（一）公平對抗

公平對抗是由想要抱怨或訴苦的「引導者」執行的。巴赫建議溝通工作者請求對方（對抗對手）參與公平對抗。如果「對抗對手」同意，就需要設定對抗的時間和地點。「約定」過程非常重要，它決定了雙方互動結果的走向是正確還是錯誤。很有可能會導致其中的一方乘虛而入，進而導致破壞性的結果。公平對抗，應該是在雙方約定好的條件下進行的。

人們常常會衝動魯莽地走進衝突中，他們沒有確定處理衝突的時間是何時，沒有確定對立方是否也同意展開對抗，雙方沒有就衝突解決條件達成共識，這樣會嚴重影響衝突解決的效果。一旦怒火中燒，即使最不願惹衝突的人，也會盲目地陷入衝突的對抗，而這種對抗毫無疑問是無效的。

（二）情緒能量

這裡有幾點需要注意。我們每個人是否有充足的情緒能量來展開這場衝突？如果我的朋友正在艱難地打離婚官司，我是應該這個時候與他對抗，還是再找另外的時間解決我們的衝突？

（三）對抗中的人

誰應該出現在對抗中？普遍的規則是，衝突涉及的人應該出現，而與衝突無關的人則不應該出現。想要有效地解決衝突，首先，溝通工作者要學會的第一件事是保密，除非衝突的雙方都同意有第三方的介入。有時候旁觀的人不會保持中立，而站在某一方的立場上說話。而且，旁觀一場激烈的對抗，絕對不是件令人愉悅的事情。但是，衝突的解決也不總是偷偷摸摸進行的。

（四）對抗的時機

那麼，對抗的最佳時間是什麼？是否可以找到一個時間，衝突的

雙方都不感到疲倦，能夠有較長的時間留給衝突的討論，並在此之後還有時間進行調解、解決衝突、評價你們之間的對抗是否公平和有效等。

（五）對抗的地點

對抗的最佳地點是什麼？通常情況下，應該選擇沒有電話、收音機、電視機和其他外人的地方。還有一點需要注意，對抗場合的中立性——你是在自己的地盤還是在對方的領域展開對抗，又或者找一個不「屬於」你們二者的中性場合（或者你們共同擁有的某個區域）？

以上的每個問題都很重要，準備過程中最關鍵的部分，就是不要給對方突然襲擊。對抗是在雙方知曉、同意、共同設定好的條件下進行的（包括要使用的衝突解決策略），這才是解決衝突的良好開端。

三、對衝突進行評估

前面我們討論到的衝突解決目標之所以沒有達到，或者沒有完全達到，原因可能是人們並沒有進行建設性的衝突對抗，或者他們沒有從以往的經驗中吸取教訓。因此，我們要對衝突進行評估工作。

在衝突對抗之後，最好，溝通工作者跟對手討論一下你們對抗的問題以及涉及的東西。如果不太可能進行討論，那你自己也可以評價一下對抗的過程與結果。當然，最理想的狀況是在對抗的過程，不時地在頭腦中進行自我反省。以下有八個問題可以幫你從衝突中吸取經驗：

1. 我是否從這場衝突中瞭解到哪些地方是我的「軟弱」，或者哪些是對方的「軟弱」？尤其是什麼「誘發事件」導致了這場衝突？
2. 我對衝突解決策略的使用狀況如何：準備、尊重、傾聽、陳述

觀點、評價？

3. 衝突對我造成的傷害程度如何？衝突對我的對手造成的傷害程度如何？這場衝突對我和我的對手宣洩情緒、釋放壓力是否有幫助？

4. 這場衝突是否有助於獲得關於自己和對手的新知識、衝突的內容？

5. 我們是否徹底改變了原有的觀念？如果是，我認為我們現在處於何種狀態？

6. 我是否發現自己和對手的對抗風格、策略以及所用的器具？

7. 下一次衝突對抗中，我希望做出什麼樣的改變？我希望在下一次的衝突中，對手做出何種改變？

8. 經過這場對抗，我們之間的關係是緊密了，還是疏遠了？我從這次衝突中學會了什麼？

四、用策略處理衝突

最後，溝通工作者要使用一套策略來處理衝突，可以深化和豐富雙方的友誼。人際關係的艱難之處在於人們不知道如何處理彼此間的差異。忽略差異只能發展出膚淺的關係。假使，我們使用錯誤的方法來消除差異，會帶來關係的緊張和更嚴重的衝突，直至關係的終結。

（一）真實投入

首先，「真實投入」這套處理衝突解決策略，能夠使對立的雙方真實地投入關係互動和問題解決中。最終，彼此能深入全面地瞭解和接納，使矛盾得以解決，使關係得以和諧與深化。衝突之後需要和諧關係，並不只發生在工作伙伴之間，而且也能在不同國家、不同宗教或種族之間發生。

溝通專家卡爾‧羅傑斯（Carl Rogers：*On Becoming a Person: A Therapist's View of Psychotherapy*, 1995）曾在北愛爾蘭陷入衝突與恐怖襲擊的時期，會見了由五個新教徒和四個天主教徒組成的處理衝突小組。其中一位成員的姐姐被炸彈奪去了生命，另外一個成員的家被炸成了廢墟，還有一位成員的孩子遭到了英國士兵的侵犯。這些人在週末一起分享自己的經歷和感受。在聚會結束時，「這些充滿仇恨的內心，不僅被軟化了，也被深深地改變了。」而且在意識型態不同的個體之間締結了友誼關係。

（二）人性化溝通

其次，應用「人性化溝通」處理衝突解決策略。美國波士頓大學由亞伯特（Albert）教授主持的實驗小組希望能驗證一種可能性，即相互之間存在顯著分歧和敵意的人，能夠人性化地與對方溝通，並可以共同解決問題。教授與波士頓WBZ電視臺合作，把一群黑人和白人集合在一起相處幾個小時，並進行電視直播。這個互動的過程由專業的領導者進行指引。開始的幾個小時裡，小組成員相互攻擊和漫罵。新聞週刊對成員的變化進行了報導，變化是因為使用衝突解決策略產生的。

隨後，一位黑人女教師用完全不同的口吻，深情地描述自己身為黑人的感受。白人主義代表希克夫人（Mrs. Hick），曾經被黑人指責為強烈種族歧視者，她以共情式（Empathy formula）進行回應說：「我之前真的不太瞭解你們的感受。」她說，「沒有人告訴過我。」然後，她改變了之前作為攻擊者的神態，悲傷地解釋自己背負種族歧視主義者的標籤是多麼痛苦。在她直率坦誠的談話之後，另外一位黑人女性大聲說道：「你曾經是我痛恨仇視的典型。但是，今天我改變了我的看法，希望再次見到你。」一位黑人的好鬥分子，曾經多次衝撞過希克夫人，他的改變似乎更戲劇化，「今天我想宣布，我要開始

跟希克約會了。」他開玩笑地說。

如果溝通工作者熟練地使用衝突解決策略，特別是應用人性化溝通策略，往往會收到積極的效果，有時也會是戲劇化的效果。然而，衝突是不可預測的，沒有任何一項人際互動的技巧可以保證這一點。

（三）情緒控制

最後，在衝突中，還可應用「情緒控制」的策略。建設性地應對溝通中的情緒問題，溝通工作者可以使用「情緒控制三步驟」的衝突解決策略。

第一步，預防衝突的發生，大家都以尊重對方，以同理心對待他人的心情開始溝通交流。

第二步，在溝通中，大家相互傾聽對方所說的話，並做出善意的回饋。

第三步，在傾聽對方說完之後，要簡要地陳述自己的觀點，包括，同意及不同意對方的意見。

這個「情緒控制」三步驟方法可以獨自使用，或者經對方允許一起使用，或者在第三方引導下使用。衝突的準備非常重要，包括相互就是否進入對抗、對抗的條件等達成共識。衝突之後的評估可以幫助你從對抗中學習經驗，也可以使你知道下次如何建設性地處理衝突。使用這套策略的結果是可以迅速地處理和消除情緒，一方或雙方做出改變，在價值觀問題上顯示自己「接納差異」，增強相互的情感。

思考問題

1. 請講述衝突解決策略的四種途徑。
2. 什麼是公平對抗？
3. 誰應該出現在對抗中，其普遍的規則是什麼？
4. 要從衝突中吸取經驗，可以從哪幾個問題進行？
5. 何謂情緒控制三步驟的衝突解決策略？

溝通加油站

學會傾聽

在「第三章排除溝通的障礙」裡，我們要與讀者分享一則故事：學會傾聽。

真正受歡迎的行銷工作者，往往並不過多地推銷，反而是非常體貼地讓顧客說話。瞭解他們的需要，也只有這樣，我們才能更受顧客的歡迎。

羅賓是位某商學院的高材生，韋恩是他的好朋友——善於行銷工作。

韋恩是羅賓所遇過最受歡迎的人士之一，經常有人請他參加聚會，共進午餐，擔任基瓦尼斯國際或扶輪國際的客座發言人，打高爾夫球或網球。

有天晚上，羅賓碰巧到一個朋友家參加小型社交活動。他發現韋恩和一位叫做珍妮的漂亮女孩坐在一個角落裡。出於好奇，羅賓遠遠地看著他們一段時間。羅賓發現那位年輕女士一直在說話，而韋恩好像一句話也沒說。他只是有時笑一笑，點一點頭。幾小時後，他們向男女主人道謝後就離開了。

第二天，羅賓見到韋恩時禁不住問道：

「昨天晚上我在斯旺森家看見你和很迷人的女孩在一起。她好像完全被你吸引了。你是怎麼抓住她的注意力呢？」

韋恩說：「很簡單，我只對珍妮說：「你的皮膚曬得真漂亮，

在冬季也這麼漂亮，是怎麼做的？你去哪呢？阿卡普爾科還是夏威夷？……」

她說：「夏威夷，夏威夷永遠都風景如畫」。

我問：「你能把一切都告訴我嗎？」。

於是，我們就找了個安靜的角落，結果之後的兩個小時，她一直談夏威夷。

看出韋恩受歡迎的秘訣了嗎？很簡單，韋恩只是讓珍妮談自己。他對每個銷售對象都這樣說：「請告訴我您的需要。」，這足以讓一般人產生親切感。人們喜歡韋恩，就因為他讓對方說話，同時也認真地聽對方的話。

其實，人都是以自己為中心的，如果有機會讓他談論自己的話，人也許會滔滔不絕幾個鐘頭呢。對於這種人性的特點，韋恩看得非常清楚。正因為如此，他可以在行銷工作方面做得游刃有餘。我們總是抱怨顧客太少，可是你有沒有想過，在行銷方面你付出多少、花費多少心思呢？都以自己為中心的推銷，從未考慮過顧客的需要和感受。真正受歡迎的人往往並不過多地推銷，反而是非常體貼地讓顧客說話。也只有這樣，我們才能更受顧客的歡迎。

Chapter **4**

加強溝通的訓練

01 人際溝通基礎訓練

根據本節的「人際溝通基礎訓練」主題，我們要進行以下三項議題的討論：

1. 人際溝通
2. 自我測驗
3. 訓練諮詢

一、人際溝通

溝通的基礎訓練要從人際溝通開始，然後才能夠進行更有效的溝通訓練。對於人際溝通的研究，伊恩‧吐哈斯基（Ian Tuhovsky）在《情商：交朋友與你的情緒和提高你的情商實用指南》（*Emotional Intelligence: A Practical Guide to Making Friends with Your Emotions and Raising Your EQ*, 2015）的研究中指出「情緒智商（Emotional Intelligence），簡稱情商（EQ）」占有重要的地位。因為情商是一種控制及分辨個人和他人感受及情緒的能力，並運用這些能力去指引個人的思想和行為。既然要控制及分辨他人的感受，那麼，人際溝通的管理，包括交流技巧及商務溝通能力是非常重要的。

在現實行銷工作中，有的人際溝通很好，朋友很多，同時工作績效也好；有的人則人際溝通不良，朋友很少或根本沒有朋友，當然工

商業溝通
掌握交易協商與應用優勢

088

作績效不彰。以下提供四項改善建議。

（一）不良的心態

　　商業工作者要改善不良的人際溝通心態，這是人際溝通基礎訓練的第一步。造成這種心態差異的原因，除了少數先天的影響因素外，和人們後天的生活習慣及性格關係最為密切。人際溝通不良的人主要有以下幾種典型的心態：

1. 認為自己必須給人留下好印象，以贏得他們的尊敬和喜愛，不過又不知如何贏得他人的心意，越是想取悅他人，越會覺得不知所措。
2. 認為別人都能洞察你的心事，並認為害羞和焦慮都是要不得的情緒，因此足不出戶。
3. 害怕自己當眾出醜，自己認為萬一出醜，別人會拿你的事當作笑料。
4. 不會說不，也不會表達憤怒，當與別人發生矛盾，一味遷就和妥協，給人留下缺乏自信的印象。
5. 認為別人並不喜歡真實的你，一旦別人發現真實的你，就會覺得自己懦弱無能一無是處；感到自己成了眾矢之的，大家都對你議論紛紛。

　　看到以上的心態，相信很多人際溝通不良的人都會有所感觸。那麼，如何克服呢？心理學家認為透過行為改善可以解決這些問題。

（二）自我表現

　　在溝通過程中，商業工作者要改善自我表現的技巧。將自己的不安及焦慮，以及在人際交往中的不如意向別人坦誠說出來，這種技巧是克服人際溝通不良的一種有力的手段。只要有足夠的勇氣暴露自

我，坦然承認或公開表達自己的不足，就會建立良好的人際溝通。

（三）心生恐懼

商業工作者要改善不良的溝通心態，必須要避免經常表現心生恐懼。有人擔心用自我暴露技巧會損害自己的聲譽，或被人嘲笑，以致更加被看不起。實際上，他們的這種看法是毫無道理的，但現實又很難使他們在短時間內改變。此時就可以採用這種技巧：改善害怕心理的技巧主要任務是進行角色扮演，請一個朋友來扮演你，而你扮演嘲笑別人的人。請你的朋友自由作答，這樣做的結果是，你會越來越發現你的朋友沒有什麼可嘲笑的，而你作為嘲笑者則顯得很無聊。這種技巧能夠使你逐步認識「自我暴露」有時並不會遭受別人的嘲笑。

（四）避免攻擊

商業工作者要改善不良的溝通心態，要避免表現攻擊性。這也是克服人際溝通不良的一種很有效的心理改善。這種方法是讓受人際困擾的人以一種大膽的方式直接面對憂慮，例如在公眾場合直接向大家暴露自己的弱點。這樣做的好處是能夠使你很清楚地看到，自己的那些焦慮在旁人看來是多麼微不足道，而你則把它看得太嚴重。

我們應該承認人際溝通不良，除了由性格導致的情形以外，多是由於雙重不信任所引起的，克服和擺脫的方法在於以實際行動改善你和他人的關係。在社交場合，人們必須學會正視自己的各種情感。剛開始運用以上談到的方法時，可能會引起焦慮，甚至恐慌，但只要持之以恆，就能學會表達自己的情感，信心也會隨之增長，最終會發現人際溝通不良的弱點不是那麼難以克服。

二、自我測驗

本測驗共35題。請對下列各題作出「是」或「否」的選擇。這項

自我測驗有助於商業工作者認識自己的人際溝通關係，以加強人際溝通能力。

【 　】1.你平時是否關心自己的人緣？

【 　】2.在餐廳或小吃店裡你一般都是獨自吃飯嗎？

【 　】3.和一大群人在一起時，你是否會產生孤獨感或失落感？

【 　】4.你是否時常不經同意就使用他人的東西？

【 　】5.當一件事沒做好，你是否會埋怨合作者？

【 　】6.當你的朋友有困難時，你是否時常發現他們不打算求助於你？

【 　】7.假如朋友們跟你開玩笑過了頭，你會不會板起面孔，甚至反目？

【 　】8.在公共場合，你有把鞋子脫掉的習慣嗎？

【 　】9.你認為在任何場合下都應該不隱瞞自己的觀點嗎？

【 　】10.當你的同事或朋友取得進步或成功時，你是否真心為他們高興？

【 　】11.你喜歡拿別人開玩笑嗎？

【 　】12.和自己興趣愛好不相同的人相處在一起時，你也不會感到趣味索然、無話可談嗎？

【 　】13.當住在樓上時，你會往樓下倒水或丟紙屑嗎？

【 　】14.你經常指出別人的不足，要求他們去改進嗎？

【 　】15.當別人在融洽地交談時，你會貿然地打斷他們嗎？

【 　】16.你是否關心和常談論別人的私事？

【 　】17.你善於和老年人談他們關心的問題嗎？

【 　】18.你講話時常出現一些不雅的口頭語嗎？

【 　】19.你是否時而會做出一些言而無信的事？

【 　】20.當有人在交談或對你講解一些事情時，你是否時常覺得很難聚精會神地聽下去？

【 　】21.當你處於一個新環境時，你會覺得交新朋友是一件容易的事嗎？

【 　】22.你是一個願意慷慨招待同伴的人嗎？

【 　】23.你向別人吐露自己的抱負、挫折以及個人的種種事情嗎？

【 　】24.告訴別人一件事情時，你是否試圖把事情的細節都交待得很清楚？.

【 　】25.遇到不順心的事，你會精神沮喪、意志消沉，或把氣出在家人、朋友、同事身上嗎？

【 　】26.你是否經常不經思索就隨便發表意見？

【 　】27.你是否注意赴約前不吃大蔥、大蒜，以及防止身上帶有酒氣？

【 　】28.你是否經常發牢騷？

【 　】29.在公共場合，你會隨便喊別人的綽號嗎？

【 　】30.你關心報紙、電視等報導的社會新聞嗎？

【 　】31.當發覺自己無意中做錯了事或損害了別人，你是否會很快地承認錯誤並道歉？

【 　】32.閒暇時，你是否喜歡跟人聊聊天？

【 　】33.你跟別人約會時，是否常讓別人等你？

【 　】34.你是否有時會與別人談論一些自己感興趣他們不感興趣的話題？

【 　】35.你有逗小孩的小手法嗎？

評分原則：

　　第1、10、12、17、21、22、23、27、30、31、32、35、35題答「是」記1分，答「否」記0分，其餘各題答「是」記0分，答「否」記1分。各題得分相加，統計總分。

你的總分：

1. 你的得分在30分以上：人際溝通情況很好。
2. 你的得分在25~29分之間：人際溝通情況較好。
3. 你的得分在19~24分之間：人際溝通情況一般。
4. 你的得分在15~18分之間：人際溝通情況較差。
5. 你的得分在14分以下：人際溝通情況很差。

三、訓練諮詢

根據第一項人際溝通與第二項自我測驗的前提，我們要進行以下四項諮詢訓練。

（一）理解他人

從學生邁向工作職場是由感性轉向理性過渡的階段，青年工作者對自己的成熟過程有比較強烈的自我體驗，「成熟感」（Sense of maturity）的突出，獨立性和主動性發展很快，對人、對事、對自己進行評價有了自己的見解和尺度，於是便由以前對周圍權威人物的崇拜而逐步轉化為具有「主觀權威傾向」。會極力想爭取在工作和社會中獨立自主地位和新的權利，但在經濟上、工作上和學習上仍要受工作的制約。也不願放棄過去學生時代的依附關係，在思想深處並不希望工作主管完全不管或不關心他們，但是主管可能仍然把他們當「新鮮人」看待，要求主管能平等對待自己，反對過多、過細的監督行為。因此，工作新鮮人容易造成與主管的衝突與矛盾。

經常性的反抗情緒和反抗行為很容易形成逆反的性格。一方面，要求同事和主管要理解工作新鮮人的心理變化，主動調整與他們的關係，既關心、愛護他們，又尊重、信任他們。另一方面，工作新鮮人

也要理解同事和資深同事。例如在主管的心目中，屬下永遠是「幼稚」，往往忽視了他們獨立的意向和人格的尊嚴，從而導致心理上的對立。而有些屬下往往在工作方面對主管也有過分要求，不尊重主管在自己身上所耗費的時間和付出的關懷，這同樣會令主管失望。因此，相互的理解與溝通是解決工作新鮮人與同事及主管關係的最好方法。

（二）寬容大度

商務溝通工作者遇事不能斤斤計較，更不能以自我為中心，這是非常不利於人際溝通的個性。可是，有的同事在工作中遇到一點點委屈便耿耿於懷，或者聽到同事的批評就受不了並懷恨在心，對「異己」分子更是不肯接納。這些都嚴重破壞正常的人際關係和相互間的友誼。因此，我們要加強對自己人生觀的教育。工作新鮮人一定要明白：人活在世上，不能只看重眼前的一些利益，要充分發揮自己的才能，多為社會做點有價值的事。另外，要多參加工作組織的各種有意義的活動，融入團體之中，多關心、瞭解別人，多感受工作中美好的事物，使自己朝向健康有益的方向發展。

（三）正直誠實態度溫和

商務溝通工作者的基本信念是：正直與誠實以及態度溫和。詭詐、欺騙是得不到友誼的，別人只有知道你不會為個人的利益而出賣他人，不會背棄諾言，才會視你為好友。因此，工作新鮮人要誠實待人，「老實人」並不會吃虧。

工作在同一時代的兩個人在行為方式、工作態度、價值觀念、理想、信念以及人生觀、世界觀等方面都存在差異，兩代人的差異可想而知了。有的差異可以透過交換意見、溝通思想達到共識；有的則難以協調一致，差異會長期存在。在這種情況下，應該求大同而存小異，彼此尊重對方，而絕不可將自己的偏好強加給對方。

工作新鮮人的情緒容易受到外界環境的影響，常常隨情境的變化而變化，具有很大的易感性。情緒很容易激動，又不善於自制，行為不易預測。正是這種情緒特點，加上要求獨立自主的意識，很容易和主管頂撞吵架，甚至和資深同事也不和，這是對己、對人都沒有任何益處的，最終也不能解決問題。因此，工作新鮮人首先在態度上要謙恭、尊敬，口氣要溫和，只要態度是坦誠的，彼此就很容易理解。

（四）學會溝通

工作新鮮人得承認我們的溝通是有限的，需要持續的學習改進，以便使個人能夠無論在思想觀念還是情感上都變得無限。英國作家蕭伯納（George Bernard Shaw）說過一個很好的比喻：假如你有一個蘋果，我有一個蘋果，彼此交換後，我們每個人都只有一個蘋果。但是，如果你有一種思想，我有一種思想，那麼彼此交換後，我們每個人都有兩種思想。甚至，兩種思想發生碰撞，還可以產生兩種思想之外的其他思想。在情感上，我們同樣可以透過溝通來豐富自己。正如一位哲人所說：快樂與別人分享，快樂增加一倍；痛苦與別人分擔，痛苦減輕一半。因此，當工作新鮮人有煩惱和想法的時候，可以向同伴傾吐。

總之，有些問題，要主動與主管或同事討論，畢竟他們有著豐富的社會閱歷和經驗。不要到事情不說不行的時候再向主管報告，那樣可能會讓彼此情緒激動；也不要在主管情緒不好或正在為其他事焦慮不安時討論主管認為敏感的問題。另外，工作新鮮人要學會清楚地表達自己的願望，要習慣於講清事情的緣由。在與長者溝通時，要學會清楚描述環境、條件和事情的起因，主動向長者請教，把困難說出來。許多工作新鮮人只是不善於表達，才會引起一些無謂的衝突。

思考問題

1. 何謂情緒智商？
2. 人際溝通不良的人主要有哪些典型的心態？
3. 要避免經常表現心生恐懼的解決方法是什麼？

02 人際溝通能力訓練

根據本節的「人際溝通能力訓練」主題，我們要進行以下三項議題的討論：

1. 溝通的妥協能力
2. 溝通的攻擊能力
3. 溝通的決斷能力

一、溝通的妥協能力

商業溝通與談判的兩項主要課題是攻擊與防守，而訓練這兩項能力要從防守開始。溝通與談判的防守是指妥協。妥協行為的優點：妥協行為之所以被很多溝通者採用，是因為它能夠避免衝突。就像探戈舞需要兩個人來跳一樣，衝突也是一個巴掌拍不響。妥協是許多人用來避免、延遲或者隱藏衝突的一種手段。

（一）減少責任

妥協型的商業工作者承擔的責任要比決斷型或攻擊型的人少得多。因為，一旦事情沒有做好，人們很少會指責那些被領導的人。如果我們去看的電影超級爛，我們不可能批評妥協型的人出了餿主意。畢竟，他的口頭語我們都記得：「什麼電影我都喜歡，你來決定。」

而且，妥協型的人看起來比較無助，以至於其他的人都想去照顧和保護他們。他們不需要自己承擔責任，他們誘導別人對自己施以援手，但看起來又像是自己無法抵擋他人對自己的熱情。

（二）控制目的

商業工作者通常會透過自己的妥協行爲來達到控制他人的目的。弗里茨・佩爾斯（Fritz Perls）注意到，當一位富有攻擊性的領導者，跟一位具有妥協個性的受壓迫者同時競爭控制權的時候，結果很出人意料，妥協者往往會獲得最後的勝利。你可能會聯想到，那些甜言蜜語的人、愛哭的人、或者總是會自我犧牲的人，要比那些逞強好勝、強勢的人更強大、更有力量。我經常聽到很多男人說：「我可以忍受任何事情，唯獨招架不住女人的眼淚。」

妥協者的心裡到底想著什麼？其實他是透過避免衝突和責任來控制他人。同時，因爲他們的脆弱，他可以得到被他控制的人的保護。他一貫採用的行爲方式爲他贏得無私的良好口碑。難怪人們總是很難捨棄自己的妥協行爲！當「好人」的代價，就是妥協行爲所要付出的代價，是無法控制自己的情緒。這看起來似乎很滑稽，因爲人們選擇妥協行爲的主要原因就是妥協能夠「控制」情緒。妥協的人傾向於壓抑他們的「消極」情緒。正如我們看到的，壓抑的情緒會破壞關係，因爲積極的情感也會隨著憤怒的壓抑而也被自動壓抑了，或者壓抑的情緒在瞬間爆發。

（三）負面作用

妥協者的另外一種可能性，當人們試圖控制自己的情緒時，會用間接的方式表達情緒。這個時候，妥協型的人開始貶低或奚落他人的行爲，在扮演「助人者」角色的同時，變得吹毛求疵起來。他們會不留痕跡地或者毫無意識地去破壞他人的快樂時光。他們開始消極怠

工，破壞他人的工作成果，或者可能避免與他人接觸，或毫無聲息地結束一段關係。這些表現都間接地導致了敵意、疏遠和災難。當憤怒透過這些偽裝行為表現出來時，除了導致人際關係危機之外，沒有絲毫的作用。

一向採取妥協的人，對自己熟悉的行為方式感到舒服和有安全感。絕大多數人的妥協風格是被父母、學校和社會上的其他機構訓練出來的。如果打破這些已經建立起來的行為模式的話，往往會帶來很大的精神壓力。妥協總是在試圖換取他人的承認。因此，妥協型的人，常常被認為是無私、大好人等。

二、溝通的攻擊能力

商業溝通與談判的攻擊行動，通常是在防守之後所採取的行動。因此，溝通與談判工作者很少人會在一開始就採取攻勢。攻擊型的人總是試圖滿足自己的需求，即使是以犧牲他人的需求為代價。這種類型的人在人群中的比例也不小。為什麼會這樣呢？因為他們會從攻擊行為中受益。這種風格的行為特點可以帶來三種積極的作用。攻擊者能夠保衛自己的物質利益並能得到自己想要的東西。他們能夠保護自己和自己的私人空間。同時，他們能夠很好地控制自己的生活以及他人的生活。

（一）自我保護

攻擊型的人看起來要比那些溫順妥協的人更有能力保護自己。在人類歷史上，總是強者淘汰弱者，並獲得最後的生存權利。攻擊型的人是我們社會裡的那一群以奮鬥、敵對和肆無忌憚的競爭為標誌的強者。托瑪斯·亨利·赫胥黎（Thomas Henry Huxley：*On the Origin of Species: or, the Causes of the Phenomena of Organic Nature*, 2012）是十九世紀英國的生物學家，他將達爾文的進化論推廣開來的，同時可能也

做了些曲解。他認為動物世界裡每天都在上演殘酷的爭鬥，只有那些「最強、最快和最狡猾的才能生存下來並繼續戰鬥。」

（二）消極影響

攻擊帶來的潛在消極影響也非常顯著。例如，恐懼、激起反暴力抗爭、失控、內疚、去人性化、與他人的疏遠、疾病以及使社會變得危險重重，以至於攻擊型的人都不可能生活得舒適和安全。攻擊行為的弊端之一，是與日俱增的擔憂和恐懼。很多表現強勢的人，不是因為他們本身很強大，而恰恰是因為他們感到無力。他們的攻擊行為會樹敵很多，並且最終使他們自己變得更加脆弱和恐懼。

攻擊行為的弊端，在於它常會導致控制力的喪失。這跟其他的攻擊行為和妥協行為的弱點一樣，看似荒謬，但事實確實如此。攻擊行為使人們獲得控制自己生活和他人生活的能力。但就像我們之前提到的，受壓迫的人往往會用微妙的方式反抗高高在上的人。從另外一個角度來看，控制他人也限制了自己的自由。因為如果我命令你做什麼，我會花時間和精力來監督你，這會導致自己奴役自己的狀態。過分地控制他人，同時也會使自己四分五裂，進而毀掉自己的生活。早在十六世紀，法蘭西斯・培根（Francis Bacon）就曾對這個矛盾進行過詮釋：「獲得權力同時失去自由，是一種很怪異的慾望。」

自責內疚，也是攻擊者用權利所導致的消極影響之一。儘管攻擊型的人並不像其他人那樣富有同情心，能對他人的痛苦感同身受，但他們也並非完全泯滅良知、鐵石心腸的人，自己對他人做出過分的舉動，不可能體驗不到絲毫的內疚。而且，攻擊行為也會導致攻擊者的去人性化。我們每個人生來都有熱愛他人、利用工具的能力。但對攻擊者來說，他們傾向於熱愛工具、利用他人。當一個人利用他人的時候，常常會像對待物質工具那樣對待他，也就是說將他「物質化」。「當某人『使用』他人的時候」，專家曾說過：「他也很自然地在使

用自己。」攻擊者的人格在每一項攻擊行為中漸漸被削弱。當他踐踏他人人格的時候，也在摧殘自己的人格。

三、溝通的決斷能力

決斷行為是溝通的第三種能力訓練。決斷型人士最顯著的特點就是他們愛自己。他們要比妥協或攻擊型的人要自我感覺更良好。儘管決斷並不是構建自我價值感的唯一因素，但有心理學家推論「你的自我決斷能力的水準決定了你的自尊水準。」

（一）充實人際關係

對商業溝通工作者而言，決斷的優點在於決斷能力有利於人際關係的充實。決斷是在向他人釋放積極的能量。不會過分地自我犧牲和焦慮，也不會過分地自我保護或控制，決斷型的人能夠更容易「看到」、「聽到」和熱愛他人。決斷能夠使你悅納自己，同時還會使他人與你的相處愉悅舒適。最充實、最健康的親密關係，是兩個決斷型的人發展出來的。親密意味著「能夠反覆地向那個對我來說非常重要的人，表達我最深切的渴望、期待、擔憂、焦慮和內疚。」這種形式的自我表現就是決斷行為。

霍華德和夏洛特·克蘭伯爾的名為《親密婚姻》（Howard J. Clinebell and Charlotte H. Clinebell：*The Intimate Marriage*, 1970）一書中，指出親密是「在關係中相互需求——滿足的程度」。健康的、相互的需求——滿足模式只能夠發生在兩個都是決斷型的人中間。最美好的婚姻、友誼和親子關係是決斷型生活方式的最好結果。同時，決斷型行為也明顯地降低了人們的擔憂和焦慮水準。研究完全證實學習做出決斷反應能夠明顯地減少之前在特定情境下產生的焦慮和緊張情緒。當決斷型的人越來越意識到，他能夠也必將會獲得滿足自身要求和保護自我的能力，所以，他沒有必要心懷恐懼地對待他人或者想要

去控制他人。

（二）自己的溝通方式

對商業溝通者而言，決斷行為的第二項優點之一，在於能夠擁有屬於自己的溝通方式。當你讓他人瞭解到你希望得到的東西，並能夠捍衛自己的權利和需求的時候，你的工作就會有顯著地提高。決斷，正如我們的教學一樣，是目標取向的。透過對他人的觀察以及自身的生活經歷，所以一個人一貫使用決斷行為，要比使用妥協或攻擊行為，更有機會滿足自己的需求。當然有些時候，決斷行為並不一定都能達成目的。但在絕大多數情況下，決斷行為是最適宜的、最有效的、建設性地保衛自己私人空間和滿足自身需求的途徑。

當決斷行為並沒有使既定的目標實現時，它仍然可能是這些情境中最合適的溝通方式。就像約翰‧萊斯金（John Ruskin）所說的「與其卑鄙地成功，不如光榮地失敗。」

（三）付出代價

在溝通上，決斷行為有時是要付出代價的。決斷行為能夠產生很多積極的效果，但決斷型的人也將付出一定的代價。對於那些從妥協或攻擊型轉變為決斷型工作方式的人來說，這個代價包括個人工作生活的分裂，誠實的和關注性的對峙帶來的痛苦，以及必須做出艱苦的努力來改變自己原有習慣的行為

儘管妥協型的人們傾向於誇大決斷行為帶來的消極後果的嚴重程度和可能性，但消極後果確實可能會發生。在現實的工作場合，偶爾會看到提出建設性的決斷的人，最後被炒魷魚。決斷型人士的家庭生活可能並不令人滿意，他的妻子在極端的情況下甚至會提出離婚。但比較重要的一點是，如果能夠做到有效的決斷的話，這些極端的惡劣後果並不會經常發生。而且，如果人們善於運用決斷技巧，他們的人際關係會得到明顯地改善，決斷型的人也會在職場中獲得成功。不

過，即使是擁有最好的決斷能力，偶爾也會導致消極的後果。

決斷帶來的另一種代價就是，有些事實一旦被真實地表述出來，有時會導致痛苦。真實的關係可能是快樂和親密的，但有時也可能會帶來矛盾。在進行決斷行為之前，應該知道可能帶來意見分歧的風險，衝突的產生對於關係的平衡和改善是必要的。決斷行為也會導致重要關係的脆弱性。沒有這種脆弱性，一個人不可能體驗到持久的愛帶來的愉悅。但我們總是懼怕脆弱，即使在最信任的朋友面前，我們有時也會覺得受傷。

（四）決斷的訓練

決斷訓練需要對個人的基本價值觀進行重新評估。人們會發現自己學會用新的眼光去看待價值觀的衝突。如果一個人總是「不惜犧牲任何代價來換取和平」，接著他會在決斷訓練中看到這種行為對雙方產生的消極影響，進而艱難的重塑價值觀的任務便開始了。對從孩提時就形成的價值觀進行重新審視，對很多人來說都是一項恐怖又艱巨的任務。

最可能付出的最大代價，是對意志力訓練的過程中，需要將一貫採用的妥協或攻擊習慣消除掉，然後發展出新的有效的關係方式。絕大多數人在改正壞習慣的時候總是非常痛苦。即使我們的思想能夠跟我們所做出的行為改變保持一致，並且我們的價值感也能增強改變的願望，但改變根深蒂固的習慣仍然非常困難。

決斷訓練出的巨大貢獻之一，就是能夠處理這些消極因素。幫助人們學著對自己的決斷行為做出更現實的評價。幫助更多的人從不同的視角看待自己的價值觀問題。以學習理論和其他一些理論作為基礎，決斷訓練幫助人們學習如何打破功能不良的習慣，同時發展出更充實有益的生活方式和人際交往方式。

思考問題

1. 妥協者,當「好人」的代價是什麼?
2. 商業溝通與談判的攻擊行動有哪三種積極的作用?
3. 在溝通上,決斷行為有時是要付出什麼代價?

03 人際溝通進階訓練

根據本節的「人際溝通進階訓練」主題，我們要進行以下三項議題的討論：

1. 溝通的自我展現
2. 溝通的自律能力
3. 溝通的決策訓練

一，溝通的自我展現

在溝通過程中雙方都嘗試表現自己，要盡量表現自己，讓對方明白你所要表達的想法與意見，這稱為「自我展現」。如何恰到好處地表現自己，特別是以溝通為專業的商業溝通工作者，是需要學習的重要課題之一。

（一）瞭解與神秘

有溝通專家指出問題的關鍵，每個人時時刻刻都會面臨這類的選擇：我們應該讓其他人瞭解我們，或者我們保持神秘，希望在別人眼裡是另一個樣子。我們總是需要做出選擇的，但一直以來我們都是選擇把真實的自我隱藏在面具後面。

換言之，我們在他人面前隱藏真實的自己，來避免可能的批評或

拒絕，這種防禦需要付出極大的代價。在生活中，如果我們不能被他人真實地瞭解，我們就會被誤解。當我們被誤解時，尤其被家人和朋友誤解時，我們的心靈會陷於孤單。更可怕的是，我們一旦成功地在他人面前隱藏自我，我們同時也失去了對真實自我的感知。

（二）理智上誠實

自我展現，是指你能夠在他人面前表現出真實的自己，這是一種情感和理智上的誠實：拒絕自我隱藏。所有真實的決策都包括一定程度的自我展現，但親密關係中的人際透明度會更高。著名的詩人艾略特(T.S Eliot：*The Complete Poems and Plays*, 1971)說過：

> 如果某個人生命中有這樣一個人，
> 他願意向他袒露所有的心聲——
> 包括對你的關心，還有所有罪惡的、
> 卑鄙的、吝嗇的和懦弱的、
> 以及那些看起來荒謬的瞬間，
> 他看起來像是個傻瓜（誰又不是呢？）——
> 那麼，他是愛這個人的，他的愛會拯救他。

根據艾略特所指，自我展現包括真實看法和價值觀的表達，但不止這些。自我展現是一種情感談話，或者更準確地說，是將自我情感通過詞語和肢體語言進行的直接表達，這是我的情感。自我展現，是就聖經中大衛王在戰士凱旋回歸時喜悅的舞蹈，也是聖經中受苦難的約伯憤怒地向天空揮舞拳頭，向上帝怒喊他的憤慨和受到的傷害，他遭遇到的難以置信的悲劇，是小美迪和桑德斯小子（Cassidy boy and Saunders）相互表達對彼此的愛慕之情。

（三）真實表達

人際之間這種直接的情緒表達很少見，也很不容易。有溝通專家指出最需要勇氣的行為，只是真實地表達。決策行為的目的並非讓情感赤裸裸地展現，而是得到一定程度的真實表達。在五世紀的時候，凱撒利亞的巴薩爾（Caesarea Bashar）總結成一條指導方針，至今仍然適用：沒有人應該保守秘密，或表明自己的魯莽，或對他靈魂的任何鼓動，而應該承認自己是「值得信任的兄弟」。當滿足下列條件時，最需要進行自我展現：

1. 正確的人常常是能夠表達共情理解的人；
2. 準確的尺度——你可以決定展現全部的或者部分自我體驗；
3. 正確的動機——確保你的目標是自我展現，而非給他人帶來精神壓力，或只是「賣弄」而已。
4. 正確的時間——選擇合適的機會，同時對方不會被自己的需求困擾。
5. 正確的地點——選擇適合進行類似溝通的場合。

當然，嚴格遵從上述溝通的自我展現建議，會限制人們自我展現的自發性，而完全忽視上述的條件，又會很難在世界上生存下來。

二、溝通的自律能力

溝通中的自律能力（Self-discipline）是根據自我展現能力的提升。自律能力在溝通上展現溝通者的自然表達或者邏輯思考的結果。商業溝通工作者個人的自律能力是從小透過家庭與學校教育訓練出來的，已經成為個人基本能力的關鍵部分。此後，成人只能夠在技術上加以改善訓練。因此，在這個部分的討論要從教育訓練著手，提供進階訓練參考。

（一）避免懲罰

教育心理學家魯道夫‧坦齊（Rudolph E. Tanzi ：*Super Brain: Unleashing the Explosive Power of Your Mind to Maximize Health, Happiness, and Spiritual Well-Being*, 2013）提出了一種不使用懲罰或獎勵的方式，來幫助兒童發展自律能力。

坦齊反對使用懲罰作爲發展個人自律能力的工具，而使人變得屈從。對於那些並不順從的人，懲罰會導致強有力的反抗和不良行爲的惡。德國哲學家尼采（Friedrich Wilhelm Nietzsche：*Human, All Too Human A Book for Free Spirits*, 2011），他曾說：「懲罰使人變得冷酷和麻木，它激化了疏遠的意識，增強了反抗的能力。」

根據坦齊的理論，獎賞也不比懲罰好到那裡去。他認爲獎賞有兩種主要弊端：有損接受者的人格；從長遠來看獎賞會失去有效性。獎賞缺少對他人的尊重，我們總是對下屬施以物品和獎勵。獎賞也是缺乏信任的信號——如果不是，我們爲什麼還需要賄賂他人來讓他們表現得好一點？獎賞也對對方自由參與和貢獻的責任感和滿足感有害。最後，當對方強調「我這麼做有什麼好處？」時，我們會很快施以令其滿意的獎賞。但很不好的事實是，對方的要求不斷提高，獎賞永遠不會得到滿足。坦齊說：「對孩子良好行爲的獎賞系統跟懲罰一樣有害無益……我們錯誤地希望能夠透過獎賞來獲得孩子的合作，實際上是在否認孩子對生活基本的滿足。」這句話對習慣使用獎勵員工，而沒有其他配套措施的管理者，值得深思。

（二）自然與合理

很多時候，家長嘗試跟行爲不良的孩子講道理。坦齊指出講道理也是徒勞無功，因爲它不會使孩子意識到自己的需求和不良行爲的目的。你很快就會發現，孩子對家長不斷的教導產生了免疫力，對家長的話開始充耳不聞。坦齊觀察到，跟父母與孩子之間的溝通一樣，主

管與部屬之間也經常使用不當的詞語、獎勵和懲罰。如果講道理沒有效果，獎賞和懲罰也沒有效果的話，我們該怎麼辦？使用自然和合理的結果是建設性的選擇。這有助於溝通工作者加強學習自律能力。

自然與合理的結果，是在正常事件的基礎上發生的，不受任何人的干涉，會表示現實的壓力。這種方法是無作為，允許他人去體驗行為的結果，而不施加任何干涉。

小美在生日的時候，收到了10段變速的自行車。這個街區經常發生自行車被偷，所以她的父母跟她說，如果自行車放在外面過夜的話可能會被偷。如果被偷了，她就要自己賺錢再買一輛，或者不騎自行車了，父母不會給她買第二輛。

小美晚上把自行車放在外面，果然很快被偷了。小美央求父母再給她買一輛，她對父母說甜言蜜語，哄騙父母。有一天她還突然發脾氣，父母想表示投降，再給她買一輛。但同時又想到不應該過分保護女兒，不讓她面對殘酷的現實，所以最終還是沒有買，最後是小美自己省下錢買了一輛新腳踏車。這對父母來說需要很強的自我約束力才能做到這一點。

有些人認為小美的父母其實是在進行某種形式的懲罰，事實並非如此。小美事先知道事情的後果。她父母的言語和行為也是基於事實的。父母只是讓事情自然的發生，這才是讓孩子建立自我責任感的最好方式。

父母應該避免說教，最好不要拿自己的經驗和知識來教育子女。儘管有些時候，孩子們會從中學習到一些東西，但他們也跟我們一樣，需要從自己的經歷和體驗中學習和成長。在真正危險的關頭，應該保護一個人避免自然的不良後果，例如，當孩子跑到街上，對面駛來一輛車的時候，要即時將小孩拉開。但如果沒有特別嚴重的危險，而去進行保護、避免發生危險的消極作為，這樣做不會有特別的效果。

（三）思考邏輯

自律是思考邏輯的結果，是設置好的學習前提。本質上是合乎邏輯的，而不是隨意的或反覆的。如果孩子打翻了牛奶，他就必須擦乾淨。如果一個人約好見面但總是遲到，那他只能按照約定的時間結束，而不會因遲到而延長約會時間。如果沒有剩餘時間，那只能重新再約見面。如果有些人沒有按時參加開會，會議依然按照既定的時間開始。在這些情況下，結果就是與行為合理相關的。

在自然的和邏輯的結果之間有一項重要的區別。自然的結果代表了現實的壓力，沒有特殊干預，這些依然有效。相反，邏輯的結果如果有強有力的努力時就不會出現，因為在這種情況下，他們會使狀況惡化或導致衝突。自然的結果總是有益的，但邏輯的結果可能會事與願違。

這裡有些指導方法可以幫助你有效地使用結果技巧：

1. 詢問自己：「如果你不做干預的話，會發生什麼？」思考一下自然的結果，讓其發生。若非如此，你就是在妨礙他人發展和鍛鍊自己的責任感。

2. 合適的時候，請使用公式「當你（描述行為），然後（陳述結果你可以有另外的機會）及（陳述可能發生的事實）。」例如，在10段變速自行車的例子中，小美的父母可以這樣告訴女兒：「當你把自行車放在外面過夜時，它可能會被偷。如果被偷了，你可以自己賺錢再買一輛。」

3. 運用這些方法的關鍵之一，是你需要將自己的情感和事實隔離開。如果父母不過分投入情感，孩子就會知道這是「自己的事情」。無論是否需要告訴對方，保持情感與事件的獨立都是很重要的。有些時候，人們會意識到這是別人自己的事情，如果把它看作自己的事情，對誰都沒有好處。有些人喜歡把這種想

法說出來，無論如何，最重要的是保持自己在他人生活領域的情感中立。

事件結果應該保持持續和連貫。坦齊說：「自然的和邏輯的結果，都應該得到運用，所以孩子才會意識到自己的不良行為必然會帶來消極後果，就好像他一定知道，如果把手放到水裡必然會把手弄濕一樣。」

人們經常期望在運用結果技巧不久之後有奇蹟發生。管理者要牢記，部屬的行為習慣可能是多年來形成的，想要改變也需要較長的時間，當前的技巧沒有很快地有顯著作用也是合乎情理的。這種技巧的目標並非是立即有奇蹟發生，而是能夠促進自我導向的行為改變。當商業溝通工作者，面對一位蠻不講理的談判對手時，坦齊的自律理論會有助於採取適當的對策。

三、溝通的決策訓練

決策能力訓練、自我展現能力以及自律能力是商業工作者溝通能力的鐵三角。在溝通過程中決策行為是諸多變數的，所以需要接受訓練。

（一）學習決策

從教育心理學的觀點看，學習決策的過程，就好像是學習一門外語。最初你需要掌握詞語、句子和基本的語法，之後你會突然發現自己可以用兒童的辭彙量進行交流。然後，你繼續學習直到能夠熟練地掌握。當你學習一些新的技巧之後，你會發現這門外語已經能夠成為你的第二語言，能夠自如而富有創造性地加以運用了。決策行為有很多種形式。一旦你掌握了原則和方法，再去學習其他技巧的時候就容易得多。

決策方法，是透過觀察自己或他人的行為可以達到預想中的人際效果而得出來的。這些行為可能是自發的、無意識的行為。在努力尋找什麼使這些自發行為如此有效時，觀察者發現一些特定的行為模式在不斷地重複，把這些模式寫下來就變成了指導方針。在傳授它們的時候，就成了可以應用在多數人身上的方法。一旦人們學習掌握這些技巧，並經常使用，所謂的指導方針就不會那麼刻意地去遵從，溝通表達也會變得更加自然和隨意。

（二）自然決策

自然決策，是在不使用任何特定方法的前提下，用非攻擊性的方式來滿足自身的需求。這種決策，在你或對方都沒有太大壓力，而且決策不會導致對方精神緊張的情況下使用最合適。

我們使用的絕大多數的決策資訊都屬於「自然的」決策：

❧ 親愛的，因為週日會有客人到訪，如果你能在週六整理一下草坪的話，我會非常感激。

❧ 我不喜歡你隨便把夾克丟在客廳的沙發上。

❧ 我希望每週五都能拿到工作坊的註冊人數報告，這樣我可以做充分的計畫。

❧ 你能幫我一下嗎？這個東西對我來說太重了。

❧ 我不希望我的工作臺像個倉儲間，你什麼時候方便把你的東西收拾一下？……今天晚上？太好了，然後我會清理一下桌面，整理好我的工作計畫。

以上這些決策資訊都沒有固定的模式，是用一種自發的方式讓別人明白我的需求和我私人空間的邊界。即使這些決策是「自然的」，但也應該避免負面詞語的出現，不要貶低、詛咒以及產生溝通障礙。

溝通培訓者發現，在經過對溝通障礙、傾聽技巧、生活領域概念、決策理論等方面的培訓之後，人們「自然的」決策往往會變得更有組織、效果更好。當人們練習使用其他決策技巧一段時間之後，他們會發現自己在某些特定時刻是在下意識地使用這些技巧。當然，經過練習之後，你「自然的」決策行為會更加豐富多樣。

思考問題

1. 當滿足哪些條件時，最需要進行自我展現？
2. 獎賞有哪兩種主要弊端？
3. 何謂自然的決策？

溝通加油站

說話的技巧

在「第四章加強溝通的訓練」裡，我們要與讀者分享一則故事：說話的技巧

說話是做人處事的反映，為人寬厚才能說出既討顧客歡心又能鼓勵他人的話。所以商業溝通工作者的說話學問就是做人的學問，說話得體的前提是做人得體，說出的話，顧客才會相信。

很久以前，以產茶出名的繁榮鄉鎮裡，有三位理髮師，包括最年老的王師傅，中年的劉師傅和黃師傅，以及他們的徒弟為鄉民服務，彼此競爭激烈。

王師傅帶了個徒弟。徒弟學藝一年後，這天正式獨當一面。他給第一位顧客理完髮，顧客照照鏡子說：

「長。」

徒弟不語。

王師傅在一旁笑著解釋：

「頭髮長，使您顯得含蓄，這叫藏而不露，很符合您的身份。」

顧客聽了，非常高興。

徒弟給第二位顧客理完髮，顧客照照鏡子說：

「頭髮剪得太短」，徒弟無語。

師傅笑著解釋：

「頭髮短，使您顯得有精神、樸實、厚道，讓人感到親切。」
顧客聽了，欣喜而去。

徒弟給第三位顧客理完髮，顧客一邊交錢一邊笑道：

「時間挺長的。」

徒弟無言。

師傅笑著解釋：

「為老闆多花點時間，很有必要！」

顧客聽了，大笑而去。

徒弟給第四位顧客理完髮，顧客一邊付款一邊笑道：

「動作挺快，20分鐘就解決了。」

徒弟不知所措，沉默不語。

師傅笑著搶答：

「對大老闆來說，時間就是金錢，速戰速決，為您贏得了時間
和金錢，您何樂而不為？」

顧客聽了，歡笑告辭。

晚上打烊。徒弟羞怯地問師傅：

「您為什麼處處替我說話？而我沒一次做對過。」

王老師傅寬厚地笑道：

「不錯，每一件事都有對有錯，有利有弊。我之所以在顧客面
前鼓勵你，作用有二；對顧客來說，是討人家喜歡，因為誰都愛聽
吉利的話；對你而言，既是鼓勵又是鞭策，因為萬事起頭難，我希
望你以後把工作做得更加漂亮。」

徒弟非常感動，從此，他更加刻苦學藝。日復一日，徒弟的技
藝日益精湛。

的確，説話是一門學問，許多技巧是課本學不到的，需要花時間用心去體會。要恰到好處地表達意思不是一件容易的事，對故事裡四位顧客應答不妥都會得罪人。但是，明白這個道理恐怕還不夠，要想真正做到會説話，需要時間的磨練，老師傅見多識廣才能左右逢源。並且，説話是做人處事的反映，師傅為人寬厚才能説出既討顧客歡心又能鼓勵徒弟的話。所以説話的學問就是做人的學問，説話得體的前提是做人得體；人品好，説出的話才會有人相信。

Chapter 5

邁向商業溝通專業

01 尋找就業與製作簡歷

　　根據本節的「尋找就業與製作簡歷」主題，我們要進行以下四項議題的討論：

1. 尋找就業機會
2. 進行簡歷寫作
3. 檢視簡歷完成
4. 尋求職業諮詢

　　當一個人有志於從事商業溝通專業，除了必須具有溝通的知識與實務能力之外，還必須取得入場的門票：獲得工作機會，因此，尋找就業機會是邁向專業溝通的第一步。為了達成這項目標，個人必須進行一系列的求職過程，包括研究就業市場、選擇目標公司、撰寫與投遞個人履歷以及尋求職業諮詢。

　　被譽為「求職聖經」作家Richard N. Bolles在他的暢銷書2015：*What Color Is Your Parachute? 2016: A Practical Manual for Job-Hunters and Career-Changers*（2015年：《你的降落傘是什麼顏色？》 2016年：《實用求職者與換職業手冊》）提供許多實用的求職觀念、策略與方法，他特別指出：選擇工作目標的原則、求職的前瞻性概念以及採取正確的求職態度，最後才能具有競爭高度與優勢。

一、尋找就業機會

經營管理卓越的公司非常重視選擇合適的員工加入工作團隊，並且願意對員工的個人和技術進行投資，以便吸引有價值的人才。不論你是剛畢業正在尋找自己的第一份職業，還是已經處於職業生涯中尋求轉換跑道，必要具有同理心的基礎尋找工作機會。根據經營管理專家約翰·V·希爾（John V. Thill）在其暢銷著作《卓越的商業溝通》第11版（*Excellence in Business Communication*, 2014）指出，求職者如果具有同理心，換個角色，像雇主尋找合適員工的心情與思考方式來尋找合適的工作，肯定會有滿意的收穫。

當求職者充實自己具有專業能力、發展潛力以及擁有溝通技巧，然後想要加入理想中的企業團隊。在此前提之下，有以下三個步驟需要進行：研究就業市場、把知識轉為能力以及主動尋找機會。

（一）研究就業市場

識別就業機會和找到理想的工作，通常是一個漫長而艱難的過程。特別是在今日競爭劇烈的就業市場中，你在修習「商業溝通」這門課程中培養的專業溝通技能，將會使你擁有競爭優勢。在制訂自己的個人求職策略時，要牢記三點準則：

第一，要有計畫的準備求職。你找工作的過程可能會持續幾個月並且涉及數十家公司的許多聯絡人。你需要記住所有的細節，以確保你不會錯過機會或犯錯，例如失去某人的電子郵件位址，把求職資料誤傳或者忘記預約時間等。

第二，從現在開始並且堅持下去。雖然你還有一年後才畢業，現在也該開始進行一些必要的研究和規劃工作了。如果你等到最後一分鐘，你將會錯失先機，並且無法與你競爭的那些求職者一樣地做好充分的準備。

第三，要研究目標行業和公司的獲利之所在。換言之，需要瞭解

更多關於職業、行業、個別公司的資訊，在圖書館和網路資源中就可以獲取。但是，不要只針對那些容易獲取的資源做研究。公司更喜歡被有創造性研究的求職者打動，就像喜好公司產品的消費者一樣，來瞭解這家公司是如何經營業務的。

（二）知識轉為能力

把知識轉為能力是指：讓你的專業潛能轉化為雇主的求才計畫方案內。企業在招聘人才所面臨的重要挑戰，就是要確認一個候選者自身的特徵和經驗是否能完全適應公司的特定職位要求。

求才的公司試圖確定剛畢業的學生是否能夠運用他們已經獲得的知識，因此會對你的履歷進行過濾與篩選，這是向雇主證明自己是最好的應徵者的重要一步。事實上，從初次接觸到整個面試過程，你都有機會透過解釋你將如何把潛能轉化為職位所需要的具體能力來打動招聘人員。

最好的例子是，一位細心的女性求職者張小姐，在公司的面試結束後，向該公司提供了一份計畫書，而不僅僅只是一封簡單的感謝信，該計畫書簡要說明了她在就職後的60天之內能為該公司提供哪些幫助。她之所以可以提供這樣的計畫書，是因為她調查這個公司發現了它的需求，並且她明白自己的能力絕對可以滿足公司的需求。張小姐終於實現了她的求職夢想。

（三）主動尋找機會

主動尋求機會是指在求職過程中採取積極的行動。在尋找合適機會的時候，最簡單的方法往往不是最有效的方法。例如，小張在主要工作網站，可能有成千上萬個職位空缺，但是數以萬計的求職者總是盯著這些職位空缺，同時也申請這些相同的工作。此外，在這些網站上張貼職位空缺，往往是該公司在用盡了其他可能的招聘方法不可得之後的最後一招。大家可以想像，小張求職被錄取的機會是多麼小。

除了和其他人尋找相同的工作機會外，你最好還要主動出擊。確定你想要去的公司並且集中精力於此。聯絡他們的人力資源或人事部門，或是聯絡公司的某個經理，說明你能為公司提供什麼，並且請求他們如果有機會就考慮一下自己。當一家公司急需員工，但是還沒有向外公布招聘資訊的時候，你的資訊就會立刻出現在他們腦中。而你的主動出擊，會獲得優先的機會。

二、進行簡歷寫作

儘管你在尋找就業機會過程中會擁有許多有效資訊，履歷在這個過程中仍然是最重要的文件。因此，撰寫好的履歷會使你從規劃、寫作和持續數天或數週的工作進程中取得優勢。你正試圖總結自己擁有的專業才能，並在一份簡短的文章中，向完全陌生的人講述一個引人注目的故事。

值得一提的是，有職業諮詢專家會按照個案雇主需要，建議求職者把簡歷寫作分為兩個部分：履歷表與自傳。也就是在履歷表中按照求職目標，工作經驗以及教育訓練等標題，列出簡單的項目，然後在自傳中做比較詳細的說明。這項建議的目的是，在預測求職競爭劇烈的情況下，方便雇主先閱覽履歷表以篩選初步合格的求職者，然後在合格者中從自傳挑選內容優秀者，再進行面談。求職者要詳細閱讀求才公告，是否有要求填寫固定的求職表格或自傳的撰寫要求。請注意：履歷表與自傳內容要彼此呼應，避免各說各話，甚至相互矛盾；除非特殊要求，履歷表與自傳通常各以一頁為原則。

（一）準備合適的履歷

求職者應該認識到，履歷的目的只是要得到面試機會，而不是工作機會。由於履歷是進入職場的唯一門票，因此，它必須適合閱讀者的要求。蒐集資訊研究目標行業和企業，這樣你就知道他們在尋找什

麼樣的新員工；瞭解不同的工作以及將會面臨什麼；從傳統的紙質履歷開始，然後根據需要準備可掃描的文件、電子純文件、PDF以及線上版本。

撰寫一份適合閱讀者的履歷，包括三個步驟：

其一，選擇一個良好的履歷結構模型；按照時間順序排列，除非你有足夠充分的理由不這麼做；適合閱讀者仔細計畫用詞，在幾秒鐘之內引起招聘者的注意；將教育背景和工作經驗轉化為目標雇主認為有價值的內容。

其二，編寫內容。用詞要清楚、簡潔；使用適合該行業和企業的恰當語言；在所有的內容使用職業的語氣。隨後評價履歷內容的可讀性，在必要時修訂編輯或者重寫，使之更為簡潔、扼要。

其三，製作履歷。使用有效的設計因素和適當的排版，使之看起來更清楚、更專業；讓圖片和文字很好地結合起來。當列印的時候，使用品質好的紙張和印表機。最後，迅速發布或傳送履歷。

請記住：要換位思考和履歷陳述的品質；如果你的履歷未能符合閱讀者需求或者有錯誤，就很可能被扔在一邊。

（二）撰寫優質履歷

撰寫優質的履歷，是以簡單又直接的風格來寫履歷。用簡短、乾脆的短語，而不要用完整的句子，並且包含閱讀者需要瞭解的內容。

首先，避免使用「我」這個詞，這樣在陳述技能和成就時，聽起來很以自我為中心並且重複囉唆。相反地，短語應以有力的行為動詞開頭。例如避免：我負責處理……；我由於在部門內…而贏得我在部門的最高數目……。其次，要提供具體而有力的證據，來支持你的說法。但是，要確保你在小細節上不要做得太過火。

其次，優質履歷，除了用具體的例子來寫作以外，貫穿整個履歷的特定單詞和短語是非常重要的。現在國際性的企業對求職英文履歷

大部分都經過申請追蹤系統或其他資料庫的關鍵字檢索，在這裏招聘者最有可能按照特定單位要求進行匹配來搜索履歷。不是很符合要求的履歷可能永遠不會被招聘人員看到，所以使用招聘者很可能在搜索的辭彙和短語是很重要的。因此，要尋找能夠點亮履歷的關鍵字，特別是個別行業的專業用語，將幫助你找到合適的關鍵字來爲每一次機會撰寫履歷。

最後，要注意姓名和聯絡資訊所組成的履歷標題。主要包括以下的內容：

1. 姓名。
2. 實際地址（如果在找工作的過程中你可能要搬家，需要把常住地址和臨時住址都寫上；然而，如果你把履歷發布在一個不安全的網站上，那麼爲了安全起見，不要留下實際地址。）
3. 有答錄設備或手機電話號碼。
4. 電子郵件位址。
5. 個人主頁、電子檔案或者社交媒體履歷的URL連接。

確保履歷標題中的所有內容都組織得很好，並且在頁面中佈局清晰。如果你唯一的電子郵件位址是來自你目前服務的公司，那就申請一個免費的個人電子郵件位址。用公司的資源來找工作對於你目前的雇主來說是不公平的；更重要的是，這會向你的潛在雇主傳達不好的資訊。

（三）履歷的誠實性

當求才者面對許多優秀的履歷資料，優先要過濾履歷的誠實性。求才者首先會評價與比較能力的差異，但是，一項全面的國際研究中，發現在履歷檢測中有超過40%的人對於過去的工作經歷撒謊。而且

不誠實的申請者甚至在網路上購買假文憑，花錢讓電腦駭客把他們的名字加入著名大學的畢業生名單裏，並且簽署一項提供電話雇傭確認的服務。

誠實的申請者知道自己不必去撒謊。如果你在申請國際公司職位，被誘惑而誇大學經歷。請記住：專業的招聘人員會看透所有的小伎倆，而且受夠了弄虛作假的雇主們已經越來越不留情面地揭露事實。幾乎所有的雇主都會做一些背景調查：從與推薦人聯絡和雇傭確認到查詢犯罪記錄，以及發送履歷通過認證服務。同時，雇主也開始精心設計一些面試問題，專門揭露不誠實的履歷項目。

三、檢視完成的簡歷

履歷的完成包括最後的檢視以及做必要的修改，以便成為最佳的品質。根據你的需要以各種形式和媒體製作履歷，並且在分發或者線上發布之前校對出所有錯誤。製作並發布一份履歷應該是相當簡單的；使用品質好的紙張列印出來並且發送郵件或者傳真給雇主。然後，追蹤申請系統，確定能夠進入求才公司的候選人資料庫。

（一）檢視資歷綜述

履歷的所有內容，將資歷綜述放在你的名字和聯絡資訊後面，確認最有可能引起雇主注意的關鍵。內容包括：求職意向、能力概述、教育背景、工作經驗以及技能和成就等等項目。

第一，求職意向。職業目標確定了你要從事特定的工作，還是想要追求一般的職業生涯。這幾年，更多求職者重視求職意向與能力概述。假使你在目標職業方面只有一點或者剛畢業而沒有工作經驗，求職意向可能是你最好的選擇。假使你選擇了一個意向，就用語言表達出來，把自己的資質和雇主的需求連結起來。

第二，能力概述。能力概述為你的關鍵能力提供了簡要的總結。

目的是讓閱讀者在幾秒鐘內瞭解你要表達什麼。

第三，教育背景。假使你還是在校學生或者快要畢業了，教育背景也許是你最有力的賣點。深入地展現你的教育背景，選擇支援你的「主題」事實。根據需要選擇這部分的合適標題，比如「教育背景」、「技能培訓」或者「學術準備」。然後，從最近的那部分開始，列出你上過的每個學校的名稱和修習的專業課程。教育部分還應該包括企業或政府贊助的相關培訓。至於志願服務或服役期間的培訓，只有當相關的成果與你的職業目標直接相關時才應該包括進去。

最後，工作經驗、技能和成就。就像教育背景部分一樣，工作經驗部分應該集中於整個主題，展示自己經歷怎樣為雇主的未來做出貢獻。利用關鍵字把注意力吸引到你在工作中培養的技能和你承擔越來越多責任的能力上去。把你的工作按時間倒序排列，從最近的一個開始。包括服役、任何實習、兼職或者臨時工作等與你的求職意向相關的工作。包括雇主的名稱和地址，假使閱讀者可能不知道這個機構，就簡短地介紹該機構。當你想對目前雇主的名稱保密時，你可以只用所在行業來說明這家公司。

此外，有一些職務特別重視人品、性向以及個人的嗜好，因此，在個人履歷或者自傳裡簡單描述參加的社團，志工服務，閱讀的刊物與書目以及休閒方式等等，會有加分的效益。

（二）修訂履歷

避免被專業的招聘人員找出在履歷中的錯誤，你在檢視資歷綜述要隨時修訂不妥之處。假使不想你的履歷被放進垃圾箱，就一定要避免以下這些缺點：

1. 太長，重複或重疊。
2. 太短或太粗略。

3. 文句寫得很差，難以閱讀。

4. 英文拼寫和語法錯誤。

5. 顯示對特定行業和公司的理解不夠專業。

6. 印刷模糊不清或者紙張品質差。

7. 內容自吹自擂。

8. 頁面設計過分花俏。

你的履歷理想化的長度取決於你經驗的深度以及你要申請的職位的層次。通用的規則是，假使你有少於10年的職業經歷，試著將一份傳統的列印版履歷保持在一頁。招聘人員喜歡簡潔的履歷，而且用一張紙來展示自己也證明了你簡要、集中、以讀者為導向的寫作能力。對於線上履歷格式，你可以提供其他資訊的鏈結。假使你有更多的經歷並且正在申請一個更高的職位，那麼較長的履歷經常被採用，因為這些工作所要求的能力需要更多篇幅的描述。

（三）製作履歷

無論你選擇任一種適合的格式來製作履歷，簡潔、專業化的設計是必須的。招聘人員和招聘經理想要在幾秒鐘內瀏覽你的重要資訊，並且任何使他們分心或者延誤時間的事情都會對你不利。更重要的是，複雜的結構可能迷惑申請者跟蹤系統，這將導致你的資訊被曲解。

根據你所應徵的不同公司，你可能想要以多達六種的形式來製作你的履歷：

1. 傳統列印版履歷。

2. 列印的可掃描履歷。

3. 電子版純文件文檔。

4. Microsoft文件。

5. 線上履歷，也叫做多媒體履歷或社交媒體履歷。

6. PDF檔案。

除了這六種主要的格式，一些申請者使用PowerPoint展示、視頻甚至是圖形化履歷來增益補充傳統的履歷。PowerPoint展示的優點就是具有靈活性和多媒體功能。比如，可以在目錄設置選擇功能表，讓瀏覽者點擊進入感興趣的部分。

（四）發送履歷

怎樣發送履歷取決於你的目標雇主的數量和他們偏好收到履歷的方式。雇主們通常把他們的偏好寫在網站上，所以確認資訊來確保你的履歷使用了正確的格式和正確的發送管道。除此之外，通常的發送方式與技巧如下：

第一，郵寄列印版履歷。在包裝上用心一點，用掛號郵寄這些文件，或者用更快捷的遞送。

第二，用電子郵件發送履歷。有些雇主想要求職者在電子郵件的正文中包含履歷的內容，另一些則偏好於將履歷資訊的Word檔作為附件。

第三，在雇主網站上提交履歷。包括多數大公司在內的許多雇主目前都偏向於要求求職者在網上提交他們的履歷。在某些情況下，他們會要求你上傳一個完整的檔案。而有些情況下，要將履歷的每一部分複製到網站求職表格中。

最後，在求職網站上發布履歷。你可以在通用求職網站上，或者在專業的人事服務網站上發布履歷。目前國際在線的求職網站大概有10萬之多，所以需要花一些時間來尋找專門的行業、地區或專業的網站。然而，在將履歷上傳到任何網站前，要瞭解這個網站的機密保護情況。

有些求職網站允許使用者設定保密性的等級，比如讓雇主搜索求職者的資歷，但是看不到求職者的個人聯絡資訊，或者避免求職者的現任雇主看到求職者的履歷。不要在不可選擇限制顯示聯絡資訊的網站上發布履歷。只有當雇主是該網站的註冊用戶的時候，雇主才能看到求職者的聯絡資訊。

四、尋求職業諮詢

尋求職業諮詢是個人求職過程中重要的一環。學校的就業輔導中心會提供各種廣泛的服務，包括單獨諮詢、校園面試和工作機會等等。諮詢師可以為你提供職業規劃並舉行關於求職技巧、履歷準備、就業培訓、面試技巧和自我推銷的研討會等等。你也可以在網上尋找工作諮詢。大多數網站都提供文章和網上測試，以幫助學生選擇職業、識別必備技能，並且為進入就業市場做好準備。

在尋求諮詢之外，求職者還要注意避免犯錯。例如，在你採取積極措施向雇主證明你將成為一名合格員工的同時，要注意避免耽誤找工作的簡單失誤，比如：沒有發現履歷中的錯誤，寫錯收信人的名字，面試遲到，以及在對外開放的社交媒體帳戶上留下令人尷尬的圖像或資訊。還有，你未能正確地填寫申請表格，詢問你能在公司網站上輕鬆查到的問題，或者在其他方面粗心大意，甚至犯了不尊重他人的錯誤。

總之，若從招聘人員的觀點來看待情況，就會明白為什麼一個積極的動作能夠獲得先機，而一個小小的錯誤就會使你喪失機會。

思考問題

1. 在當今的就業市場中找到合適的工作機會，包括哪三項步驟？
2. 研究就業市場所制訂的個人策略時，要牢記哪三點準則？
3. 撰寫一份適合閱讀者的履歷需要包括哪些步驟？
4. 修改履歷應避免哪些缺點？

02 就業申請與工作面試

　　根據本節的「就業申請與工作面試」主題，我們要進行以下四項議題的討論：

1. 提交求職信件
2. 認識工作面試
3. 進行工作面試
4. 面試後的追蹤

　　當你寫好履歷表後，也做過就業目標的市場研究，此時的任務就是就業申請與工作面試。雖然就業申請與工作面試被列為求職過程的同一階段，其實它是兩個相互關連的兩項關卡：包括履歷資料的求職信透過求才公司的過濾篩選，然後才會被通知來面談。

一、提交求職信件

　　求職信，雖然在理論上是傳送履歷資料時的附帶文件，其實不然，求才單位首先接觸到的是求職信。如果能夠引起閱讀者的興趣或好感，這對求職的成功有加分，所以值得細心撰寫。

　　求職信有兩種：應聘求職信與自薦求職信。求職信最好的方法是求職者主動發送求職信，以申請一個確定的空缺職位，即使他們並沒有公布適合你的職位。應聘求職信是要展示一封回應招聘啟事而寫的

求職信，作者確切地知道公司正在尋求怎樣資質的人，並且可以在求職信中對這些條件進行回饋。自薦求職信的目的是要求對方公司是否有職務空間可以聘用自己，如果目前沒有，是否可以放在備用人才資料庫中，等待時機。

一般而言，應徵的求職信有兩個重要目的：(1)清楚地闡明寫信的原因；(2)給收信者讀下去的理由。為什麼招聘人員會想繼續讀你的信而不是他桌上其他人的信呢？因為你展示出了企業需要的潛能，你研究過該企業及其職位，而且你對這一行業及其目前的挑戰有一定的瞭解。

（一）撰寫注意事項

撰寫求職信要注意的事項：

第一，清楚地說明你要申請的或你感興趣的工作職位。顯示出你瞭解該公司及其市場。除非雇主要求，永遠不要主動提到薪水歷史及期望。保持簡短的內容，不要多於三段：第一段（前言）：對目標公司與市場的瞭解；第二段（論述）：讓履歷內容支持前言；第三段（期待）：對求職的誠懇期待。不要把故事說的太完整，留下被徵詢的空間。記住：你在這一點上要的就是早一點獲得面談機會。

第二，如果這位經理的名字是完全可以找到的，那麼直接寄信給那個人，而不是使用一般的稱呼如「尊敬的招聘經理」。檢索鏈結、公司的網站、行業目錄、Twitter以及其他你能想到的途徑，來尋找一個合適的稱謂。問問你人際關係網路中的人，也許他們知道。如果另一個申請人找到了名字而你沒有，那麼你將處於劣勢。

第三，在保持適當專業化的同時，也要展示你的人格特質：簡潔，禮貌以及自信，但並不傲慢。求職信是勸說性的資訊，給你機會以吸引對方的興趣，並重視你提供的履歷資料。

（二）求職信樣本

參考這篇求職信，請加以分析，敘述的內容是否完整，其優點與缺點如何？

親愛的招聘經理：

隨著近年來企業的國際競爭劇烈，導致不利於市場行銷。我很清楚地認識到在這種商務環境中，進行銷售所面臨的挑戰。但是，我奮發向上的精神和多年的銷售管理經驗，讓我相信，我可以達到您的招聘廣告上列出的主要要求。

由於最近我的「全球供應鏈行銷管理」專案研究的同時，我發現貴公司的舊金山總部發布的提供出口的價格分析員的職位空缺時是多麼高興（職位編碼：S00-1234)。我專修工商管理，輔修統計方法，我的教育背景已經完全做好了迎接這個職務挑戰的準備。事實上，我在那個行銷專案研究發現貴公司徵才描述中的大多技能要求，包括寫作溝通技能、分析能力以及數學能力。我很喜歡這次能將我的數學能力用於測試的機會，這項測試是統計比較各種運輸模式的一部分。正如您會在我的簡歷中可以看到的那樣，我也有超過三年的經歷，一直跟零售和商務環境中的客戶打交道。我對貴公司在如此高度競爭的行業中不斷關注客戶服務的舉動印象深刻。

當然，我的口頭溝通技能將會在面試中得到最好的證實。如果可以儘快跟貴公司的某個代表在方便的時候見面，我將會非常高興。可以通過email：xxxxx，或電話：xxxx聯絡到我。

這封求職信沒有手寫的簽名，因為它連同簡歷一起被上傳到了網站上。

二、認識工作面試

就業面試是一次你和潛在雇主互相提問和交換資訊的正式會談。雇主的目的是發現最適合的人來填補職位空缺，而你的目的是找到合於自己能力的工作。大多數雇主在決定是否提供工作機會前，一般會對候選者進行兩次到三次面試。

雇主從篩選階段開始剔除不合格的或者不是很適合這個工作的申請者。篩選可能發生在校園裏、公司辦公室中、透過電話（包括Skype或者其他基於網際網路的電話服務）或者透過基於電腦程式的篩選系統。在篩選面試時間是被限制的，所以在能夠讓你與眾不同的關鍵點的時候要簡潔。如果你的篩選面試是透過電話進行的，儘量將時間安排在你可以集中精力並且遠離打擾的時候。

下一個面試階段就是選擇階段，在所有合格的候選人中識別出最優秀的。在這些面試過程中，表現出你對工作熱切的興趣，將你的技能和經驗與公司的需求聯繫起來，集中注意力地聽，問一些可以顯示你已經做過研究的有遠見的問題。

雇主在面試過程中可以使用各種面試方式，你需要瞭解不同的類型，並且為每一種都做好準備。這些方式可以按照結構化、涉及的人數以及面試目的劃分。

（一）面試的方式

從國際觀點看，求職面試有七種方式。前面四種是傳統的，後面三種則是國際企業經常會使用的。

第一，結構化面試。在面試官或者由電腦軟體進行一系列既定問題的序列提問。結構化面試幫助雇主識別出那些不符合基本工作標準的候選人，並且使面試團隊易於比較多個候選人的答案。

第二，開放式面試。在開放式面試中，面試官根據你的答案以及你提出的問題來調整他的問題。即使這可能像是一場閒談，記住這依

舊是面試，所以儘量讓你的答案簡潔有重點且專業。

　　第三，群體面試。群體面試中，會同時面見多個面試官。試著和面前的每一位面試官交流，並且要記住每一個人都有不同的觀點，所以將你的答案合於每個面試官的觀點。

　　第四，小組面試。在小組面試中，一名或者更多的面試官同時面試多個候選者。小組面試的關鍵目的就是觀察候選者如何與潛在的同行互動。

　　第五，行為面試。行為面試是國際性公司採用的方式，應徵者會被要求提及過去的特定事例和經歷。一般的面試問題都可以用制式的方式來回答，但是行為問題要求候選人利用自己的經歷和特質來「製作」答案。研究顯示，行為面試比傳統面試問題更有效。

　　第六，情境面試。類似行為面試，除了它的問題專注於應徵者如何處理各種工作中假設會遇到的情況。這些情況會與你正在申請的工作相關，所以你對這個職位瞭解得越多，你就會準備得越充分。

　　第七，壓力面試（stress interview）。最令人難以應付的是壓力面試，你會被問一些設計好來讓你煩惱或不安的問題，或者你將面對很長時間的沉默、對你外表的批評、故意打斷你的話，以及面試官有敵意的反應。這種面試背後的理論是，應徵者將顯示出如何處理有壓力的情況。

（二）面試的問題

　　面試的主要目的是提供雇主們更進一步來瞭解你。底下是三個重要的問題：

　　第一個重要的問題，你是否能夠勝任這個職位的責任。自然地，你越瞭解這個職位的要求，你就越會思考你的技能是否合乎那些要求，你就越能更好地回答問題。

　　第二個重要的問題，應徵者是否是適合這個組織和這個目標職位

的人選。一般都會考慮你的整體個性以及工作方式。所有好的雇主都想要自信的、專注的、積極的、有好奇心的、禮貌的、道德的以及願意承擔更遠大目標的員工。

第三個重要的問題，你是否是適合特定方面的要求，包括符合某個特殊的公司以及職位的要求。就像人一樣，公司也有不同的「個性」。有些是強烈的；其他的則比較悠閒。有些公司強調團隊合作；其他的公司則期望員工能夠建立自己的方式甚至相互競爭。同一個公司中不同的工作以及不同的行業之間期望也不同。例如，性格外向對於銷售來說很重要，但是對於做研究就不是很重要了。

（三）面試的穿著

求職者要展示職業化形象，因此，服裝和儀表是應徵準備的重要因素，因為它們能揭示出你的個性、職業化和對「專業規則」的感知能力。不當的穿著在面試中經常被排斥，所以要以職業化的裝束來脫穎而出。

你對不同公司、行業和職業的研究，應該可以知道公司對衣著的期望。如果你不知道該穿什麼，公司也沒有提供任何要求，可以諮詢那些在同行業中工作的人。不要害怕向公司致電以詢問建議。你沒有必要在面試服裝上花費一大筆錢，但是你的衣服必須乾淨、平整並且合適。下列保守的形象將會在多數商務面試中適用。

第一，女士穿保守的純深色的商務套裝。對於女士來說，這意味著不要穿露腰的上衣、短裙或者低胸領口的衣服。

第二，男士穿純色襯衫，白色則更加保守、職業化。佩戴保守的領帶（經典的條紋或者精緻的圖案）。

第三，女士與男士最好穿時尚而且職業化的鞋子，不要有過高的鞋跟或穿休閒款式的鞋。有限的珠寶，尤其是男士，應該佩戴非常少的珠寶。對女士來說，除了一兩個耳環以外沒有其他明顯的佩戴。

第四，整潔的「成人」髮型。沒有明顯的紋身或刺青。乾淨的手和修剪整齊的指甲。

三、進行工作面試

準備好面試官的問題將幫助你在面對問題時更自信、更成功。另外，你也需要準備一些有見地的提問。

（一）一般性問題

許多一般化的面試問題就像錄音帶一樣，你可以在面試中聽到一遍又一遍。最起碼準備好面對這四個問題：

第一，你曾經做過的最艱難的決定是什麼？準備好一個例子（不要過於個人化），解釋為什麼這個決定很難，你如何做選擇以及你從這段經歷中學到了什麼。

第二，你最大的缺點是什麼？一些面試官似乎對這個問題愛不釋手，雖然它不一定能帶來什麼有用的資訊。一個好的戰略就是提到一個你還未能有機會培養的，但是將會在下一份工作中學習的技能或者特質。

第三，從現在起的五年之內你想要在哪裡？這個問題可以知道：你是否只是把這份工作當作更好機會來臨之前的跳板；你是否已經想過自己的長期目標。你的回答應該反映你想要為雇主的長期目標做出貢獻，而不只是你自己的目標。這個問題是否會經常提出有用的資訊依舊值得探討，但是請準備好好回答。

第四，你為什麼不喜歡前一份工作？要謹慎回答這個問題：面試官在試圖預測你會不會是一個容易不開心或者難相處的員工。描述一些你不喜歡的事情，以給你留下積極的印象，例如你發揮技能和專業的機會有限。避免製造關於前任雇主和同事的消極評論。

（二）大學的問題

在一般性的問題之外，也要準備回答你就讀大學或者研究所的相關問題。

第一，在大學裡你最喜歡的課程是什麼？最討厭的呢？為什麼？你什麼時候選擇大學的主修科目？你是否換過？如果換過，為什麼？

第二，你是否覺得你選擇了你有能力選擇的最好的學校？你所受的大學教育如何使你適合這個職位？

第三，你是否認為你在大學中參加的課外活動中所花費的時間是值得的？為什麼？

（三）工作的問題

在回答一般性與你最近就讀大學相關的間接問題之外，要更小心回答直接與工作相關的問題。

第一，你從事過哪些工作？為什麼離職？

第二，你為什麼選擇了這個職業？你選擇職業的缺點是什麼？優點是什麼？你為什麼想要這份工作？

第三，你對於這個行業現在的發展有什麼看法？你為什麼覺得自己會喜歡這個特定的工作類型？你認為決定一個人在一個好企業的發展是什麼？

第四，你喜歡與人合作還是自己單獨工作？在與同事或者上司相處上你是否有過困難？與老師呢？與別的同學呢？

第五，如果你被要求在一個不切實際的截止日期前完成一項任務，你會怎麼做？

第六，你對加班有什麼看法?你如何處理工作中的緊張和壓力？你是否更願意到某個特定的地方工作？如果是的話，為什麼？如果不是的話，為什麼？

第七，什麼能夠激勵你？為什麼？你做過什麼能顯示你的主動性

和工作意願的事情？請描述你從錯誤中學到知識的一段經歷。

（四）提出你的問題

面試也是應徵者認識公司與工作的機會。因此，你問的問題與你提供的回答一樣重要。透過問有見地的問題，可以顯示你對企業的瞭解，你可以將討論帶到你能顯示自己優勢的領域，而且，你可以確認這對你是不是合適的工作機會。另外，面試官期望你能問一些問題，而且他們傾向於對那些沒有提出適當問題的應徵者扣分數。

第一，請問：這個工作的主要職責是什麼？彈性（自主性）的工作是什麼？假使得到的是一個模糊的回答，這意味著職責還沒有得到明確劃分，這幾乎注定了你接受這份工作可能會有發揮的空間，也可能會有風險。

第二，請問：你們希望承擔這份工作的人具有什麼樣的人格特質？這個問題會幫助你跳出工作描述來理解公司到底想要什麼樣的人加入這個特定風格的團隊。

第三，請問：在這個工作上，你們怎樣衡量員工稱職與否？一個模糊的或者不完整的回答可能意味著你將要面對不切實際的或者不清晰的管理系統。

第四，請問：為什麼這個工作現在有空缺？如果原來的員工升職了，那是一個好的信號。如果那個人辭職理由不詳，就不是一個很好的信號了。

第五，請問：是什麼讓貴公司在同業中與眾不同？這個答案將會幫助你瞭解該公司是否有一個清晰的戰略，得以在行業中取得成功，以及高層管理者是否會和低層員工交換意見。

第六，請問：公司有怎樣的系統和政策來幫助員工的生涯規劃與發展？如果這家公司對於員工的發展沒有適當的關注與投入，那麼它就不能長期保持競爭力。

四、面試後的追蹤

面試後與潛在雇主聯繫，通過電話或者信件都可以，來顯示你的確很想要這份工作而且非常想要得到它。這同樣給了你展示你的溝通技能和商務禮儀意識的機會。

善後跟進的資訊可以讓面試官再一次想起你的名字，並且提醒他，你正在積極地觀望和等待決定。在申請和面試的過程中，無論你何時收到了這家公司的資訊，都要保證快速地回覆。被簡歷淹沒的公司如果在24小時內沒有收到你的回覆，可能會轉移到下一個候選人。

（一）感謝信

面試兩天後寫一封感謝信，即使覺得你得到工作的機會很小。除了展示良好的禮儀外，一封感謝信還能給你機會來強化你適合這個職位的理由，並且讓你針對在面試中產生的任何消極印象做出反應。感謝面試官花費了時間和精力，表達你持續的興趣，強化你適合這個職位的理由，並且有禮貌地詢問決定人選。根據這家公司的情況以及你和面試官已經建立起來的關係，感謝信可以用信件或者電子郵件的方式。簡潔並且顯得積極，但不要過於自信。

（二）接受函

當你接到一個你想要接受的錄用通知時，在五天之內回覆。以表示接受和表達感謝開頭，說明你願意接受的工作。在下一段，把所有必要的細節加上。以表示你很期待去報到工作來結尾。如平常一樣，一個正面的信件應該傳達你的熱情和合作的熱切。請參考樣本如下：

我很高興以年薪xxx元的工資接受貴公司行銷部門的國際專員職位。

隨信附上的是您要求我填寫和簽名的健康保險表格。我已經通知

了我現在的雇主，並且在x月x日就可以開始工作了。

能夠加入貴公司令我十分興奮。非常感謝您給我這個機會，我會努力作出積極的貢獻。

注意錄用通知和對邀請的書面接受函可以組成一個具有法律效力的合同，對於你和雇主雙方來說都是必要的。在寫接受函之前，一定要確信你想要接受這份工作。

思考問題

1. 應徵的求職信有哪兩個重要目的？
2. 從國際觀點看，求職面試有哪七種方式？
3. 你曾經做過的最艱難的決定是什麼？

03 口頭發表與專題演講

根據本節的「口頭發表與專題演講」主題，我們要進行以下三項
議題的討論：

1. 擬定演講計畫
2. 製作演講文稿
3. 發表正式演講

一、擬定演講計畫

演講，是為了特定主題或目的，以口頭並透過不同類型發表
（presentation）來進行。這是包括大型的專題演講、中型研討會的主
講、小型的個案發表會，以及針對單獨客戶的產品介紹。除了大型的
專題演講是單純演講之外，其他演講之後，還會有後續討論，值得注
意。此外，現代國際企業逐漸流行透過線上（on-line）的形式進行商務
溝通，因此，演講的計畫必須考慮這項新演講形式的挑戰。

一位從事溝通專業的工作者，演講是必要的工作，它提供了重要
的機會來展示你的溝通技能。還能讓你證明具有以下三項能力：(1)獨
立思考，(2)把握複雜問題，以及(3)處理挑戰性的局面。這些都是高級
管理人員在提拔有才華的員工時所要求的特質。

（一）分析情況

在口頭演講的計畫，你需要針對特定的目的與聽眾，分析情況、蒐集資訊、選擇正確的方式、組織資訊。蒐集口頭演講的資訊與蒐集書面溝通專案的資訊一樣重要。作口頭演講準備時，可以遵循以下步驟。

首先，你要確定演講中心思想、限定範圍和時間，選擇直接法或間接法，製作內容提綱。在計畫主體部分，要注意，準備專業品質的商務演講需要投入可觀的時間。通常為時一個小時的演講，需要用到20張PowerPoints，投入30~50個小時進行調查、構思、製作和練習。

其次，分析情況要包括定義你的目的並對聽眾進行分析。大多數演講的目的都是告知或者勸說，雖然你可能偶爾也需要進行一個協作式演講，比如主持一個問題解決或者腦力激盪會議。

第三，確定聽眾。估計有多少人會參加，明確他們的差異與相同之處；分析性別、年齡範圍、社會經濟和種族群體、職業、地理區域的組合；分析聽眾參加演講的原因，以及明確聽眾對於主題的大概態度。

第四，尋找哪種類型的支援資訊最讓聽眾印象深刻：技術資料、歷史資訊、財務資料、實證、樣本等；考慮聽眾是否熟悉你將使用的辭彙；也要考慮聽眾是否有任何對公司或你不利的偏見。

（二）選擇方式

選擇正確的演講方式看上去似乎是很簡單，畢竟，這是一個口頭方式。然而，在當今網路資訊化時代，你有一系列的選擇：在傳統的現場面對面演講之外，還包括網路播放的線上演講，人們從網站上觀看或下載；螢幕播放（Screen broadcast）的電腦顯示和音頻配音相結合的記錄活動等等。

根據你所選定的演講方式，組織演講和組織寫作資訊包括的任務

是相同的：確定中心思想、限定範圍、選擇直接法或間接法、寫出演講內容的提綱。請記住，當閱讀書寫報告時，如果聽眾感到疑惑或者不確定某些資訊，他們可以反覆瀏覽。然而，在口頭演講中，聽眾基本上被你的時間框架和先後順序所束縛。對於某些演講，你應當學會靈活處理，回應聽眾的回饋，例如跳過聽眾不必聽的部分，在其他部分講述更多的細節內容。

（三）中心思想

確定演講的中心思想。如果你曾經聽過一個演講者艱難地讓聽眾瞭解他的觀點，你就知道對於聽眾來說，這是多麼讓人失望的經歷。為了避免這樣，你可以指出想讓聽眾記住的關鍵資訊，然後寫成一句提綱，把你的主題和目的與聽眾的關心範圍連接在一起。下面是一些主題和目的例子：

其一，使管理層相信重組技術支援部門將改進客戶服務以便減少人員流動率。　．

其二，使董事會相信我們應該在高雄建一個新工廠以消除製造瓶頸並改進生產品質。

其三、針對員工對新保健計畫的關心，我們計畫如何減少成本並改進他們的保健品質。

這些陳述都特別強調與聽眾利益直接相關的主題。透過關注聽眾的需要並且使用換位思考，可以保持聽眾的注意力，並使他們確信你的觀點是重要的。

（四）限定範圍

限定範圍對任何資訊傳達都很重要，對於演講則尤其關鍵，原因有兩個；一，對大多數演講，你都必須在嚴格的時間範圍之內完成；二，你講話的時間越長，保持聽眾的注意力以及聽眾記住你的關鍵點就會越困難。即使沒有時間限制，也要盡可能壓縮你的演講，根據需

要利用聽眾的時間來達到你的目的。

瞭解在限定的時間內你所能演講的材料數量的唯一可靠方法就是，完成演講稿之後進行練習。通常練習演講的大致準則是，如果你採用的是常規的結構化PowerPoints，可以把演講一張PowerPoints的時間估計為3~4分鐘。當然，一定要把開場白、休息時間、示範、問答部分以及任何可能占用你演講時間的事情所用的時間計算在內。

（五）準備提綱

演講提綱有助於你組織資訊，是發表演講的基礎，要透過以下幾個步驟來進行：

第一，陳述目的和中心思想，然後通過這些要素指導計畫演講的其餘部分。按照邏輯順序組織主要觀點和次要觀點。用單獨、完整的句子來表述每一個主要觀點。要先確定主體的主要觀點，然後列出開場白和結束語的提綱。

第二，在主要觀點或段落之間設置過渡，然後用完整句子的形式表示出銜接。隨後，準備好參考書目和資料來源；突出那些你想要在演講中通過名稱加以辨別的資料來源。

第三，要按照邏輯結構貫穿演講的整個主體部分。在每一個討論項目都要根據：問題所在、對策方法、期待效果的邏輯模式進行論述。最後，把各項議題整合回應主題訴求。結束語則是摘要論述重點以便達成預期的成果。

二、製作演講文稿

（一）要點檢查

除了文字講稿之外，還要檢查應用視覺效果改進演講稿的使用工具以及選擇演講稿方法。

第一，需要檢查視覺輔助工具效果，以確保演講稿的焦點正確，

視覺輔助效果良好。遵循有效設計原則，強調簡單性和正確性。製作簡單、設計時間或技能要求低，並能快速完成。使講稿摘要資訊和視覺資訊的結合、產生更加生動投入的經歷以及保持與聽眾的對話聯繫變得更加容易。

第二，設計有效的PowerPoints。避免製作「檔案PowerPoints」，即擠滿資訊且可作為獨立文檔閱讀的PowerPoints。要使用關鍵視覺效果組織相關觀點，並保證清晰且有意義。

第三，保證講稿摘要內容在房間裏每個角落都可以看清楚。使用簡短、積極、平行的詞語支持你的口頭語言，並非替代。限制講稿摘要數量，這樣聽眾可以把重點放在傾聽上而不是閱讀上。使用顏色來強調重要觀點、創造對比、分離視覺因素，以及傳達有意圖的非語言信號。

第三，選擇演講稿方法。準備好所有的材料之後，下一步就要決定你想使用哪種演講稿方法。閱讀筆記，並輔之以提綱、筆記卡片或者視覺效果，這常常是最簡單有效的表達方式。相反，背誦演講稿並不是一個好主意，即使你可以記住全部的演講稿內容，也會讓你的演講稿聽起來僵硬和過於正式；因為你是在傳遞條文與框架，而並非與聽眾交談。但是，記住引言、開幕詞和一些結束語會使你增加自信、強化表達。目前，也有藉助讀稿機協助演講者閱讀演講稿，以便加強自信。

（二）模擬演講

按照演講稿模擬演講很重要，它有助於確保你時間的控制，加強你看起來從容自信、幫你降低焦慮和及時改善可能發生的問題，以及確認設備的作用。模擬觀眾可以告訴你講話是否易懂，表達是否有效。在準備好要上臺進行重要演講稿的前一兩天，你必須要保證你和你的演示都已準備就緒。

第一，你要逐字閱讀PowerPoints的內容而要能夠自然地配合你的演講，萬一設備不能正常運轉，你不得不在沒有PowerPoints的情況下繼續演講，確定仍然可以進行引人注目且完整的演講。

第二，確定你分配好演講各部分的分配時間。你要確認讓聽眾能夠容易聽懂你使用的詞彙，特別是專業用語。你是否能夠預測一些在演講中可能出現的意外問題和障礙。例如，在演講中或中場休息時有人提出不同反應，該如何妥善處理。

第三，如果你在和你不同語言的聽眾講話，考慮使用即時口譯員。儘量在演講稿前給你的口譯員一份演講稿和視覺效果的影本。如果聽眾有人有聽力障礙的話，你還可以配上一個手語翻譯人員。

三、發表正式演講

發表演講時，有以下三個重要項目提供實用建議：克服焦慮、積極回答問題，以及建立反向通道。

（一）克服焦慮

即使是經驗豐富的專業人士，在大型演講之前也會緊張，這是好事。緊張表明你很在意你的聽眾、你的主題和你所在的場合。下面這些技巧會幫助你把焦慮轉換為積極的能量。

第一，不要擔心不完美，因為成功的演講者總是把精力放在與聽眾建立真實的聯繫上，而不是試圖發表內容完美的演講。自己想像演講很成功，在腦海中出現你自己成功面對聽眾的樣子：感覺自信，做好了準備，並且能處理任何可能出現的突發情況。要記住：聽眾也希望你演講成功。

第二，確定瞭解你的主題，因為你越熟悉你所準備的資料，就越不會感到恐慌。然後，練習、練習、再練習。你排練得越多，就越感到自信。記得深呼吸，因為緊張會導致你的呼吸淺且急促，使你產生

一種頭昏眼花的感覺。慢慢地深呼吸，保持心態平靜、自信。

　　第三，準備好開場白。記住你要講的第一句話，要能脫口而出。要感覺舒適，穿著得體，但要盡可能舒適。提前喝些水滋潤嗓子，在演講時也可帶瓶水在身邊。假使你感覺語速越來越快，那就停下來並調整你的語氣或者做些其他小的動作，同時做幾次深呼吸。然後再回到原來的速度重新開始。

　　第四，關注你的資訊和你的聽眾而不是你自己。當你忙於思考你的主題並且觀察聽眾的反應時，你會忘記害怕。與聽眾保持目光交流，目光交流不僅會讓你看起來真誠、自信並且可信，還會給你帶來積極的回饋。然後，隨著你演講的進行，情況通常變得越來越好，每一分鐘的成功都會讓你感到更加自信。

（二）積極回答問題

　　積極回答問題，在問答（Q&A）階段是演講最重要的部分。它給你機會來獲取資訊，強調你的中心思想和支持觀點，並進一步激發人們對觀點的興趣。當你正在對公司內的高層管理人員演講時，問答階段常常會花去你最多的時間。

　　第一，你是否可以對問答階段設立一些規則，取決於你的聽眾和環境。例如，若是你在對高級管理人員或潛在消費者進行演講，那麼在這個問題上你將沒有主動權：只要聽眾想問的時候，他們就會儘量提出自己想問的問題來獲取需要的資訊。另一方面，假使是向同行或一個大型的聽眾團體做演講，試著建立一些規則，例如允許每人提問的次數，以及問答階段總共的時間限制

　　第二，當人們提問時，注意提問者的非語言表現，這些可以幫助你理解他們的真實意圖。重複對方的問題來確認你理解了它，而且所有聽眾都聽清楚。假使這個問題很模糊或者讓你感到困惑，那就再詢問明白，然後說出簡單直接的答案。

第三，假使你被詢問一個複雜或棘手的問題，一定要認真作答。如果問題與其餘的聽眾並不相關，或者合理的回答可能要花費太長時間的話，則表示事後與提問者見面。假使不知道答案，不要假裝知道。相反，儘快提出一個完整的答案，或者向聽眾中尋求相關資訊。

第四，當問答快要結束時，透過說這樣一些話來讓聽眾準備好結束：「我們的結束時間要到了，讓我們再提一個問題。」回答完最後一個問題後，總結演講的中心思想並且感謝聽眾的參與。以你的自信和風度來結束演講。

（三）建立反向通道

與聽眾建立反向通道。現在有很多商務演講都包含演講者與他的聽眾之間的口頭對話。使用Twitter和其他電子媒體，聽眾之間通常可以透過反向通道（back channel）在演講中進行平行溝通，這種現象演講專家克里夫‧阿特金森（Cliff Atkinson, Beyond Bullet Points: *Using Microsoft PowerPoint to Create Presentations That Inform, Motivate*, 2011）定義為「由聽眾建立起來的溝通管道，用於跟其他在演講廳內外、瞭解或不瞭解演講者的人們建立聯繫。」

第一，你可以順利參與反向通道，例如，向你的聽眾提供資訊或者演講過程中的Blog直播。反向通道既給商務演講者帶來風險，也帶來回報。使聽眾認為你的資訊站不住腳，那麼他們會即刻研究你的主張，並很快推展到全世界。有利的一面，對你的資訊很感興趣的聽眾支援它、拓展它，並能在幾秒鐘之內傳播給更大的聽眾團體。你同樣可以在演講中以及演講後獲得有價值的回饋。

第二，瞭解並尋求回饋。使用Tweetdeck這種免費服務，你可以即時瞭解聽眾們在記錄什麼。為避免演講時還要觀看反向通道，你可以設置「Twitter時間」，這時你就可以觀看評論並在必要時給予回應。

第三，在你演講時，預留反向通道的空間，自動從演示中發送

主要觀點。在演示軟體中附加元件，用於演講中展示特定PowerPoints時，發送預先寫好的Twitter microblogging（推特微博）。讓你的主要觀點容易獲得，對聽眾來說轉發和評論你的演講也更加容易。

第四，透過反向通道與聽眾建立期望。向聽眾解釋，你歡迎他們參與，但要確保每個人都是正面積極的，要求評論要有禮貌、相關性而且具有建設性。

思考問題

1. 作口頭演講準備時，可以遵循哪些步驟？
2. 限定範圍，對於演講尤其關鍵，原因是什麼？
3. 演講文稿的要點檢查，包括哪些？
4. 演講時，有哪些技巧可以幫助你把焦慮轉換為積極的能量？

溝通加油站

最好競爭策略

　　在「第五章邁向商業溝通專業」裡，我們要與讀者分享一則故事：最好競爭策略。

　　世界上最好的商業戰略，是使你及你的對手都成功。沒有大智慧的人，很難達到這個理想。競爭對手可能變成朋友，也可能成為貴人，就是這個道理。

　　這是一個令人感動的故事，紀錄一位初出道的畫家與一位老收藏家的交易過程。

　　老收藏家才踏進畫展會場5分鐘，就對畫家說，「你的作品有前途，這裡的畫，我包下四分之三！」而且立刻付了十分之一的訂金。

　　對於第一次開畫展的年輕畫家來說，簡直樂昏了，說：

　　「天哪！單單聽這位收藏家的大名，就令人尊敬了，而今他一口氣買下這麼多畫，豈不是給我極大的鼓勵！我是多麼地幸運啊！」

　　這位年輕畫家確實走運了，受到老收藏家青睞的消息，一下子就傳遍整個畫界，沒幾天，剩下的作品就被搶購一空。

　　畫展結束，畫家僱了輛貨車，準備了一份厚禮，親自把畫送到收藏家的豪邸。

　　老收藏家把年輕畫家請到客廳，「快請進！快請進！真是青

年才子。」他請工人把畫放好，並為畫家泡茶，嘆了口氣：「老弟啊！真是不巧，我最近手頭突然有點緊，可是又實在欣賞你的佳作，不知道能否給我個面子……」，接著就拿出兩張支票，一張是填好付款金額50％的當日支票，另一張雖填好餘款金額50％支票，但沒有填上付款日期。

年輕畫家雙手拿著支票，心理覺得怪怪的。收藏家又說：「當然，你也可以不同意，我收回訂金，你拿回作品，只是現在外面都知道我買畫的消息，如果你把這些畫再拿出去賣，只怕沒什麼好處啊！」他拍拍畫家的肩膀，年輕畫家把支票放進口袋，向老收藏家道謝之後就離開。

據說當時那位老收藏家因為名畫失竊，急需現款以支付必要的開銷，而那位年輕畫家欣然接受他的要求，而獲得雙贏的交易結局。

說來這已是十多年前的事，而今畫家也成為了名畫家，他不必開畫展，因為光是上門買畫的人，已經應付不完。

開車時，想要閃過每一個小洞的人，絕不是很好的駕駛，反而可能有較高的出事率。一個對每件不順意的事，都立即反應，而不往長遠著想的人，不可能有大成就。這世界上最好的商業戰略，是使你及你的對手都成功。沒有大智慧的人，很難達到這個理想。競爭對手可能變成朋友，也可能成為貴人，就是這個道理。

Chapter 6

善用寫作溝通技巧

01 報告與建議書撰寫

根據本節的「報告與建議書撰寫」主題，我們要進行以下三項議題的討論：

1. 報告文的編寫
2. 建議書的編寫
3. 部落格與維基寫作

一、報告文的編寫

報告書的主要目的是針對特定的議題、特定的情況、特定的範圍，以及被要求而提出的文件。以下五項建議提供參考：

（一）針對情況

成功的報告寫作者會透過各種方式適應目標讀者，例如對讀者需求敏感，與讀者建立良好關係，並且組織好風格和語氣。

第一，針對情況報告書和建議書必須遵循四個原則：採用同理心的換位思考、保持禮貌、正面強調和使用非歧視性語言。非常專業、複雜、冗長的報告和建議書對讀者的要求會很多，所以，換位思考對長篇幅資訊尤其重要。

第二，你要確保你的風格和語言能夠呈現組織的想法。很多公司在與公眾交流時都有具體的指導原則，所以在開始寫作前，確保你已經瞭

解這些原則。假使你非常熟悉你的讀者並且知道你的報告能獲得他們的贊同，通常可以採用非正式的語氣；當然，只要這種語氣在組織中被認為是合適的。更正式的語氣適用於較長的報告，尤其是涉及那些有爭議的、複雜的資訊時。

第三，與不同文化背景的人溝通時，會要求更正式，有兩個原因：1. 通常，國外的商業環境都非常正式，並且這種正式必須反映在溝通中。2. 你用來使文檔非正式化的東西（例如使用幽默和習慣用語），可能在翻譯過程中失去其原來的表達效果。所以，你冒著冒犯他人或者使讀者困惑的風險。

（二）報告原則

你的可信度和事業進步與你所寫的每一份商務報告息息相關，所以要確信你的內容是遵循以下的原則：

第一，準確性。確信除了檢查錯字以外，還要反覆檢查事實和涉及的問題。假使讀者感覺到你的資訊有一點不可靠，他們就會用懷疑的眼光來審視你做的所有工作。

第二，完整性。告訴讀者他們需要知道的資訊不多也不少，並用相應的方式呈現出來。例如，某國際公司在一份年報中，財務長及其團隊針對公司複雜的工藝生產線做了簡潔易懂的概述，用一種對公司股票感興趣的投資者都能理解的方式闡述主題。

第三，平衡性。公平、公正地提出各種方面的問題，並包含所有關鍵資訊，儘管有些資訊不支援你的推理。省略掉那些會使你的報告產生偏見的相關資訊或事實。

第四，邏輯性。確定句子整齊，以節省讀者時間，從一個觀點過渡到另一個觀點時要合乎邏輯，同時要具有條理，不矛盾和不重複。

第五，適當的參考文獻記錄。假使在你的報告或建議書中使用了一手資料和二手資料，要確保記錄並註明其來源，並且要使讀者信任

你的資料來源。

（三）報告引言

就像其他的書面商務溝通，報告和建議書的全文有三個主要部分：引言、本文和結論。

引言是報告和建議書全文的第一部分。引言介紹報告或建議書的主題或目的，並說明為什麼該主題很重要。它指出主要觀點及其要呈現的次序，以便定調作者與讀者的關係。是否應該在引言中涵蓋特殊的元素，取決於這個報告的類型、長度、寫作環境以及你和讀者之間的關係等。有效的引言至少要完成四件事情：

第一，問題，背景與目的。指出寫作報告的原因，可以幫助讀者理解報告資訊的歷史條件或因素，以及寫作完成能夠達到什麼結果。同時，也要指出問題和背景的來源，包括一手資料和二手資料的蒐集與應用。

第二，範圍，定義和局限。這篇報告將涵蓋或不涵蓋什麼內容。這個範圍顯示了報告的大小和複雜性；它對設定讀者的期望幫助。報告中用到的重要關鍵字的定義，指出讀者不熟悉的關鍵字或一些讀者不熟悉的用法。局限，則是指出那些由於篇幅限制或你無法控制的因素。

第三，指出報告的組織。這個輪廓能幫助讀者理解報告中下一步內容以及原因。在簡短的報告中，這些方面可能僅在一個或兩個段落中討論。在一個較長的正式報告中，這方面的討論需要比較長的篇幅。

第四，授權。最後在重要的文件要指出：何時、如何、由誰來授權這篇報告，由誰寫作以及何時提交。

（四）報告本文

報告的本文顯示、分析並解釋了調查過程中蒐集的資訊，同時，也要支援你討論的建議和結論。報告本文會有一些難以做出的決定，例如應該包含哪些內容和提供多少細節。同樣，也包括不同讀者的需要。在報告的本文部分通常要涵蓋的內容如下。

第一，針對引言的問題和目的加以詳細說明和解釋。這項內容要以事實與統計的證據來支持，同時也要指出可能發展的趨勢。

第二，根據第一項的問題，指出研究或調查的結果。對可能的行動方案進行討論和分析。指出一個行動方案中的優點、缺點、成本和利益、方法和方式，以及一個過程的程式或步驟。

第三，評估不同選擇和選項的標準，結論和建議，以及支持結論或建議的理由。

第四，對於一篇用直接法組織的分析性報告來說，一般要在引言中陳述你的結論或建議，並用報告的本文部分來提供證據和支援。假使用了間接法，你可能會用本文部分來討論你的邏輯過程，並將你的結論或建議一直保留到結論。

（五）報告結論

報告結論通常是報告的摘要及論述的關鍵，它有三個重要的功能：

第一，強調報告的主要觀點。在報告內容可能牽涉到多項的論點，但是，在結論時必須在整合後指出主要觀點。

第二，假使文檔論述中提出了某個改變或行動建議，結論時就要指出對讀者的好處之所在。

第三，將所有的行動條款放在一起，列出關於誰應該做什麼、什麼時候做、在哪裡做以及如何做的確認。

研究調查顯示，報告或建議書的最後一部分會給人留下持久的印象。結論可以確保你的報告說出了你想說的內容。

二、建議書的編寫

建議書與報告書的撰寫擁有許多共同點，包括針對在特定的情況下討論特定的議題，以及在特定的規範原則下論述。不同之處，在於建議書通常是主動提出的文件，而且更具有強烈的說服性。

（一）建議書的基礎

建議書通常分為兩類：需求性質（Demand）與非需求性質（Non-demand）。如果是非需求建議書，對於文章內容的範圍和組織就會具有多一些自由。然而，如果你是在回應別人對建議書的請求，你就需要遵守需求建議書的每一個細節。大多數需求建議書都要求清楚地說明：應該涵蓋什麼？以怎樣的次序使所有的參與者在形式上一致，並容易對比。我們可以透過以下策略項目加強論證。

第一，建議書通常的目的都是說服讀者去做某些事情，例如購買商品或服務、投資一個工程或執行一個計畫。因此，寫作建議的方式和在勸說性銷售資訊中使用的方式類似，和其他勸說性文章一樣，希望獲取讀者關注、引起興趣，以便創造希望和採取行動。

第二，建議書應該展示你對讀者提供具體的資訊和案例。將你的產品、服務或人員與讀者的切實需求聯繫起來，以便證明你的建議對讀者來說是合適而且是實用的。

第三，包裝你的建議書。此外，還要確保你的建議書完美、有吸引力並且容易閱讀。讀者會根據你提交的建議書的品質來預測你的產品和服務的品質，然後採取行動。

（二）建議書引言

建議書的引言主要是簡單扼要地指出你想要解決的問題或者你想開拓的商機，再加上你建議的解決方案。如果是需求建議書，那麼你就要遵守需求建議書的格式。如果是非需求建議書，引言應該提及你

提交建議書的原因。建議書的引言中通常會涵蓋下面幾個項目：

第一，指出建議書之主題的背景或聲明。簡要回顧讀者的情況，以確定行動的必要性。在非需求建議書中，你需要使他們確信機會的存在，並接受你的解決方案。

第二，界定建議書的範圍。說明建議書的邊界，你將要做什麼？或者不做什麼？一步一步引導讀者閱讀你的建議書，讓他們注意你的主要資訊。

第三，指出解決方案。簡要描述你的建議能帶來的變化，突出關鍵點和它們帶來的利益，展示你的建議將如何幫助讀者實現他們的商業目標。

（三）建議書本文與結尾

由於建議書本身是勸說性資訊，所以讀者期望你以一種自信且專業的方式來提出你的建議。建議書的本文呈現完整、詳細的建議解決方案，指出預期結果是怎樣的。除了提供事實和證據來支援你的結論，有效的本文還需要涵蓋以下資訊：

第一，建議書的解決方案。描述你提供了什麼，包括你的觀念、產品或服務。強調你的產品、服務或投入的好處，並指出所有已經超越競爭者的優勢。這些是和讀者的需要密切相關。

第二，工作計畫。解釋將要採取的步驟，將使用的方法與資源，以及負責人員。確保你的資料與建議書中的特殊要求相匹配。請記住，如果你的建議書被接受，工作計畫是有合約效力的，所以不要承諾超過你承受能力範圍的作為。

第三，費用與成本。包括價格、可收回的費用、折扣和其他相關財務問題。在非正式的建議書中，對這些討論可能組合在一起，並以信件的格式提出。在正式的建議書中，對這些討論將非常完整。

第四，資格聲明。敘述你在組織的經驗、擁有的人員和設備，這

些都和讀者的需要息息相關。資格部分是一個重要的關鍵點，應小心把握。也可以透過列舉客戶推薦的方式來說明你的資格。

第五，建議書的結尾部分通常是摘要關鍵觀點，強調讀者從你的解決方案中獲得的利益，並請客戶做出決定。結尾是說服讀者接受建議的最後機會。無論是正式還是非正式建議書，都要簡明扼要、堅決果斷和充滿自信。

第六，在篇幅較短的建議書中，對主題的討論將是簡潔的一兩句話。對於長篇的、正式的建議書，每個主題應分別有副標題，並分幾個段落來討論。

（四）檢查建議書

在建議書完成之後，需要對結構、內容與措辭做檢查，以便做必要的修正。

第一，回顧建議書的撰寫以及做必要的調整。確定將引言、本文和結尾結合在一起來傳達資訊，使建議書中同一級別標題的語氣一致。

第二，檢驗建議書的結構。利用引言來建立報告的目的、範圍和組織。使用本文來展現和解釋你蒐集的資訊。最後，使用結尾來總結主要的觀點，討論結論或提出建議。

第三，檢驗建議書的內容。使用引言來討論背景或問題、你的解決方案、範圍和組織。利用本文來解釋你所建議的方法及其帶來的好處，說服讀者。然後使用結尾來強調利益和總結方法價值。

第四，檢驗建議書是否能夠幫助讀者順利閱讀，提供明確標題來增加可讀性，並明確你的想法和架構。

第五，讓建議書能夠與網路連結，使讀者容易從一個部分順利轉移到另一個部分，概述重要的主題幫助讀者對新資訊做好準備。同時，利用關鍵資訊來幫助讀者理解細節，順利掌握建議書全貌。

三、部落格與維基寫作

除了獨立的報告和建議書外，你可能會被請求為部落格（Blog）撰寫有深度內容的文章，或在維基（Wiki）合作寫作專題的論述。報告寫作的基本原則適用於部落格與維基，但是，它們又各有獨特之處。

（一）部落格的寫作

部落格文章的主要部分，在很多方面與報告是一樣的。你使用的報告寫作技能適用於這種情況，只要你記住幾點：

第一，要特別注意與你的目標讀者建立信任關係，因為細心的讀者可能會對網上文章的內容有懷疑。應該確保你的內容是準確的、最新的、完整的及權威的。

第二，儘量要讓整個頁面的內容適應於全球讀者。翻譯整個內容是很貴的，因此一些企業讓主頁國際化，而更深入、更詳細的內容則維持原母語。

第三，在很多閱讀挑戰的環境中，吸引人的、以讀者為導向的內容是成功的關鍵。不管在什麼情況下，用倒金字塔的寫作風格，首先，簡潔地揭示最重要的資訊，然後逐漸展現各個層次的細節，以便讓讀者來選擇他們想看的不同層次的資訊。

第四，要以簡潔的、可略讀的版面來呈現資訊。有效的部落格使用很多方式來幫助讀者快速瀏覽網頁，包括列表、使用顏色和粗體、告知性標題和有效的摘要，以便讀者選擇其是否想瞭解得更多。

第五，寫作有效的連結來標示導讀和內容瀏覽。此外，清晰地表明連結會將讀者帶往何處。別讓雙關語使網頁內容難以理解，並且不要強迫讀者只有點擊連結才能知道他們將會去何處進行瀏覽。

（二）在維基上寫作

維基的特色是團隊工作，因此，使用維基對團隊寫作項目來說是

具有挑戰性的方式。這些寫作項目可以是簡單的文章，也可以是篇幅很長的報告和常用參考書。維基的優勢是顯著的，但是，這類的寫作確實也需要一種特別的方法。要想成為一個有價值的維基貢獻者，記住以下幾點：

第一，鼓勵所有團隊成員提高每個人的工作品質。同時用網頁範本和其他格式選項使網頁內容與其他維基內容相匹配。

第二，使用獨立編輯並正確討論其性能。如果可以的話，充分使用「沙盒」（Sandbox），這是維基的安全與不公開的部分，團隊成員可以在這裡練習編輯和寫作。

第三，維基通常有指南來幫助新的寫作貢獻者將其工作整合到團隊成果中。確保閱讀並瞭解這些指南，有疑問就尋求資料中心，為所有成員提供有價值的資訊。

第四，如果你在創建一個新的維基專案，應該像考慮一個新的部落格一樣，仔細思考你的長期目的。這樣做會幫助你製作合適的指南、可編輯的監測和安全的策略。

第五，如果你是為現有維基添加一個頁面或是一篇文章，要確保這些新資料應該如何適應現有的組織結構，同時也要學習維基偏好的風格來完善文章。

第六，如果你不贊同已刊登的內容並計畫修改它們，你可以使用維基的討論設備與其他的貢獻者分享你的想法。只要每個人都有禮貌並尊重他人，維基的環境是鼓勵討論的，甚至可以激發不同意見。

思考問題

1. 報告書的內容要遵循哪些原則？
2. 有效的引言至少要完成哪四件事情？
3. 報告的本文部分通常要涵蓋哪些內容？
4. 建議書的引言中通常會涵蓋哪些項目？

Chapter 6
善用寫作溝通技巧

02 商務新聞資訊撰寫

根據本節的「商務新聞資訊撰寫」主題，我們要進行以下三項議題的討論：

1. 搭建溝通的橋樑
2. 應用適當的詞彙
3. 建構句子與段落

商務新聞資訊或稱新聞稿的寫作，是溝通專業工作者必須要慎重面對的課題。它基本上分為兩類：新聞發表會同時分發的新聞稿件以及單獨發布的新聞稿件。其主要目的是建構企業與社會大眾的溝通橋樑。除非是特定的專業論文發表，否則需要考慮應用適當的詞彙以及通俗大眾化的表達方式。.

一、搭建溝通的橋樑

既然商務新聞資訊是為企業與公眾而搭建溝通的橋樑，以便樹立企業的良好形象。那麼，撰寫的前提：樹立企業形象、從同理心思考，正面強調主題以及使用簡明語言。

（一）樹立企業形象

當你與企業外界的人溝通時，不僅僅是兩個人之間的溝通。你代

表你的企業，因此，你在幫助企業建立和維持與所有利益相關者的積極關係中扮演重要的角色。成功的企業努力培養獨特的公眾形象，而外部溝通能夠樹立形象。身為這項責任的代言人，企業的利益和溝通風格必須高於自己的觀點和個人溝通風格。

很多國際公司有專門的溝通指南，包括從公司名稱的正確使用到正確的縮寫，以及其他語法細節。然而，具體說明什麼樣的溝通風格更受歡迎，則是很難的。觀察有經驗的同事是如何溝通的，積極尋求編輯方面的幫助以確保表達的語調合適。例如，面對大型客戶千百萬美元交易的託付，這與服裝零售商追求最新潮流的休閒服裝專賣商店的溝通風格有所不同。

（二）從同理心思考

同理心思考是指以讀者為中心的交流和換位思考，也就是按照讀者的意願、興趣、希望和偏好來說話和寫作。

第一，在最基本的應用上，可以透過替換一些說法來採用換位思考，如用「你」「你的」「你們」「你們的」來代替「我」「我的」「我們」「我們的」。要意識到有些地方是要避免使用「你」這個字的，尤其是這樣做會讓你顯得專斷或者苛責的時候。

第二，換位思考不僅僅是簡單地使用特定代詞，而是真誠的興趣和關注。你可以在一頁中使用25個「你」但是仍然忽視了讀者的真正想法。如果你跟零售商溝通，就要嘗試著像零售商一樣思考；如果你與一個產品主管打交道，就把你自己放到對方的職位上去；如果寫信給對你不滿意的客戶，就要設身處地想像你作為交易另一方的感受。

第三，當使用同理心換位思考時，要確保考慮到國際商務中其他文化的態度和規定。例如，在一些文化中，只指出某一個人的貢獻是不合適的，因為整個團隊都要為最終結果負責；在這種情況下，當你和讀者在同一個團隊裏時，使用「我們」或者「我們的」就比較

合適。另外，有些企業要避免在大部分資訊和報告中使用「你」和「我」這樣的習慣。

（三）正面強調主題

在職業生涯中，你可能會遇到很多需要你傳達不受歡迎的新聞資訊的情況。例如，追討貨款或者通知漲價的資訊，然而有效溝通者能夠理解傳達負面資訊和負面態度的差異。不要試圖隱藏負面資訊，而是尋找積極的一面，以培養與讀者的良好關係。

第一，尋找合適的機會使用委婉語（euphemism)，即更溫和的近義詞，可以傳遞資訊而不會帶有負面含義。例如，當提及超過一定年紀的人時，使用「長者」，而不是「老人」。「長」帶有尊敬的意味而「老」沒有。

第二，要小心使用委婉語，它很容易偏離主題並導致誇張的謬誤，或者更糟糕的是可能會掩蓋真相。當你實際上在討論處理有毒廢棄物的新聞時，對社區居民說，公司在處理「有毒廢棄物」的過程中，同時會「製造的副產品」，這是不道德的。即使是令人不快的，應用委婉解釋，人們也更容易接受完整傳遞的誠實資訊，而不是掩蓋真相的不實資訊。

（四）使用簡明語言

簡明的語言是以一種簡單、樸實的風格展示新聞資訊，使讀者能夠很容易地掌握你的意圖。或者說是一種讀者「第一次讀到時就能夠閱讀、理解並有所反應」的語言。

第一，這種同理心換位思考展示了對讀者的尊重。此外，簡明的語言能夠使企業產生更高的生產率和利潤率，因為人們在理解混亂或不符合需求的資訊時花費的時間更少。簡明的語言可以讓非母語者更容易閱讀資訊。

第二，考慮不同讀者的期望。一些你認為理所當然的溝通因素可能被來自不同國家的讀者會解釋成不同的意思。你應該使用國際公制度量系統、不同的日期和時間標記或者不同的國家名稱。例如，德國人不認為英語中的"Germany"是他們的國家，反而認為德語中的"Deutschland"才是他們的國家。尋求網路上的參考資訊並尋找改善溝通的方法，包括像互動式匯率轉換器和翻譯詞典等有用的工具。

第三，要保持新聞資訊簡潔。使用簡單、無歧義的詞；結構簡短、清晰的句子並且盡可能使用主動語態寫作。避免使用縮寫詞、首字母縮拼詞以及國際讀者不熟悉的單詞的定義。諮詢當地專家，可以從當地的專家中尋求可以被接受的短語和習慣用法的建議。

二、應用適當的詞彙

當你搭建好與讀者溝通的橋樑之後，開始編寫新聞資訊。在寫作初稿時，可以試著發揮創造力。不要嘗試同時寫作和編輯或是擔心不能盡善盡美。如果你不知道用什麼詞彙合適，可以造詞、畫圖或大聲說出來。無論做什麼，只要能表達你腦中的想法並將其顯示在電腦螢幕或紙上。如果仔細地安排時間，在給其他人看之前，你應該還有時間修改及潤飾內容。

（一）本義和隱含義

一個詞可能既有本義又有隱含義。本義（denotative meaning)是指字面或字典中的意思；隱含義（connotative meaning)則是包括所有由詞彙引發的聯想和感覺。

第一，以「書桌」為例，其本義是「有一個平的工作臺和若干抽屜的傢俱」，它的隱含義可能包括與工作或學習有關的想法，但是「書桌」這個詞有非常中性的隱含義：既不強烈也不帶有感情色彩。然而，有些詞彙比其他詞彙有更強烈的隱含義，因此，使用時需要小

心。例如「不及格」這個詞的隱含義是消極的，並且可以帶有強烈的感情色彩，隱含意義說明表現低於某個標準。

第二，要選擇比較適合的措辭，例如，「穩固」比簡單的「穩定」更能表現。在大部分情況下，「全球的」是一個絕對的術語，不會加上「眞正的」之類的修飾語。然而，經濟上的全球化是按階段發生的，因此「眞正的」這個詞暗示關注點在全球化接近完成的時候。從經濟學中借用的「黃金標準」暗示與其他類似的實體相比，它是無法超越的優秀模型。

（二）抽象和具體詞彙

詞彙的抽象或具體程度非常多類型。抽象詞彙（abstract word）表達概念、性質或特徵。抽象詞彙通常很廣泛，包含一個類別的觀點，而且通常很知識化、學術化並具有哲學性。

第一，區別抽象和具體詞彙，例如，「愛」「榮譽」「進步」「傳統」和「美麗」是抽象的，抽象詞還有一些重要的商務概念，如「生產率」、「利潤」、「品質」和「動機」。相反地，具體詞彙（concrete word)代表能夠觸摸到、看到或視覺化的東西。大部分具體詞彙植根於有形的物質世界裏。「椅子」「桌子」「馬」「玫瑰花」「踢」「吻」「紅色的」「綠色的」和「二」等都是具體詞彙，它們直接、清晰、準確。

第二，應用新的專業詞彙。科技一直在產生新的詞彙和新的含義，來表述沒有物理表現但仍然是具體的事物，如「軟體」、「資料庫」、「網站」都是具體詞彙。

你可能認爲抽象詞彙比具體詞彙對於作者和讀者來說更麻煩。抽象詞比較「模糊」而難以解釋，依賴於讀者和環境。

第三，爲了減少問題的困惑，最好混合運用抽象詞彙和具體詞彙。陳述概念，然後用更具體的詞彙詳細地解釋它，在沒有其他合適

的方式表達的情況下，再使用抽象詞彙。此外，由於像「小的」「無數的」「很大的」「近的」「不久的」「好的」和「健康的」這類詞彙不夠精確，因此可以試著用一些更準確的詞彙代替它們。一般不說「很大的損失」，而是說一個準確的數字。

（三）適用溝通的詞彙

透過經常練習寫作、從有經驗的作者和編輯那裡學習、大量閱讀，你會發現選擇合適的詞彙來進行準確的溝通就變得容易了。當你寫作商務新聞時，仔細思考，尋找適合每個語境的、更有說服力的詞彙，並避免難懂的、過時的和流行的詞彙。

第一，選擇強有力、準確的詞彙。選擇能夠清晰、具體、生動地表達想法的詞彙。如果你發現自己用了很多形容詞和副詞，可能你是在試著用它們彌補無力的名詞和動詞。說「銷售暴跌」比說「銷售大幅下降」或「銷售量大幅下降」要更有力和有效。

第二，選擇熟悉的詞彙。你最好選擇對你和讀者來說都比較熟悉的詞彙進行溝通。而且，第一次在重要的文件中使用不熟悉的詞彙可能會導致尷尬的誤會。

第三，避免過時詞語和流行語。雖然熟悉的詞彙是最好的選擇，但是要避免過時詞語，一些詞彙和短語運用得太普遍以至於失去了某些溝通的效能。流行語是新產生的詞彙，經常與技術、商務或文化上的改變相聯絡，比過時詞語更難以掌握。

第四，小心使用行話。行話是在特定的專業或行業內部使用的專門用語。行話名聲不佳，但並不總是壞的。行話在與理解這些術語的特定群體溝通時通常是高效的方法。畢竟行話最開始得到發展的原因是，由有相同興趣的人開發出來用於快速溝通複雜的觀點。

三、建構句子與段落

安排精心選擇的詞彙構成有效的句子，是寫作有力的資訊的下一步。從選擇最恰當類型的句子開始，表達你的每個觀點。

（一）四種類型句子

句子有四種基本的類型：單句、合句、複句和複合句。

第一，一個單句（simple sentence）裡只有一個分句：一個單獨主語和一個單獨謂語。雖然它還可以透過作爲動作賓語的名詞和代詞以及修飾語進行擴展。下面是一個典型的例子：**在過去的一年裡利潤增加。**

第二，一個合句（compound sentence）中有兩個主要的分句，表達兩個或多個獨立但是同等重要的相關觀點，經常用「而且」、「但是」、「或者」等詞連接起來。一個合句是兩個或多個相關聯的單句（主句）的結合。例如：**工資已經下降了5%，並且員工流動率已經很高了。**

第三，一個複句（complex sentence）表達了一個主要觀點（主句）和一個或多個次要觀點（不能獨立成爲有效句子的從句），經常用逗號隔開。例如：**儘管你可以懷疑王先生的結論，但是你必須承認他的研究是透徹的。**

第四，一個複合句（compound-complex sentence）有兩個主要分句，其中至少有一個主句包含一個從句。例如，**在過去的一年裡利潤增加了35%，因此儘管公司面臨長期的挑戰，但是我們公司的短期前景相當樂觀。**

爲了使寫作盡可能地有效，使用所有四種句型以努力達到多樣化和平衡。如果你使用了太多的單句，就不能準確地表達出觀點的相互關係，文章就會顯得不連貫和生硬。在另一種極端情況下，一長串的合句、複句或複合句讀起來會令人疲憊。

（二）用句型強調觀點

在任何長度的新聞資訊中，總有一些觀點比其他觀點重要。你可以透過句型強調主要觀點，一個常用的技巧是，給最重要的觀點最大的篇幅。當你希望吸引別人對一個觀點的注意力時，使用大量的詞彙去描述它。

第一，例如，董事長號召股東們投票。為了強調董事長的重要性，你可以更全面地描寫他：**在企業併購競爭中有著豐富經驗的董事長號召股東們投票。**你可以透過增加一個單獨的短句來進一步提高重要性。

第二，你也可以透過把一個觀點變成句子的主語來吸引注意力。這例子，重點放在人身上：**我可以使用電腦來更快地寫信。**然而，轉換了主語之後，電腦就成為重點了：**電腦使我寫信更快了。**

第三，強調的層次。例如，較少強調：**我們降低價格來刺激需求。**更多強調：**為了刺激需求，我們降低價格。**

在複句中，從句是圍繞著表達的觀點的關係來安排的。如果你想要強調某種觀點，把從句放在句子的結尾（主要強調位置）或者開頭（次要強調位置）。如果你想要弱化某種觀點，把從句放在句中。

（三）寫作的段落

段落將與一個共同的主題相聯繫的句子組織在一起。讀者期望每一段都能夠關注同一個主題，和連貫用邏輯連接的方式表達觀點。用心地安排每個段落的元素，這樣能幫助讀者把握檔案的中心思想，並且理解各個具體資料是如何支援中心思想。

段落在長短或形式上有很多種，但典型的段落包括三個基本要素：主題句，展開主題的支援句，過渡詞彙和短語。

第一，主題句。有效的段落會圍繞著一個主題，而介紹主題的句子被稱為主題句（topic sentence），在非正式、有創意的寫作中，主題

句可以是暗示的而不是陳述的。在商務寫作中，主題句通常是明顯的並且是段落中的第一句：**醫藥產品公司多年來一直為公眾關係問題所困擾。**

第二，支持句。在大多數段落中，主題句需要用一個或多個支援句來解釋、論證和擴展。這些相關的句子必須都對主題有一定的影響，並且必須提供足夠的具體細節以使主題明晰：**醫藥產品公司這些年來一直為公眾關係問題所困擾。自從2012年以來有許多文章從負面來描述我們虐待實驗室動物，並且污染本地的地下水；我們的設備被描述為「健康的威脅」……。**

第三，過渡詞彙。過渡（transitions）透過展示想法之間的聯繫來連接各個觀點。它們還可以提醒讀者後面的內容，這樣轉換和變化才不會引起困惑。除了幫助讀者理解聯繫，過渡還可以使寫作更通順流暢。過渡詞彙可以從一個詞到一段話甚至更長。例如，使用連詞，重複上一段，使用經常成對出現的詞彙等等。

思考問題

1. 商務新聞資訊撰寫的前提是什麼？
2. 請舉例說明抽象和具體詞彙。
3. 句子有哪四種基本的類型？
4. 典型的段落包括哪三個基本要素？

03 電子媒體資訊撰寫

根據本節的「電子媒體資訊撰寫」主題，我們要進行以下三項議題的討論：

1. 商務溝通與電子媒體
2. 電子媒體的寫作模式
3. 創建社交媒體的內容

一、商務溝通與電子媒體

過去企業在發表發展方向與產品資訊時可能使用了許多媒體。但不管怎樣，部落格被普遍應用是有效的選擇之一，因為它代表了商務溝通的變化，這種變化是由社交媒體快速發展帶來的。

（一）應用電子媒體

隨著通訊技術的發展，原本已經相當廣的、用於簡短商務資訊的電子媒體範圍還在繼續擴大。

第一，社交網路和社區參與網站。社交網站Facebook和LinkedIn；用戶生成內容網站，例如，Flicker和YouTube；社區問答網站（community Q&A sites），以及各種的社交書籤和標籤（tagging)網站都提供了大量的通訊工具。

第二，電子郵件。雖然在很多情況下，傳統的電子郵件已經被其他能為即時資訊和即時合作提供更好用的工具所取代，但是它在商務溝通中仍然扮演著一個十分重要的角色。

第三，即時資訊。如今在許多公司中，即時資訊比電子郵件更多地被使用。即時資訊提供了比電子郵件更快的速度、更簡單的操作，同時，諸如垃圾資訊以及安全和隱私方面的問題更少。

第四，文本資訊（Text Information）。基於手機的文本資訊在商務溝通中被大量運用，包括在訂單狀況更新、市場銷售資訊、電子優惠券和客戶服務等方面。

第五，部落格和Twitter。能夠快速便捷地更新內容使得部落格和Twitter成為溝通者需要快速發布資訊時的最佳選擇。

第六，網路視頻。目前，YouTube和其他類似的網站已經對眾多網路用戶開放了線上視頻服務。視頻已經從相對專業化的工具變成了主流的商務溝通媒體。已經有許多世界級大公司在YouTube上擁有自己的品牌頻道。

隨著電子媒體系統功能的擴大，或隨著人們使用這些媒體的方式更加新穎，這些電子媒體間的界限經常變得模糊不清。例如，Facebook的Facebook Messenger通訊系統整合了即時資訊、文本資訊和電子郵件的功能，因此它變成了社交網路系統。另外，一些人將Twitter看作社交網路，它也確實提供了上面介紹的一些功能。然而，傳遞部落格類資訊是Twitter的核心功能。

（二）電子方式之外

雖然大部分商務溝通都是透過電子方式實現，但是，也不要放棄紙本資訊的優點。在下面的一些情境中，使用紙本資訊勝過使用電子資訊。

第一，當你想給別人留下一個正式的印象時。對於祝賀或慰問這

類特殊資訊，紙本的正式性通常相對於電子資訊來說是更好的選擇。

第二，法律上要求你提供紙本形式的資訊時。有時，商業合約和政府條例要求所提供的資訊為紙本形式。

第三，當你希望你的資訊從氾濫的電子資訊中凸顯時。如果你所用的電腦總是被氾濫的Twitter更新、電子郵件和即時資訊所充斥，這時紙本資訊就可以從中脫穎而出，引起對方的關注。

第四，當你需要永久不變或安全的記錄時。信件和備忘錄是可靠的。它們一旦被印刷出來，就不像某些電子資訊那樣可以被簡單的按鍵或被不正當的修改所清除。同時，紙本檔案更難被複製和轉發。

未來企業工作中的大部分溝通將透過電子媒體實現。本章討論的是用於簡短商務資訊的電子媒體，而報告寫作章節，請參照之前討論過的商務寫作。

二、電子媒體的寫作模式

當你在練習使用電子媒體時，最好把握社交媒體溝通的原則，以及計畫、寫作、完成資訊的基本要素，而不是關注每一種媒體或系統的特殊細節。每種媒體的基本溝通技巧通常是一樣的。

（一）寫作的要件

透過使用下面寫作的要件的一種，你幾乎可以在所有的電子媒體溝通中獲得成功。

第一，對話。即時資訊是類比口語對話最好的媒體之一。使用即時資訊，需要相當快速的思考、排字和打字來維持電子對話的流暢性。

第二，評論和批評。社交媒體最強大的功能是：它為有共同興趣的群體創造了表達觀點和提供回饋的機會。分享有用的技巧和富有見解的評論，同樣也是建立個人聲譽的最好方式之一。關注網站大部分訪問者的簡短資訊將有助於你成為一名有效的評論者。

第三，定位。幫助人們透過使用一個不熟悉的系統或是新課程找到解決辦法的能力，是一種有價值的寫作技巧。「定位」不是提供蒐集資訊的關鍵點，而是告訴讀者去哪裡找這些關鍵點和如何使用這些蒐集到的資訊。

第四，概要。在一篇文章或網頁的開頭，向讀者提供所有略去細節的關鍵點。這些關鍵點便是讀者所需要的全部資訊。在文章或網頁的末尾，概要作為一個回顧，提醒讀者他們所讀過的關鍵點。

第五，參考資料。計畫和寫作參考資料的挑戰是讀者通常不以線性思維來閱讀這些資料，而是去尋找特殊的資料、趨勢或其他特殊的元素。使資訊能夠被搜索引擎搜索到是解決這個問題的關鍵一步。然而，讀者通常不知道使用哪個術語檢索可以產生最好的結果，因此需要有一個訊息定位功能，並且要以邏輯方式組織這些資料，同時還要帶有能促進閱讀的清晰標題。

第六，敘述。最有效的敘述應該包括：能引起讀者好奇心的有趣開頭、描述個人或公司快速戰勝挑戰的主要部分、具有鼓舞或啟發性的結尾，這樣的結尾能夠在日常生活和工作中幫助讀者。

（二）手中的internet

你可以帶著整個internet散步。雖然嚴格地來說移動網路，例如用智慧手機或其他移動設備連接到internet的能力不是一個獨立的媒體，但是，其使用範圍在商務溝通中正迅速擴大。

第一，作為移動網路運用擴大增長的兩個標誌：YouTube每天為移動設備提供超過一億個視頻內容，Facebook七億多的成員中超過40%使用移動設備與社交網路進行互動。除了無線網路，一個越來越多樣化的與所在位置相關的資訊服務使得溝通個性化，包括提供時間和地點等資訊。

第二，使用者更能夠從掃描條碼或QR碼，這類附在印刷材料、商

店和其他建築物上的能力，或者是從近場通訊標籤（NFC）上讀取無線電信號的能力，給智慧手機用戶帶來了獲得更多資訊的方式——資訊來自公司本身或其他在社交網站上提供評論的顧客。

（三）企業應用

當潛在的消費者帶著他們手中的internet出現在業務門口時，這種發展將對公司的溝通工作，產生什麼影響？

第一，企業如何透過使用QR碼和其他基於所在位置的服務，來與客戶及潛在的客戶建立起更牢固的關係？

第二，概要所在的突出和獨立的位置，確保了大部分網站訪客將看到它。概要功能中的專案符號作為資訊的開頭。例如側邊欄是谷歌（Google）內容廣告專案的一個有益的功能，它使這個項目增加了收益。

第三，廣告傳單。廣告傳單刻意地隱藏關鍵的資訊，以引起讀者或聽眾的好奇。在電子媒體中，Twitter和其他系統對字元的空間限制以及URL鏈結的連接能力，使這些系統自然地成了發布廣告傳單的工具。另外，要確保廣告傳單所鏈結到的資訊是有價值並合法的。

第四，狀態更新和公告。如果你經常使用社交媒體，你的很多寫作內容將涉及狀態更新和公告。另外，要確保只發布讀者需要的更新和公告。

第五，教導課程。社交媒體的社區性質使得其中的許多訊息是用於共用的建議指南類資訊。成為一個眾所周知的可靠專家，有助於為公司建立顧客忠誠度，同時也將提升你的個人價值。

第六，即時更新閱讀文章。當你著手處理一個新的電子媒體溝通任務時，先問問你自己大眾可能需要哪類資訊，然後選擇適合的寫作模式。久而久之，你會發現你在各種電子社交媒體環境中用到了所有的寫作模式。當然，你也會在書面溝通中用到許多種寫作模式。

三、創建社交媒體的內容

無論你使用什麼媒體和寫作模式，社交媒體所要求的寫作方式都與傳統媒體不同。社交媒體已經改變了發送者和接收者之間的關係，那麼資訊的性質也需要被改變。

（一）撰寫的提示

無論寫部落格還是在 YouTube 上發布產品的宣傳視頻，請考慮以下這些有助於創建成功社交媒體內容的提示。

第一，社交媒體是對話而不是講座或推銷。社交媒體最大的吸引力之一，便是它給人一種對話的感覺，而不是聽講座的感覺。社交媒體的先進技術為人們傳統的口碑溝通方式提供了一種新的體驗。隨著越來越多人在市場上獲得發言權，還在努力保持「我們說，你們聽」的舊思維模式的公司將很可能在社交媒體領域中被淘汰。

第二，社交媒體雖然非正式的論述，也不應該隨便地寫作。它的寫作方式依然要人性化而不死板，同時要避免粗心大意。沒有人喜歡在錯誤連篇的文章中尋找資訊。

第三，使用簡潔、清晰和有效的標題。要避免在標題中玩文字遊戲。這條建議適用於所有形式的商務溝通，包括社交媒體中的溝通。沒有讀者希望花費時間和精力去猜測標題的含義。另外，這也使得人們很難透過搜索引擎找到它們，因此幾乎沒有人會去讀你的文章。

第四，介入並保持參與狀態。顯然，社交媒體會使一些商務人士感到焦慮，因為他們不能高度地控制資訊。雖然如此，也不要躲避批評，而應該抓住這個機會改正錯誤或解釋如何改正錯誤。

第五，間接地促成你想做的事。就像你不會在一個非正式的社交聚會上向人們推銷商品一樣，你要避免在社交媒體中進行明目張膽地促銷。

第六，保持坦率和誠實。誠實當然是必要的，但是一些公司卻

讓公司的市場行銷專家或雇來的網路寫手以私人的方式進行部落格行銷。

（二）商務期望

企業發布社交媒體應該具有特殊的目的，也就是反應該企業針對以社交媒體為媒介的商務期望。

第一，謹慎地發送。有些公司和個人因為在Twitter發表某家公司關於社交媒體中道德問題的不恰當更新而被起訴，或是在培訓課程公布了涉及其他公司重要的資訊而被開除。同時，商業關係和個人關係也因此變得更緊張。由於你所發布的資訊在社交媒體上可以被大量閱讀，謹慎地發布資訊就顯得更為必要，除非你透過私人頻道發布資訊。

第二，社交網路和社區參與網站社交網路（social networks）是一種能夠使個人和組織成員形成聯繫並共用資訊的線上服務，已經成為近年來商務溝通的主要力量。例如，Facebook是網際網路上被點閱最多的網站，像阿迪達斯（Adidas）、紅牛（Red Bull）和星巴克（Starbucks）等公司，在其Facebook上擁有上百萬的粉絲，其部分內容將對社交網路在商務溝通方面的使用和一系列相關的技術進行探討。

思考問題

1. 在哪些情境中，使用紙本資訊勝過使用電子資訊？
2. 試述電子媒體寫作的要件。
3. 有助於創建成功社交媒體內容的提示有哪些重點？

最大的敵人是自己

在「第六章善用寫作溝通技巧」裡，我們要與讀者分享一則故事：最大的敵人是自己。

行銷工作者許多時候以為很困難的事，實際上是自己懶惰而不願意去想辦法克服難題，是害怕面對自己的弱點，才會得過且過。因為，面對自己、改掉惡習，總要鼓足勇氣並且花費相當精神的，這一點並非所有人都能做到。

有一位老飛行員接受了一項特殊的任務：不是扔炸彈也不是接名人，而是一個人開小飛機運送一隻老虎。

這是一隻被當成親善大使的成年老虎，牠頭上腦門的「王」字極有霸氣。老虎很不服氣地被關在大鐵籠子裡，在被運上飛機的那一刻還不忘吼叫幾聲。

飛行員覺得很有趣，他在前面開飛機，身後就是關老虎的鐵籠子，和百獸之王進行如此面對面的交流，這種情況還真不多見。

開了一會兒，飛行員又回過頭去瞧老虎。「我的天啊！」他冷汗直流，老虎離他只有幾步之遙，正在向他逼進。鐵籠竟然沒有關好！

情急之下，他沒有太過慌張，因為於事無補，相反地，他睜大了眼睛，像一頭發威的雄獅，狠狠地盯著老虎。不管老虎是否聽懂他的話，對著老虎下令：「給我乖乖地回籠子裡去！」

奇蹟出現了，老虎和他對看了一會，竟然自己走回籠子裡。

「人最大的敵人往往就是自己。」這似乎是老生常談。實際上，只有內心中的自己才會讓個人更加膽怯和怠惰。人生中遭遇的各種困難其實都可以轉換成同一道題目：面對自己，人們以為很困難的事，實際上是自己懶惰而不願意去想辦法克服難題。有時候，則是人們害怕面對自己的弱點，才會苟且偷安，或得過且過。因為，面對自己、改掉惡習，總要鼓足勇氣並且花費相當精神的，這一點並非所有人都能做到。

第二篇　實務篇

Chapter 7

掌握交易的溝通

01　交易溝通的基礎

02　交易溝通說服力

03　交易場上的生意開拓

01　交易溝通的基礎

　　根據本節的「交易溝通的基礎」主題，我們要進行以下四項議題的討論：

　　1. 想像創新溝通
　　2. 交易溝通應變
　　3. 掌握交易思惟
　　4. 從學習到超越

　　在商業工作上，大家總要動腦筋，想辦法，以便處理交易中遇到的種種問題。不過，有些商業工作者會動腦筋，有些人卻不會動腦筋，處事效果就大不一樣。會動腦筋，也就是善於思考。舉凡業績顯著的商業工作者，都是勤動腦筋，目光敏銳，勇於創新，行事務實的人，此乃生意成功的關鍵。

一、想像創新溝通

　　想像豐富與勇於創新是交易（行銷）溝通成功的第一項基礎。所謂「想像力」，就是指商業工作者的思惟能力，通常具體表現為某種創造力。創作力高或低，雖有天賦的成分，但是，聰明在於商業工作者長期的交易和工作實踐經驗累積，是靠後天獲得的。

（一）創造力

我們常說的「創造力」可理解爲：個人造就嶄新與有用事物的能力。該事物則包括了新產品、新項目、新體制、新作品、新功能、新觀念等等。不過，也有些商業工作者指的是：開發某種新產品，並使之超越當前市場上行銷的其他同類產品的全部工作；或是指根據公司經營的各類商品與服務項目特點，創造出更爲有效的營銷計畫的全部工作。最後的關鍵在於：透過有效的溝通取得績效，這看來是一個更爲具體的解釋。

（二）創新的風險

創新是要冒風險的，可能會遭世人的白眼、嘲笑和責難。許多科學家、發明家和思想家，他們的生平業績和境遇就是最好的具體說明。伊內茲·塞梅爾威斯（Ignaz Semmelweiss）是19世紀中葉的病理學家，就因告誡當時的醫務人員，每當對孕婦施行檢查或接生前後，雙手必須嚴格消毒，否則會成爲傳染病毒的媒介。嚴重者，會致使孕婦感染「產褥熱」(Puereperal Fever)喪生。後果是：他被無辜地關進精神病院而慘遭不幸。至於說到哥白尼（Nicholas Copernicus）、伽利略（Galileo）這二位偉大的天文學家所受的冤屈和遭遇更是人所共知。可見，要做到勇於獨立思考和創新，還須經得起現實中可能遇到的種種困難、挫折，乃至考驗才行。

當然，我們並非說每個善於思考、勇於創新的商業工作者都必須做到像哥白尼、伽利略等科學家那樣有膽識和勇氣過人；但是，不保守，不墨守成規，勇於經常檢討自己，善於溝通，聽取人們的批評和建議，這點勇氣應該是自己當老闆的商業工作者不可缺少的。

二、交易溝通應變

世間上沒有永恆不變的事物。換言之，世間上的任何事物有朝一

日都會變得陳舊過時而爲另一種新事物所代替。不過，其中有些事物可能會持續多年或更長的時間才發生變化，而另一些事物則是經歷短短的幾個星期就變得過時了。

（一）變化與機會

商業工作者應該懂得變化是一件好事。它可以爲商業工作者帶來希望和機會，當然亦會帶來困難與挑戰，問題是看你能否適時應變。現實交易中，因爲能夠適時應變而致使生意成功的事例是很多的。

就拿牛仔褲戰役來講吧！在過去，服裝加工行業當中有一些默默無聞的生意人，由於其創新應變獲得了偉大的成就。當時，牛仔褲被定位爲「勞工服」。隨後，忽然在一夜間它變得非常暢銷，並成爲可以陳列在高級服裝店的高價衣物。但是，過後不久，出現一種售價更高的「技工裝」（Design Jeans）的新款牛仔褲又在市場上出現，而且還十分暢銷。可見，技工裝新款牛仔褲的開發成功，無疑又是原始廠家基於瞭解市場變化趨勢而作出適時應變努力的結果。

（二）適時應變

當我們仔細研究他們的經驗時，其中值得特別重視的是：「適時應變」，必須以能夠有效滿足消費者需要爲宗旨。所謂「市場變化」其實主要是指消費者需求或需要的變化。

怎樣才能有效地滿足消費者需要的變化呢？有時候，商業工作者對此也會有些主觀、片面、乃至盲目的想法。例如有些商業工作者十分自信地認爲他們可以創造某種「需要」，儘管某些產品可以透過某種有效的宣傳推廣促銷行動，使消費者對其發生興趣並樂意購買；但是，如果消費者根本就不需要這些產品，無論怎樣推銷，亦是徒勞無功。

「適時應變」是需要做好經常性的市場調查研究工作。市場是不斷變化的，消費者的需求或需要是不斷變化的，因而滿足消費者需

求或需要的方法亦是不斷變化的，同時，有效的與消費者溝通，以便取得他們的認同。相反的，爲什麼有些商業工作者總是顯得那樣目光短淺和缺乏創見致使生意失敗呢？其中重要原因之一，就是沒有做好經常性的市場調查研究工作，因而，無法及時瞭解和預見市場變化趨勢，當然也就難以捕捉產品推陳出新的好時機了。

三、掌握交易思惟

大家都很羨慕業績成功的商業工作者，覺得他們精於用腦思考和處理複雜的難題，而且眼光獨到。當然，除了他們熱愛自己的事業、經驗豐富、有一定的理性知識、本身勤勞以外，最重要的是他們善於溝通，在掌握了一套創新思惟方法之後，適時向市場推出，進而取得消費者的信賴。

這套方法要求人們看問題、想問題、處理問題不要堅持己見，要從不同角度、站在不同的或對方立場全面地評估事物。理解事物不是孤立靜止存在的，而是在不斷變化中，逐步指導自己實踐創業，事業才會成功。要具備這種本領，除非經過長時間甚至痛苦磨練、學習並善於在錯誤中記取教訓不可，也是每個成功的商業工作者必行之路。

商業工作者通常在商業活動或在現實交易中，面對大事或小事在需要動腦思索前，要正確理解下列問題：

（一）創新三步曲

每項帶有革新性的創意或設想的構思，大多會經歷：1.專心研究，2.潛意思索，3.取得認同等三個階段。

舉例來說。我們常會有這種事發生，就是自己無論怎樣回想，總是想不起來一位老朋友的姓名，可是一旦暫時不再想他，轉過頭來做點其他事情，過了一陣子之後，卻又猛然想起那個人的名字了。

第一，專心研究。當努力回想那位伙伴的名字時，頭腦是處在

「專心研究」(Concentration)狀態，就是對問題進行有意識和深入地研究，努力尋求解決問題的辦法和方案。

第二，潛意思索。當暫時中止專心回想那位朋友的名字，而是邊做其他工作邊思索時，頭腦是處在「潛意思索」(Subconsciousness)狀態，就是將尚未找到答案的難題暫時擺在一邊，留待休息或進行其他活動時，邊觀察、邊思索，以求得解決問題的途徑和方法。

第三，取得認同。當偶然從某一事件得到啟示，猛然想起那位朋友的名字時，頭腦頓時豁然開朗，最後處在「取得認同」(Illumination)狀態，就是一旦受到某種事物的啟發後，很快就領悟出問題的關鍵所在及其解決辦法。

掌握交易思惟，對任何一項發展創新的業者來說，都是不可缺少的條件。很多重大的富有革新性的創意或設想，都是透過有意識的思維與溝通才能取得認同與發展。

（二）創意構思

曾經進行一個研究，是以問卷形式對許多發明家進行某種心理測試。在收到的二十八份寄回來的問卷中，其中有六人答覆說：他們的種種設想都是非有意識地進行探討時得以形成和發展的；有十二人答覆說：他們是在休息和心情輕鬆的情況下完成種種創意的構思；有十人竟乾脆地說：他們那些意念都是偶然領悟出來的。這個調查結果的共同點：發明家們都善於與自己溝通，在無意識、休息與偶然的狀況下取得創意。

有時候，人們把「潛意」與「靈感」也未免說得過於神奇了，認為那是神的啟示，這樣的想法很容易產生誤解。千萬不要把潛意思索看成是漫無中心、漫無邊際的沉思冥想或空想。潛意思索通常是圍繞專心研究尚未解決的問題為中心而展開的，其目的無非也是尋找解決這些問題的機緣或答案，而且，總要與實踐連結，深入溝通，善用舊

知識才能成功。這正是商業工作者所要努力學到的本領。

在潛意思索過程中，由於某種偶然的機遇會捕獲到資訊或啟示，例如，當你從睡夢中一覺醒來的時候，猛然想到了久思不解的答案或好主意，這種情況當然不是「神仙託夢」，而只是專心思考的結果。如果脫離了它，潛意思索根本不存在，正如俗語有說：「日有所思，夜有所夢。」要不是「日有所思」的專心思考，也就不會「夜有所夢」的獲得成功了。

針對商業工作者的情況來說，所謂專心思考，簡言之，就是要做到銳意革新創業。否則，很難有什麼洞察和捕獲生意機會的靈感；或者，即使機會就在面前，也是視而不見，當然也就沒有什麼鴻運可言了。故常言道：「機會總是留給有準備的人」的道理。

四、從學習到超越

商業工作者應該如何向他人學習？較為有代表性的主張是：先學習，後超越。並認為：學做生意或想生意做得好，最可靠和最明智的方法，就是先觀察、學習利用別的同行們經過實踐證明是成功或失敗的經驗，隨後，再獨立思考和擬訂自己的生意方案，努力刻苦奮鬥，最後，在各方面去努力超越同行。

（一）學習的課題

上面所指出的見解雖然有道理，不過，在實踐方面，還有一些值得學習的課題。

第一，學習別人成功的經驗，不能簡單照抄。各家公司具體情況不同，各家公司的經理人員的經驗、資歷與才幹亦不盡相同。因此，別家公司成功的經驗，不可能完全適用於本公司。退一步來說，即使完全適用於本公司，但是，這樣做的結果，頂多也只能跟著別人走，不可能超越，在同業競爭中是不可能獲取勝利的。

第二，既要採用別家成功的經驗，同時又要使之適合本公司的實際需要。這裡所說的實際需要，不能圖一時之方便，而是要改進別家公司的成功經驗，使之在本公司的實際工作環境中能夠順利推行。所以商業工作者每當觀察和研究別家公司成功的經驗時，既要瞭解他們哪些做法是成功的，哪些做法是消費者們所不喜歡的，從而進一步合理推斷，應該實行哪些變革和改進措施。只有這樣做，才能切實解決實際需求，做出正確決策，也才有生意成功的希望。

第三，不受束縛，刻意變革。把細心觀察學習而獲得的他人成功經驗，反觀自己公司的不足，有意識地進行變革、改進。有時候，非常細微的改進，也會收到巨大的效益。下列兩家美國公司就是很好的例證。

（二）溝通與服務

實業家查理·N·阿倫辛(Charles N Aronson)在紐約開業時，成功地研製好幾種「焊接定位裝置」（Welding Positioners）。他的產品較競爭者之同類產品的售價要高得多，但是，他善於與消費者溝通，交貨快速、準時，是競爭對手無法做到，所以他做得非常成功。也就是說，競爭者雖然能夠取得類似的技術，卻無法掌握溝通與服務的優勢。

還有，蒙哥馬利·華德（Montgomery Ward）原先只開了家普通零售商店，由於進行了一些細微的變革，不外乎就是率先向來店消費的顧客提供品質保證，表示願將價款如數奉還的保證。這在別的業者看來只有瘋子才會做這樣的蠢事。消費者的反應卻非常好，大部分的消費者並沒有利用這一創新的擔保而向他提出不合理的要求。蒙哥馬利·華德為消費者利益著想，消費者也沒有令他失望，最後，他所獲得的成功是如此巨大，導致提供「使用擔保」的概念逐漸成為零售業務不可或缺的銷售條件。

由此可見，即使是看起來在交易溝通上的十分細微變革，只要能滿足消費者需要，就可以取得成功。當然有時也會需要進行大刀闊斧的變革，才可以完全符合消費者的期望。到底要不要這樣做，則須看具體情況而決定了。這是值得每位商業工作者深思的。

思考問題

1. 何謂創造力？
2. 創新會有什麼風險？
3. 如何應付商業的適時應變？
4. 何謂創新三步曲？

02 交易溝通說服力

　　根據本節的「交易溝通說服力」主題，我們要進行以下三項議題的討論：

　　1.說服能力的基礎
　　2.面對說服的問題
　　3.說服能力的展現

　　說服能力雖然是商業溝通工作者必備的要件，事實上，並沒有一個標準的準則，重要的是，要有適當的溝通技巧、隨機應變的能力以及隨機應對的態度。這是美國約翰·伍爾夫研究社（John Woolf Research Society）定義的。他們曾訓練過無數的售貨員，教他們說服的藝術。據研究社指出，有時最高明的技術行不通，而看似拙劣的方法卻大行其道。

一、說服能力的基礎

　　說服能力實際上反映的是商業工作者說話的溝通藝術。長期以來，行銷工作者往往把說話的能力看成只是「說」，實際上，要想學會「說」，必須先學會「聽」。「說」和「聽」是一體兩面，要想提高說服力，光掌握其中的一項說的技巧是不夠的，不會「聽」的生意人，肯定也不會「說」。因為，只有掌握「聽」的藝術之後，才能

準確地瞭解別人的思想和感情，並對症下藥；而唯有掌握「說」的藝術之後，才能清晰有效地表達自己的思想感情，實現有效的溝通和瞭解。我們就從「聽」和「說」兩方面來看談話和說服的藝術。

（一）學會聽

要想學會「聽」，最有效也最難掌握的方法就是順從對方，其要領是，即使你不同意對方的觀點，也要從對方的話語中，找出某些合理的成分並予以贊成；即使別人的批評聽起來多麼地不合情理，也要從中發現一些眞理的成分。這樣你反而能夠轉敗爲勝，而對方也會更樂意坦誠地傾聽你的意見。可見如果你要想獲得他人的尊重，你必須首先尊重他人。當然這必須以自尊爲前提。

學會「聽」的第二個要素是學會「移情或同理心」（Empathy）。所謂移情是指你努力把自己置於他人的處境中來瞭解他人的思想。這方面主要包括思想移情和情感移情兩方面。這方面的建議在本書的「移情」部分已給予必要的探討。

學會「聽」的第三個要素是要學會探詢。所謂探詢是讓你透過一些得體而關切的問題，更瞭解對方的思想和情感。你可以請求對方告知有關其消極情緒的更多情況。因爲絕大多數人都不敢當著你的面，自覺地提起那些問題，如果你能以眞誠、溫和又不卑不亢的語氣向對方表明自己的心意，這將有助於對方坦誠地流露自己的思想感情。

在心理諮詢師的眼光裡，在溝通中「聽」比「說」更爲重要，但二者是缺一不可的。當你透過「聽」瞭解了對方的思想和情感後，要想說服對方，還要藉助於「說」才能完成你的目標。

（二）學會說

要學會「說」，首先不應急於與對方爭論，也不應急於爲自己辯白，而應首先用中性的表述方式，使對方增加對你的理解。如果在

表達消極的感情時，可以說：「我感到自己被誤解了」；在表達希望時，可以說：「我希望你能明白我的意思」。其次，可以用撫慰的方法達成相互間的溝通，透過對對方的關懷與理解，把友好的訊息傳遞給對方。實際上，生氣和關心並不是相互對立的，假如在交易溝通中，你總能以禮相待，表示了對對方的尊重與欣賞，那麼對方也能體諒到你的心意，這樣就更容易消除分歧，為解決行銷交易問題打下很好的基礎。

二、面對說服的問題

在商業溝通中，我們通常要面臨的問題或困難，就是如何說服對方。這是一種藝術，也是交易成功的根本。工作和生活中，我們往往感到苦惱，因為有時候，就算是雙方都出自善意，也常因對話語的不同理解而產生誤會。

我們和對方交談溝通時最感困難的事，莫過於能否正確地把自己的意圖傳達給對方。要想正確地傳達意圖，表達思想進行學習不斷地分析，排除正確溝通的障礙。

（一）排除自我偏見

商業溝通工作者一定要摘下有色眼鏡。或許有人認為只要用詞正確，就能正確地表達自己的真實情感，只要不錯用字典上詞語的定義就能避免誤解，這種想法是不正確的。用詞一定要準確，但僅僅如此是絕對不夠的。應該更加注意的是：聽者的思維方式、立場觀念和文化背景等問題。

每個人都會受觀念的支配，凡事都不可能用絕對客觀、絕對公正的眼光來看待。當聽別人說話時，不可能完全接受聽來的東西，就像戴著有色眼鏡看風景，將影像都要加上自己的顏色，何況在生意上雙方都有自己的立場。說話者雖然一心一意地想正確傳達自己瞭解的事

實真相或自己的意圖，但如果不考慮到聽者的立場、觀念，就容易在傳達和接受之間產生扭曲，以至於不能達到預期的目的。

（二）經驗與主觀問題

此外，個人經驗的不同也是正確溝通的障礙。雖然我們在說話時，竭力想使自己的話客觀些，但還是免不了要受自己過去經驗的影響，當別人說話時，更免不了用自己的經驗來判斷和接受。因此，要說服對方，首先就得摘掉自己的有色眼鏡，以說服對象的立場、觀點、感受等作為出發點，循循善誘，從而說服對方。

說服對方的另一個問題，是要消除先入為主的觀念。有些行銷工作者在說明會上習慣用專業的話題作開場白，以為這樣的話題能顯示自己學問很好，但往往適得其反，聽眾連對方講的是什麼都聽不懂，那他還聽什麼呢？面對這種情況，聽眾唯一選擇就是離開。談論的問題越難懂，就越不容易吸引聽眾的注意和興趣。只有共同關心的話題，或對方親身經歷的，或與切身利益有關連的問題，才能消除演講者與聽眾之間的意識差別，縮短彼此距離，使聽眾對說話產生親切感，從而積極、坦誠地溶入你講話的內容中。

很多人對行銷說明會或開會聽報告不感興趣，報告人講話時，台下的人總是交頭接耳或閉目養神，等休息時間才變得有精神。聽眾為什麼會這樣，說話者要問問自己了。如果要消除聽眾的無聊情緒，就必須在開場白的時候抓住聽眾的心，以聽眾關心的、感興趣的事情為中心，時時加以觸動。激發聽眾的參與之心，對消除先入為主有著很大的作用。

（三）消除顧客戒心

要說服消費者就要消除他們懷疑會被生意人「佔便宜」的戒心。毫無疑問，對聽眾若不加以分析，溝通就會遇到重重阻力。捨得花功夫瞭解顧客心理的行銷工作者與不願在這個問題上花功夫的人相比，

區別是很明顯的。因此，顧客的戒備心如何消除是行銷工作者的最大難題。人們或許看到行銷工作者走過來就往往會這樣想：這個人又想從我這裡大撈一票。這不一定是出於惡意，但卻阻礙了對成功行銷的績效。這時，問題的焦點就是如何打消顧客的這種念頭。

在這種情況下，精明的行銷工作者往往會製造一種有利於消費者的觀念，他會說：「雖然，我們是要賺一點工錢，可是你將得到更多的好處。」然後，他具體說明和解釋好處之所在，以便打消顧客內心認為：又要賺我的錢的排斥念頭；同時輸入新的思想：雖然我賺了些錢，但顧客得到的好處仍然不少，從而打消對方的戒備或偏見。

（四）互惠性的忠告

上面所指的策略是所謂「互惠性的忠告」（Reciprocal advice）或者「雙贏的告白」（Confessions of a win-win），忠告的主要目的在於指出對方的觀點或考慮不周的地方，並加以適當的解釋，期望獲得諒解。這方面的技巧很難把握，運用不好會產生負面效果。

由於雙方在剛開始時，聽者對說話者採取了警戒的態度，所以行銷者說話應該一面巧妙地疏導和鬆懈對方的戒心，一面小心地加以適當的忠告，說明利害關係，這樣對方就比較容易接受。切忌指責與批評對方，這會讓氣氛變差，會使對方遷怒於你。所以忠告時應把握好尺度，真誠懇切而又平心靜氣地向對方陳述，使對方信任你、感激你，從而說服對方。

（五）用事實說話

事實勝於雄辯，因為事實最具有說服力。但是，在我們說話的時候，並不能夠隨心所欲地讓事實馬上呈現。因此我們只有舉出具體例證使聽者接受和同意，在描述時必須尊重事實真相，否則效果會適得其反。因此，要想得到聽者的共鳴、共識，一定要利用聽者熟悉的事物或切身體驗。如果把事實比喻為主體，語言便是線或面，想用平面

的語言表現立體的事實，就得用多角度的方式把語言組合起來，以使聽者看到事實。

聽者本身的生活經歷，或非常熟悉的事例，是最逼真的，也最容易引起對方的共鳴。總之，要說服對方，需要說服者具有敏銳的思維，精細的眼光，多角度的分析和誠懇親切的態度。

三、說服力的展現

行銷工作者的說服力發揮，就是以自己對商品的信心去影響顧客。要使買賣經營成功，展現說服力是非常重要的。

（一）有效的互動

行銷工作者說服力的展現，首先要從與消費者的有效互動開始。如果有一位消費者在買東西時對你說：「你賣的東西太貴了，別家都打八五折優惠，而你卻不打折，真不通情理！」這時候你該怎麼辦？若以八五折賣就沒有利潤，要做賠本生意可是不行的；可是如果這時你只說：「不能再便宜了！」，那麼顧客就可能會到別家去買了。因此，不管如何，都要想辦法說服顧客：「這個價錢是最低價格了，如果再打折，我們可要賠本，總不能叫我們血本無歸。所以這是合理的價錢，而且我們還會做最完整的售後服務。」做買賣就要像這樣，把自己的立場說清楚，並盡一切力量說服消費者。

臺灣民間宗教所以興旺，是一個好的行銷研究案例。有好的信仰還不夠，再加上信眾的熱心見證（說服力），才能得以發展，否則就很容易衰微。行銷工作更是如此，要有強而有力的說服力，必須對自己的商品的優良品質有自信，價格也是絕對合理，這樣才能說服顧客：「這價格絕對不貴，若再減價，相對地售後服務就沒辦法做。別家商店便宜，是因為他們會忽略這項服務的。」像這樣「互惠性忠告」，反而會引起顧客的共鳴和支持。嚴格來說，缺乏說服力的人，

是沒辦法在商業界生存的。自己覺得難過，也徒然打擾別人。

（二）機智的行動

有效的互動之後，許多時候行銷工作還要配合機智的行動。有時候只靠語言說服他人是很難的。有效的說服，必須視情況而定，運用各種方法，才能達到目的。

舉例來說：一休和尚從小就機智過人，並且經常教導別人。但是，有些人卻認為他年輕氣盛，太過驕傲。有一天，有一個人就質問一休說：

「一休和尚，真的有地獄和天堂嗎？」

「有！」一休和尚回答說。

「可是，聽說不論是地獄或天堂，在死亡以前誰也不能去，是這樣的嗎？」

「對！」

「一個人如果在生前做了壞事，死後會越過刀山等難關，然後進入地獄。而所謂極樂淨土，是在距此『十萬億里』的遙遠之境，我想，像我這樣瘦弱的身體，別說極樂淨土，恐怕連地獄都去不了，你認為如何？」

一休和尚被這樣一問。仍泰然地回答說：

「地獄和天堂都不在遙遠的地方，而是存在於眼前的這個世界。」

這個人於是又說：「不對。你說地獄、天堂都在眼前，但是我看不到。像你這樣年輕的和尚，還是不能把真實情形讓我完全明白吧？哈哈……」

被人嘲笑之後，一休和尚很氣憤地說：

「你看我年輕，就想欺負我嗎？」

說著抓起一條繩子，走到那個人背後，把繩子套在他的脖子上，並用力地勒緊。然後問道：

「怎麼樣？你現在覺得如何？」

被勒住脖子總是不好受，這個人於是哀叫：

「痛死了，我明白了，我明白了。這是地獄，對！這就是地獄！」

於是一休把繩子解開後，又問他：

「現在這個情況又是什麼？」

那個人喘了一口氣，回答說：

「現在就像是在極樂淨土的天堂一樣，我明白了。原本以為你年輕，一定不能解答這個問題。現在我知道錯了，我鄭重道歉。以你的才華，一定能出人頭地的。」

一休和尚當時既然用言語不能使他瞭解，只好以行動來說明意思了。結果，以簡單的行動配合智慧的話語，就能使對方深刻地認清其中的道理，並且心服口服。一休和尚的案例不見得適合應用在展現行

銷說服力，但是，其機智的行動值得借鏡。

　　總之，不同的情形，行銷工作有不同的表達方式。如何有條理地說服對方，使其信服，這點在經營的觀念上，也是十分重要的。掌握對方的性格、情緒，不存說服之心地去說服，才有成功的可能。

　　行銷工作者及消費者都是感情的動物，所以在情緒不好的時候，就很難作正確的判斷。有時候，只憑一時的衝動作判斷，來決定一件事情，如果這樣就能成功，同時不麻煩任何人，這樣也就沒什麼了；但是，像這樣憑著一時行動的判斷，在面臨重大問題時，就令人擔心了。尤其是公司的經營者，或站在指導立場的人，萬一也陷入這種情況，就更容易造成問題了。

思考問題

1. 如何學會聽？
2. 如何學會說？
3. 何謂互惠性的忠告？

03 交易場上的生意開拓

　　根據本節的「交易場上的生意開拓」主題，我們要進行以下三項議題的討論：

　　1. 讓交易溝通上路
　　2. 取得交易的利器
　　3. 避免交易的危害

一、讓交易溝通上路

　　商業工作者的重要任務是，能夠順利讓交易過程上路。這項任務可以從以下三項議題進行討論：1.培養溝通氣氛，2.把握機會，以及3.營造氣氛。

（一）培養溝通氣氛

　　培養溝通氣氛是生意活動的第一項任務。這類似一篇論文的導論，又像餐廳的開胃小菜，其目的是為接下來的討論營造良好的氣氛。

　　許多人在交易前應酬的時候，有著與平日截然不同的表現。例如，有的人平日道貌岸然，但在交易前應酬遇上美麗的女性，卻是換了個人似的。

所以說，交易前應酬有助於觀察對方，起碼能把人看得更透徹。要觀察人，首先得讓對象有較多的表現，才能看得清楚。有的人以為交易前應酬不是正式的場合，可以隨意些，加上一些酒意，便會露出一些本性。

無論是生意上的合作夥伴抑或競爭對手，看得更清楚些都是很有用的，尤其是對性格的瞭解。性格，對行為有很大的影響。對性格瞭解，便可以作出較為準確的判斷。交易前應酬是互相觀察的時機，絕對不能掉以輕心。

（二）把握機會

生意的洽談，在某個情況下，應該速戰速決，這樣，對自己是比較有利的。所謂「在某個情況下」，指的又是什麼呢？一般來說，只要自己處於不敗之地，便是符合「速戰速決」的條件了。

在會議桌上一時談不攏，可以轉移到別的場所，伺機再談。美酒佳肴，加上絕色佳麗，會使人意志變得薄弱，警惕性也不那麼高，便是大好的機會。或者，先談另一筆生意，降低對方的警覺性，在影響較小的生意裡，自己主動作出讓步以達成協議，使對方的興致更高，這才提出原來在會議桌上洽談的生意，乘興而上，有利於雙方達成協議。

（三）營造氣氛

在交易上，為了達到某個目的，往往要營造氣氛。有的生意人，喜歡帶一位漂亮的女助手前往，這也是為了營造氣氛。

營造氣氛，自己需要在投入與不投入之間，謹守分寸。不投入，那是為了牢記本意，避免因為投入而忘記本來的目標，免得為了營造氣氛反而弄巧反拙。營造了氣氛，盡情投入，玩得盡興，便可能超逾了界線。不投入，完全把交易桌看成是會議桌，氣氛也很難營造得起來，對方也無法投入。

玩得盡興，但自己心裡清醒，心裡有數，進退有據。要求的是這樣的準則，無可否認，這是不容易做得到的。

有的人在會議桌上非常的嚴肅、理智，但是，卻能夠拼酒、唱卡拉OK、開玩笑，好像百無禁忌，只有冷眼旁觀的人，才會發覺，此人其實是始終謹守在底線之前。

交際應酬是正式會議的延伸，但又不等於正式會議；取代不了正式會議，卻比正式會議更有用處。在會議桌上和在應酬場所都應付自如，才算得上是一位比較全面的生意人。

二、取得交易的利器

（一）以退為進

交易之道，第一是以退為進。所謂「以退為進」，是在開始的時候，以聽為主，而且要專心地聽。這一招，對於初次見面的商場朋友，特別有用。

第一次見面，看見你聽得這麼用心，便會感到受尊重，心情愉悅，說話也特別多，這就達到了你的最基本的目的。

對手說話多了，等於向你提供大量資料。這些資料，有的要再作進一步的分析；有的卻要即時分析，例如有關對方的專長、喜惡、經歷、性格等等，透過分析，能即時把握得住，在接下來的交談裡，順勢而為，可以取得先機。

另外，生意人要在交易前應酬上得利，最好是充實自己的知識，平時對各方面的事物都多加留意，並且多動腦筋，盡可能加以消化，使自己成為博學多聞的人。有了好的基礎，透過傾聽對方的說話，知道對方的專長、善惡等等，才可以互相無所不談，使對方有遇到知己的感覺。在這個情況下，對方起碼會把你當作傾談的好對象，說話也滔滔而出，不亦樂乎。談笑風生，能為你提供更有用的訊息。

（二）幽默感

幽默，可以使氣氛活躍，拉近雙方的距離，並能給對方留有良好的印象。並讓對方知道你是一個頭腦靈活，處事不死板的人。

一般人都喜歡和有幽默感的人合作，就是因爲合作會比較愉快。有的人或者誤解了幽默的涵意，或者不懂得幽默的意義，結果，弄巧成拙，反成爲挖苦或搞笑，效果也變了樣了。

市面上亦有專門關於幽默故事的書，可以看一些。然而，幽默主要是與氣氛有著密切的關係，如果不注意氣質的改善，只是把幽默故事說出來，也不會得到預期的效果。

幽默，也要選擇適當的時間。在重大問題上，正在作嚴肅討論的時候，往往沒有幽默的空間。重大問題的討論告一段落之後的休息時間，大家吃點東西，作隨意交談，幽默就可以上場了。

（三）笑臉迎人

第三招是笑臉迎人。笑，是人類獨有的表情，能夠拉近自己與別人的距離。

剛開始踏足生意的人，也許分不清楚哪些是商業式的微笑，哪些不是，但是，只要觀察一下，漸漸便能夠區別。簡單地說，商業式的微笑，是外熱內冷的。

商業式的微笑，使用得多了，會有反效果。虛應故事的笑容，讓人覺得虛偽；「笑」不由衷不如面無表情。對著鏡子練習，讓自己看到自己微笑的感覺，當自己覺得很自然了，別人也一定能接受自己的笑容。

在生意場上，也有必要和交往的生意人建立友情，這也就是說，建立了相當程度的諒解，是有利於合作的。

把生意做好，除了依靠某些有關的法律條文外，也最好能建立一定的友情，在容許的範圍，開誠佈公，不要算計對方，但願雙方都能

夠在交易上獲利，互惠互利，這樣，臉上的笑容便會變得更爲動人，得到更好的效果。

（四）不靠自我感覺

作生意的各種場合，自信心是很重要的。自信心強，有的時候不需要說話，光是站出來，便很有說服力。

自信心與自我感覺是不是一回事呢？有的人便喜歡以「自我感覺良好」來表示自己有信心，這些人，只是「自我感覺良好」，便可以做任何事情。

在身體健康方面，醫生已經屢次提出告誡，「自我感覺良好」是不足夠的，起碼，自我感覺只是身體是否健康的一個面向，但這種感覺良好，不一定等於身體健康。

感覺，有時會欺騙我們；或者說，感覺，有時會隱瞞了病情。我們不能不理會感覺，例如，身體某處有痛的反應，便要看醫生，要檢查出身體到底到什麼毛病，及時加以治理；但是，我們不能完全依靠感覺，第一，不能「頭痛醫頭，腳痛醫腳」；第二，不能因爲自己沒有不好的感覺而判斷自己健康良好。

在生意場合也不能光憑感覺辦事，例如；自我感覺良好；例如，對某個人的感覺不好；再例如，對某個生意上的合作感覺很壞等等。感覺，只是整體的一部分，切勿看成是全部。

自我感覺良好，即使人家也附和說：「哦，你今天的氣色不錯!」亦不能就此充滿信心，得反覆自問：策略是否沒有問題？運作是否順暢？執行者是否把持準確？市場因素是否沒有改變等等。

三、避免交易的危害

（一）避免個人情緒

生意的交際應酬，切忌牽動個人情緒，偏偏有些人，在應酬時，

容易引發個人情緒，嚴重的，甚至一發不可收拾。

交際應酬，有時會使人產生錯覺，以為交談的都是自己的好朋友。應酬的場所，常常是吃喝玩樂之地，客觀的環境告訴我們，那兒不適合作正式的討論。

相反地，應該輕鬆些，在這個情況下，話題也變得比較寬，相對而言，便是無所不談了。這和好朋友之間的交談，有某種程度的相似，因為，好朋友見面，也是輕鬆、無所不談的。在好朋友之間，即使能夠做到無所不談，但也未必需要能夠做到無所顧忌。

在生意應酬上，如果牽動了個人情緒，就是顧忌之心已經減少了一部分。牽動了個人情緒，便會變得比較感性，比較隨意，容易暴露了自己的弱點，讓生意上的對手有機可乘。

所謂「英雄難過美人關」，千萬不要被旁人的話所迷惑而自認是英雄，使自己變成不夠客觀，還有，美色當前，人若是迷失，便無法控制大局了。

每個人都有缺點和弱點，生意人互相都在尋找對方的缺點和弱點，如果有人自己送上門，那當然是求之不得。

（二）避免意外

在交際場合，生意人一定要能夠控制自己的情緒。和正式會議比較起來，生意人在交際場合控制情緒可能是更不容易的。

在正式會議之際，生意人是不會鬆懈下來，於是，情緒也不會出問題，到了交際場合，如果警惕性減弱，就會鬆懈而出現問題，發出了對手期待已久的訊息。

生意人畢竟是人，不能所有時間都保持理性，對這一點，生意人要有清楚的認識，不能過分信任自己。如果交際是在晚上進行，或者，在同一個晚上要出席多個交際場合，就要更加注意。

（三）金屬疲勞

我們都知道金屬疲勞會發生什麼情形。金屬疲勞，在外表上是不容易看得出來的；疲勞的金屬，可能還會發出誘人的光澤，然而，誘人的光澤下蘊含著危機。一架飛機在空中掉下來，很有可能是因為金屬疲勞。

人，只是血肉之軀，倘若不僅是疲勞，更是極度疲勞，那麼，便可能發生自己預期以外的崩潰。一些司法人員，對嫌疑犯的審訊，採用「疲勞轟炸」，目的也是使嫌疑犯的防線崩潰，而能順利取得口供。

這方面，生意人的健康也是很重要的。健康和魄力是成正比的，身體不好，容易疲勞，意志力減弱，也就是說，防線也變得不可靠了。對此，生意人要時時注意自己的身體並警惕自己。

思考問題

1. 要如何培養溝通氣氛？
2. 營造氣氛時，要如何謹守分寸？
3. 在交易時，何謂以退為進？
4. 如何分別商業式微笑與否？

小故事大道理

在「第七章掌握交易的溝通」裡，我們要與讀者分享一則故事：小故事大道理。

在行銷行業裡，有許多「老前輩」總喜歡倚老賣老，來否定他人的創見，其實，「老前輩」的經驗值得新人學習，但年輕一代的新見解、新創見，不也是值得「老前輩」研究及重視的嗎？兩代人的思想交流，一定可以惠及整體行銷行業。

法國英雄人物拿破崙將軍遇到了軍事管理難題，他就獨自一個人微服外出，往貝茨山找一位名叫大傀的智者。結果在半途上迷路了，他看到一位放牛的牧童，拿破崙問道：「小孩，貝茨山要往哪個方向走，你知道嗎！」

牧童說：「知道呀！」於是便指點他路怎麼走。

拿破崙又問：「你知道大傀住哪裡嗎？」

他說：「知道啊！」。

拿破崙吃了一驚，便隨口說：「看你小小年紀，好像什麼事你都知道啊！」接著又問道：「你知道如何治國平天下嗎？」

那牧童說：「知道，就像我放牧的方法一樣，只要把牛的劣性去除了，那一切就順暢了呀！治國不也是一樣嗎？」

拿破崙接著又問：「那又如何平天下呢？」

牧童笑著回答：「只要讓牛吃得飽，睡得好，不要折磨牠們，

那一切就平安無事呀！平天下不也是一樣嗎？」

　　拿破崙聽後，非常佩服：「真是後生可畏，原以為他什麼都不懂，卻沒想到這小孩從牧牛經驗中得來的道理，就能理解治國平天下的方法。」

　　在企業裡，有許多「老前輩」總喜歡倚老賣老，開口閉口：「以我多年的經驗……」，來否定他人的創見，以為新人太嫩，社會閱歷不多，要求他們絕對服從。其實，「老前輩」的經驗值得新人學習，但年輕一代的新見解、新創見，不也是值得「老前輩」研究及重視的嗎？正所謂：活到老，學到老。兩代人的思想交流，一定可以惠及整體企業。

　　話說回來，牧童所說出的「治國平天下」道理，拿破崙都懂，他隨後的政治卻失敗了，所以證明了一點：他做不到！

NOTE

Chapter 8

掌握服務的溝通

01　滿足顧客服務的需要

根據本節的「滿足顧客服務的需要」主題，我們要進行以下四項議題的討論：

1. 顧客需要的基礎
2. 顧客需要的層次
3. 影響需要的因素
4. 滿足顧客的需要

探討滿足顧客（消費者簡稱）的服務需要，通常會引用心理學家馬斯洛的需要概念為基礎，本節也從需要概念架構開始。馬斯洛認為，人類生活組織的主要原理，乃是從基本需要按優勢或力量的強弱排成等級，從低處往上爬升。根據商業溝通工作的需要，我們把它簡化為三個階段：基本的需要，歸屬的需要以及尊重的需要。

消費者對於需要的主要原則是：當前的迫切需要一經滿足，相對更高層次的弱勢的需要便會出現。例如，生理需要在尚未得到滿足時會主宰個人，同時迫使個人的所有能力為這項需要服務，並整合個人的能量，以使服務達到最高效率。相對來說，滿足了這些需要，使下一個階層的需要得以出現。後者繼而主宰、組織這個人，結果，他剛從飢餓的困境中掙脫，繼而又為安全需要所困擾。上述原則也同樣適用於歸屬與愛、自尊以及最後完成自我實現等比較高層次的需要。

根據這個原則，行銷工作者要認知：一旦購買了真皮的皮鞋穿在腳上，除非例外，例如需要休閒或運動之用，顧客不會購買廉價的皮鞋；或者，項鍊專櫃行銷工作者絕對不會向一位掛珍珠項鍊的顧客推銷人工項鍊。這是行銷工作者滿足顧客需要的基本概念。

一、顧客需要的基礎

需要是人腦對生理和社會要求的反應。人具有生物屬性，又具有社會屬性。人類為了生存和發展，必須滿足其基本需要。當個人的基本需要得到滿足時，則處於相對平衡狀態。這種平衡狀態有助於個人保持心理的健康。

人是一個生物，為了生存、生長和發展，必須滿足一些基本的需要，例如食物、休息、睡眠、愛情、交往等。當人的這些需要得到滿足時，就處於一種相對平衡的心理狀態，反之，則可能陷入緊張、焦慮、憤怒等情緒中，從而會影響個人的生活。

每個人都有一些基本的需要，包括生理的、心理的和社會的。心理學家為了更清楚地解釋和說明人類的行為及其動機，許多學者試圖將人的需要提升為概念層次。在需求的描述裡，最常被採用的需要概念是馬斯洛的人類基本需要概念。美國學者馬斯洛(Abraham Maslow)，是當代最著名的心理學家，享有「人本心理學之父」之稱。他於二十世紀四○年代提出之人的基本需要層次論，在社會心理學界產生廣泛的影響，並為需求概念和實踐奠定了重要基礎。他認為人有許多基本需要，當這些需要不能滿足之時，需要取得外在的協助，此刻，行銷工作者能夠適時提供服務。

二、顧客需要的層次

馬斯洛將人的基本需要按其重要性和發生的先後順序列成五個層次，並用「金字塔」的形狀加以描述，形成「人類基本需要層次概

念」（hierarchy of human basic theory）。

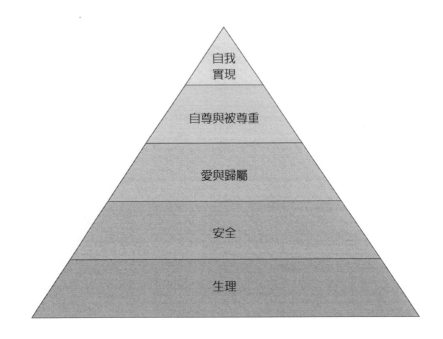

（一）生理需要

　　生理需要是人類生存最基本的需要，它包括對生活中的水分、食物、休息、睡眠以及避免疼痛等需要，如果這些需要發生了變化，需要的反應會直接發生在生理上。在考慮各種需要時，應首先考慮生理需要。生理需要在所有需要之前，因爲缺乏這些，人類便無法生存。如果非常疼痛，一個人便無法休息、睡眠，無法思考其他事情。所以生理需要是需要層次中最低層的需要。這項需要包括日常生活用品，一般具有經濟自主能力的人會自己透過消費來滿足生理用品的需要。

（二）安全需要

　　安全需要是第二層次的需要。當生理需要得到滿足時，安全需要便會產生，並逐漸變得強烈。安全需要包括生理安全和心理安全兩個

部分。前者是個人需要處於生理上的安全狀態，需要購買保護避免身體傷害的商品；後者是指個人需要心理上的安全感，希望得到別人的信任，並避免恐懼、焦慮和憂愁等不良情緒。一般情況下，人們希望有熟悉的生活工作環境，會覺得心理上有安全感。人需要安全、有秩序、可預知、有組織的環境，不被意外及危險的事情所困擾。此時，行銷工作者能夠有效提供包括舒適的居住環境、安全的食物與交通工具、健康的保障等商品。

（三）愛與歸屬的需要

愛與歸屬的需要是第三層次的需要。愛與歸屬的需要是個人需要去愛別人和被別人愛，希望被他人或社會接納，以建立良好的人際關係。否則，個人會產生孤獨、自卑和挫折感，甚至絕望。對人類而言，這是相當重要的需要，是不容置疑的。希望和周圍人們友好相處，成為群體的一員，希望得到他人的信任和友愛。沒有愛的接觸或情緒的連結，人就算在生理與安全上的需要均已滿足，但仍不會有良好的成長。基於此，馬斯洛發現：一個人潛在的生長和發展能力會因缺乏愛而受阻。根據此時的需要，行銷工作者可以提供消費者適當的社交環境與工具、提升人際關係的諮詢等等服務性與精神取向的商品。

（四）自尊與被尊重需要

自尊與被尊重需要是第四層次需要。個人既希望自己擁有自尊，視自己為一個有價值的人，又同時希望被他人尊敬，得到他人的肯定、認同與重視。尊重的需要對促進心理，尤其是心理相關需要的滿足，屬於高層次的需要，例如，提高個人品德與工作能力，爭取穩定與更高的職位以及取得團體認同與肯定等等的諮詢服務，雖然不是一般行銷工作者所能夠提供，還是值得具有前瞻眼光的行銷工作者的努力目標。

（五）自我實現需要

自我實現需要是需要的最高層次。這是個人的潛能得到充分發揮，實現自己在工作及生活上的願望，並能從中得到滿足。當所有低層次的需要都得到滿足後，才能達到此境界。這項最高層次的要求，例如，維護高職位與高名望，維持人在更高境界的忠實友誼以及個人成就的延續等等，這些諮商顧問性質的服務，更不是一般行銷工作者所能夠提供的，同樣是鼓勵具有潛力的行銷工作者努力爭取的目標。

各層次需要從低到高，一個層次的需要相對地滿足了，就會向高一層次的需要發展，越到上層，滿足的百分比越少。但程序不是完全固定的，在同一時期內，幾種需要可同時存在，各層次的需要相互依賴與重疊。高層次的需要發展後，低層次的需要依然存在，只是對行為影響的比重減低而已，每一時期內總有一種需要占有支配地位。

三、影響需要的因素

消費者個人的基本需要的滿足程度與心理狀況密切相關，當人的基本需要不能得到滿足，就會直接或間接影響其生理功能，甚至造成疾病。所以，瞭解阻礙顧客的基本需要滿足的因素是非常必要的。許多因素均會在不同程度上影響需要的滿足。

（一）生理因素

影響需要的生理因素，例如，各種疾病、疲勞、疼痛與生理殘障等，這些均可導致若干需要不能滿足。如腦出血的顧客常出現頭痛、噁心、嘔吐、半身不遂、失語等，影響了氧氣、營養、休息、安全、活動、溝通等基本需要的滿足，長期治療又會進一步影響其自尊和自我實現需要的滿足。這項影響需要的生理因素提供行銷工作者規劃行銷策略的參考。

（二）心理與情緒因素

影響需要的心理情緒因素，例如，焦慮、興奮、害怕等均會影響人體需要的滿足。狀況包括過度的焦慮會引起食慾下降、失眠、注意力不集中，進一步又會影響其營養的攝入、工作與學習的效率等，使顧客個人基本需要無法得到充分的滿足。

（三）認知障礙和知識缺乏

影響需要的認知障礙和知識缺乏因素，例如，缺乏相關知識、資料或資訊，會影響人們正確的商品認識、識別自我需要，以及選擇滿足需要商品的途徑和手段。個人的認知水準較低時，會影響有關資訊的接受、理解和應用；同時，如果衛生保健工作者未能提供充足、有效的資訊和知識，也會使需求對象（顧客）處於知識缺乏狀態，從而影響其基本需要的滿足。例如，一位營養知識缺乏的顧客無法正確選擇有利於自己身體的食品。

（四）社會因素

影響需要的社會因素，例如，緊張的人際關係、缺乏有效的溝通技巧、社交能力差或群體壓力過大等，容易影響愛與歸屬的需要及自尊需要等等。這項社會因素值得行銷工作者的重視。

（五）環境因素

影響需要的環境因素，例如，顧客在陌生的商業環境、光線和溫度不適宜、通風不良、噪音、環境污染嚴重等，會造成個人的不適而影響商品需要的滿足。因此，在環境不良商場的顧客，會由於不適應商場的照明不足、各種設備的噪音干擾而無法自在地觀察與選購商品。

（六）個人因素

影響需要的個人因素，是指消費者個人的習慣、信仰、價值觀和生活經歷都會影響其個人需要的滿足。例如，長期素食者可能會需要行銷工作者提供補充蛋白質相關商品。而一位安於現狀又不思進取的人會影響其自我實現的商品的需要得到滿足。

（七）文化因素

影響需要的文化因素，是指社會的風俗與群體的習慣，例如，一位迷信的人需要採購商品時，很可能先去求神的指示而不直接去消費，這樣顧客可能因此被延誤食品的補充而影響身體需要的健康。

四、滿足顧客的需要

商品需求的功能是滿足顧客的各種需要，所以基本需要概念已被商業工作者廣泛地應用於顧客需求的各個行銷領域。一方面，可以界定需求的範圍和任務；另一方面，可以為行銷工作者識別顧客和其他服務對象的需要提供了規範，指導行銷工作者評估顧客未被滿足的需要，能更加強對顧客需求的服務。

馬斯洛的需要概念認為，人類不僅有生理需要，而且還有心理、社會、精神、文化和人生價值實現的需要，此觀點恰好與商品需求行銷概念一致。因此，需要概念被廣泛地應用在商業溝通工作中指導行銷工作者。

（一）需要的情況

在正常的心理狀態下，顧客能夠自己滿足各類需要，然而當心理出現問題時，有些基本需要就無法透過自己的能力來滿足了。行銷工作者應找出服務對象未滿足的需要，且需要行銷工作者提供協助和解決問題，以制定和實施相應的商品供需措施，幫助服務對象滿足需

要，恢復顧客的平衡和穩定。消費者心理狀態不良時，可能出現的未被滿足的需要如下：

1. 生理需要：包括氧氣、水分、營養、體溫、休閒和睡眠及避免疼痛等相關的商品需要。

2. 刺激的需要：顧客在身心狀態不良時，對刺激性的消費商品需要往往不積極，等恢復良好後會逐漸正常。長期單調的生活不但會引起情緒低落和體力衰退，智力也會受影響。所以，行銷工作者應注意滿足顧客刺激消費者的需要，及時做好準備應對策略，鼓勵與顧客保持溝通，安排適當的行銷機會。

3. 安全的需要：顧客在身心狀態不良時，對自己的安全需要的相關商品會大大降低，感到心理沒有保障，孤獨無助，甚至認為沒有人關心，擔心得不到良好的生活品質需求，擔心經濟問題等。行銷工作者應採取相應措施來避免顧客的消極態度，防止顧客的流失。更要增強顧客的信心，以便取得顧客對行銷人員的信任。

4. 愛與歸屬的需要：顧客在身心狀態不良時，常常會感到無助，沒有安全感，因此愛與歸屬需要的相關商品服務就會變得更加強烈。顧客希望能夠得到親友以及周圍人的關心、理解和支持，所以行銷人員應該與顧客建立良好的人際關係，幫助顧客與親友之間的溝通和建立他們之間的友好關係。顧客只有在獲得安全感和歸屬感後，才能真正去正常消費。

5. 自尊與被尊重的需要：顧客在愛與歸屬的需要得到滿足後，應該會受到尊敬和重視，而這兩種又是相關的。行銷工作者應充分尊重顧客，在與顧客的交往中要主動介紹自己，禮貌的稱呼顧客並重視顧客的意見，讓顧客從事能力所及的消費，使顧客感到自身的價值所在。同時，還要尊重顧客的隱私、為顧客保

密，尊重顧客的習慣、價值觀與信仰等等。

6. 自我實現的需要：自我實現需要的產生和滿足程度是因人而異的。對商品與服務需求確實是從低層次需要的滿足，為自我實現需要的滿足創造條件。行銷工作者應鼓勵顧客表達自己的個性和需求，幫助顧客認識自己的消費能力和條件，為達到自我實現的相關需求而努力。

（二）提供需要的協助

在滿足顧客需求時，行銷工作者應該把需求對象的需要做通盤的瞭解，在滿足低層次需要的同時應考慮高層次的需要，不能把各層次的需要分割開。同時，儘管每個人都有共同的基本需要，但滿足的方式不能千篇一律，並且同一個人在不同的生命階段對需要的滿足也有所不同，因而行銷工作者應把滿足個人獨特的需要作為需求的重點。

行銷工作者要仔細領悟和理解顧客言行，並預測顧客尚未表達的需要，進一步盡力協助解決。例如，顧客對特殊或新款商品產生疑慮，是安全需要的體現；顧客想替配偶及孩子採購禮物則是歸屬需要的體現；顧客擔心因健康因素影響工作或升遷，是自我實現需要的體現。

行銷工作者還要按照顧客基本需要層次，識別需求問題的輕重緩急，以便在制定提供顧客需求計畫時，妥善排列先後順序。一般而言，越是排在前面的需要越重要，越要及早地給予滿足。

總之，行銷工作者應首先滿足顧客生理的需要，然後逐步提升更高層次需要的滿足。應用溝通技巧和顧客建立積極的人際關係，並協助顧客建立良好的消費習慣，行銷工作者進行各種行銷行動時，應尊重顧客隱私。某些情況下，讓顧客做出自己的選擇，滿足顧客自尊與被尊重的需要；引導顧客正確態度消費，為自我實現需要的滿足創造

條件。需要層次論可作為行銷工作者評估顧客個人消費的概念。藉助這個概念，行銷工作者應該有系統、有條理地蒐集和整理資料，以便於各式各樣需求的參考。

（三）滿足顧客需要

行銷工作者應掌握滿足顧客基本需要的基本能力，並不斷加強學習和訓練使其更加完善，更周全地滿足和維護顧客的消費需要。幫助顧客需求滿足的途徑可採取以下三種形式：

1. 直接滿足顧客的需要。對於完全無法自行滿足基本需要的顧客，行銷工作者應直接採取措施滿足其生理和心理的需要。
2. 協助顧客滿足需要。對於只能部分自行滿足基本需要的顧客，行銷工作者應鼓勵顧客盡力完成需求，幫助其發揮最大的潛能，達到最佳的消費狀態。
3. 進行消費者心理建設。對於能滿足自身基本需要者，還存在某些因素影響需要得到滿足的顧客，應透過心理建設為顧客提供正確消費知識，消除影響需要得到滿足的因素，避免心理問題的發生而影響正常消費。

總之，無論行銷工作者透過哪種方式滿足顧客的需要，其最終目標都是希望他們達到正常和積極的消費態度，同時也讓行銷工作者獲得績效與自我成就。

思考問題

1. 試述馬斯洛之基本需要的五個層次。
2. 生理因素如何影響需要的滿足？
3. 認知障礙和知識缺乏如何影響需要的滿足？
4. 幫助顧客需求滿足的途徑可採取哪三種形式？

處理消費者的不滿

　　根據本節的「處理消費者的不滿」主題，我們要進行以下五項議題的討論：

1. 不滿問題的重要性
2. 價值因素造成不滿
3. 系統因素造成不滿
4. 人員因素造成不滿
5. 避免消費者的流失

一、不滿問題的重要性

　　俗語說：商場如戰場，知己知彼，方能百戰百勝。要獲得消費者服務的成功，我們首先要重視客戶的不滿問題，要知道哪些因素導致消費者不滿？哪些事情可能導致這樣的風險？讓經營者失去一個消費者、合作伙伴或者員工？我們可以從這個問題開始：「到底是什麼原因，使得消費者不滿？」，我們發現有三種類別的消費者不滿因素：價值、系統和員工，這些因素使得企業無法獲得消費者的忠誠滿意。

　　根據研究統計，在價值、系統和員工因素中，價值因素占消費者抱怨比率的三分之二。系統和員工因素則各占剩下三分之一的一半。

價值因素包括：

1. 保固很差，可能是沒有維修備品；

2. 品質低於預期；

3. 商品不值所付的價格。

系統因素包括：

1. 服務反應太慢，或者無法尋求協助；

2. 業務場所骯髒、雜亂；

3. 產品類型貧乏，或者缺貨；

4. 銷售地點偏遠、陳列不合理、停車不方便。

員工因素則包括：

1. 禮貌不足、不友善，或者心不在焉；

2. 員工的專業知識不足，或者不能解決問題；

3. 員工行為不端莊。

進一步的研究也證實，這幾類消費者不滿因素反應了不滿問題的重要性，同時，也可以找出消費者不滿的根源。現在我們來探討每一個類別。

二、價值因素造成不滿

消費者不滿的一個根本因素，是他們感覺從產品或服務所得到的價值不夠。換句話說，品質低的產品或馬虎的工作可能讓消費者極度不滿意。

（一）價值與價格

價值可以被簡單地定義為品質與所支付的價格之比。如果消費者在折扣店購買了一件價格低廉、用完丟棄的產品，例如，一支20元的原子筆，你不會因為它不夠經久耐用而感到懊惱。但是，如果你買了

一支2,000元的鋼筆，在你的襯衫口袋漏出墨水來，你肯定非常生氣。如果是汽車、家電產品或專業服務的大金額交易沒有達到你的要求，你將經歷一次價值因素所導致的不滿。給消費者提供適切的價值，這個主要責任在於企業的最高經營階層。因為是他們決定了企業賣出產品或服務的品質。

（二）價值主張

行銷工作者所稱的價值主張 (value proposition)：企業想要用來與消費者進行交換的東西，便是由他們所界定。在一個只有一個人的企業中，界定價值的品質/價格的公式由所有者來決定。如果你經營一個賣水果汁的攤位，用多少水果汁，加多少蔗糖由你決定，理想的辦法是你從消費者那裡瞭解到他們認為怎樣是最好的。如果你開一家汽車經銷店，你可以選擇賣新車，也可以專注於低單價、滿足基本運輸需求的二手車。這些策略中的任何一種也許都是可行的，但在消費者的眼中對於價值的認知：產品品質與價格之對比，可能是完全不同的。如果你提供代客記帳的服務，你可以聘請僅僅會把數據登錄到商業套裝軟體的職員，也可以聘請能夠給消費者提供財務規劃建議，而且經過認證的會計師。這兩種策略中的任何一種也許都是可接受的，但是消費者的價值認知一定不同。

雖然企業中的其他人可能對價值產生一些影響，但是，就確保恰如其分的價值主張來說，仍然是由最高經營階層承擔所有責任。

三、系統因素造成不滿

在消費者服務的話語中，「系統」這個詞是指，向消費者「交付」產品或服務的任一流程、手續或政策。系統是我們把價值傳遞給消費者的通道。

（一）非技術性因素

以上述的觀點來看，系統還包括以下一些非技術性的東西：

1. 公司地點、布置、停車設施、網路線路；
2. 員工培訓與人事配置；
3. 資料登記，包括處理消費者交易的電腦系統；
4. 有關保固和退貨的政策；
5. 配送或取件服務；
6. 商品陳列；
7. 消費者滿意度追蹤的手續；
8. 記帳與會計流程。

系統性的消費者不滿與消費者獲取商品和服務關連的任一流程、手續或政策相關。在大多數企業中，消除系統性的消費者不滿因素主要是管理階層的責任。這是因為系統的變更通常需要預算支出，例如，遷往新址、重新裝潢、增添人手，並加強培訓以及加強配送服務的效率。當然，非管理階層的員工也應當為系統變更提出建議。管理階層能夠從各個層級的員工那裡獲得有關系統變更的絕佳主意。

（二）系統錯誤

系統有多麼重要？每個企業需要系統才能進行正常的經營，有些人甚至聲稱消費者服務問題的大部分都是由於系統錯誤，或者不合邏輯的系統應用所引起。系統引起的消費者不滿必須由有職權進行調整的管理階層來解決。系統的缺陷啓始於公司交付其產品或服務的方式，這包括大量的基本因素，從產品選擇、企業所在的位置、作業流程、在消費者便利與舒適度上所做的努力、人員配置及員工培訓等等。使事情太過複雜會導致消費者對系統的不滿，如果交易過程太過

繁雜、效率低，會給消費者、員工帶來太多麻煩，他們就會經歷系統缺失的煩惱。消費者針對過長時間的排隊等候、服務低劣、員工作業不熟練、工作場所凌亂、標誌不清等的投訴，都是系統出問題的現象。

（三）服務緩慢

研究顯示：許多消費者的另一個主要抱怨是服務緩慢。消費者最先提起的不滿是服務緩慢或等待時間過長。現代的社會注重速度和效率，討厭冗長的過程。公司的系統決定了服務的速度，因為它們包括人員配置、動線流程、可使用性的交付效率、員工訓練的政策等等。實施與維護有效系統的責任在於公司的管理階層，因為系統的改變牽涉經費的支出，有關增加人手、提供額外培訓、改變或增加場地設施、實施新的交付方式或者重新安排營業場所的決定，都是由管理階層的批准。服務速度緩慢很容易引起消費者不滿，如果經過適當的調整與整理，而增加消費者的滿意度，所增加的營業支出很快就能得到回報。

四、人員因素造成不滿

人員因素，幾乎總是因為消費溝通問題所引起。員工不能適當的溝通，不論是語言方面，或者是非語言方面，都可能激怒消費者。

（一）不滿的因素

人員因素造成消費者不滿的例子如下：

1. 員工沒有問候消費者或者沒有對消費者微笑。
2. 員工之間互相聊天或者因為私人電話而中斷與消費者的對話。
3. 粗魯或者缺乏關懷的行為。

4. 讓人感到脅迫性的銷售手法。

5. 工作場所骯髒或凌亂，員工穿著不當或衣冠不整。

6. 員工有紋身。

7. 員工給予消費者的訊息不精確或者給人一種缺乏專業知識的感覺。

8. 任何讓消費者感到不舒服的訊息。

（二）消費者感受

公司各個層級的員工都可能成為消費者不滿的人員因素，在大多數情形下，這些因素發生是因為工作者不能理解消費者的感受。每個有志於在職業生涯獲得成功的人，都應當經常地學習溝通，即使是最微妙或無意識的行為，也可能傳遞錯誤的訊息，而導致消費者流失。每一個員工都有減少人員因素的責任，通常員工自己的行為所傳遞的訊息不會察覺不妥之處，培訓就能提升認知的能力，但最終還是員工個人決定他與消費者以及其他員工溝通的方式。當員工對自己傳遞給消費者的訊息毫無知覺時，就常常會發生由於溝通所導致的消費者不滿。

（三）態度與技能

具備優良消費者服務態度和人際溝通技能的人員很重要，有些成功的雇主常常將他們在其他場合遇到的服務出色的人員重金禮聘，這也說明了那些不會引起消費者不滿的員工的價值。另外一個替代的辦法是給員工提供溝通培訓，以幫助他們提升內涵，教導他們與消費者溝通的正確用語，但這種培訓效果有限，還是僱用優秀的交際者效果更好，因為人們總是以自己所習慣的行為方式進行溝通，改變是緩慢的，而且要付出相當的努力與代價。

改變溝通行為的最佳方式是透過提高認知服務品質的必要性，進

而塑造新的行為模式，讓員工嘗試新的行為，並強化所獲得的改進。公司可以從中獲益的做法包括：使用訓練手冊或標準化的表達語句，以及清晰地規定有關溝通中的禁忌，包括某些不可傳遞的訊息、術語或非語言行為。

五、避免消費者的流失

不滿的消費者，可能在剎那間流失。套句笑話，我有壞消息也有好消息，壞消息是：一般的公司每年流失10%－30%的消費者，主要是因為服務不好；我們的好消息是：這些不滿的消費者都跑到競爭對手那裡。

（一）流失的成本

消費者滿意度就像競選活動，人們用腳來投票。如果不滿意，而且還有其他選擇時，他們立刻轉頭走人。員工要經常與這些不快樂的消費者打交道，更要忍受著消費者不滿意的怨氣。當垂頭喪氣的員工受夠了消費者的抱怨而另謀高就時，公司就要付出代價，接受其他員工所帶來的成本與干擾。

學會計算消費者流失的成本。面對相對較差的消費者服務狀況，啟動有效的消費者保留計畫的公司，其利潤可能增長25%－100%。非營利組織或者沒有真正競爭對手的組織，則會享受到員工流失率下降、更好的財務狀況和更愉快的工作氣氛。喜歡也好，不喜歡也罷，消費者服務必將成為企業獲利的決定性因素，贏家與輸家會在這一點比較出高下。當糟糕的服務導致消費者流失時，會發生什麼情形？許多人並不真正清楚消費者流失的成本 (cost of the lost customer)，這個成本可以用多種方法來計算，但一定比我們意識到的要大許多。

（二）威廉斯夫人

　　爲了更好地瞭解消費者流失的成本影響，讓我們來看看一個大家都熟悉，但是容易忽視的例子：故事發生在一家雜貨超市，主角是威廉斯夫人，她是一位60歲左右的單身女士，多年來都在快樂傑克超市 (Happy Jack's Super Market) 購物。這個超市離家很近，產品定價也有競爭力，有一天，威廉斯夫人問農產品部經理：「索尼，我可以買半個萵苣嗎？」他望著她，就好像她有毛病一樣，然後他慢慢地回了一句：「抱歉，女士，我們只賣整顆的。」她感到有些難堪，但還是接受了他的拒絕。後來，她又經歷了其他幾個小的失望，例如她想要1夸脫（等於940毫升）脫脂牛奶，但他們只有2夸脫裝的，又例如當她付款時，收銀員對她視若不見，只顧與自己的同事聊天，讓她感覺更糟的是，這位收銀員突然問她要「兩種證件」（two forms of ID）才收她的支票。「他們把我當成什麼了！」，威廉斯夫人納悶，「一個嫌疑犯？」而且最後收銀員連聲謝謝也沒有。

　　威廉斯夫人那天離開這家超市後，就決定再也不去那裡買東西。雖然她多年來都在那裡購物，但是她突然覺得自己在那裡購物沒有受到重視與尊重。她感覺快樂傑克的員工根本不在意她是否在那裡購物。她每個星期在那裡花掉大約50美元，這可是她辛苦賺來的！但對於這家超市的員工來說，她只是另一個送錢來的人，根本不值得一聲誠摯的「謝謝你！」她是不是滿意他們的服務，似乎一直沒有人在意。但現在就不同了，今天她決定到別的地方去買雜貨。也許，另外一家超市會重視她的光顧呢！

　　這家超市的員工怎樣看待威廉斯夫人的行爲？他們沒什麼好擔心的，生活就是這樣嘛！有時，你得到了，有時，你失去了。快樂傑克是一家大型連鎖超市，有沒有威廉斯夫人無所謂。再說，她有時脾氣有些古怪，還常有些莫名其妙的特殊要求：誰聽說過要買半顆萵苣的！沒有她每星期來這裡花的50美元，快樂傑克照樣生存。店員也不

想惹惱她，但像快樂傑克這樣的大公司也不能爲了避免一位老太太走到競爭對手那裡去，而勉強遷就她的需求。不錯，他們知道要對消費者好一些，不管怎樣，失去一個像威廉斯夫人這樣的消費者，也算不上重大的財務災難吧！但事情果眞如此嗎？

思考問題

1.消費者不滿因素有哪三種類別？
2.試述價值與價格的差異？
3.何謂系統因素的不滿？
4.如何避免消費者的流失？

03 以服務爭取顧客忠誠

根據本節的「以服務爭取顧客忠誠」主題，我們要進行以下四項議題的討論：

1. 消費者忠誠的迷思
2. 消費者的忠誠法則
3. 消費服務情感因素
4. 贏得消費者忠誠度

服務消費者的終極目標是營造消費者的忠誠度，那麼，商業工作者的任務是爭取消費者的信賴，然後，配合顧客服務取得消費者的持續支持，最後，贏得消費者的忠誠。以下的討論包括：消費者忠誠的迷思，消費者的忠誠法則，消費服務情感因素，以及贏得消費者忠誠度。

一、消費者忠誠的迷思

先解決相關的迷思問題，才能理解何謂消費者的忠誠。先來識別一下：什麼不是消費者的忠誠？

（一）誤解與簡化

消費者忠誠有時被誤解或簡化為以下四點：

1. 消費者忠誠有時被簡化為單純的消費者滿意。滿意是忠誠的一個必要組成部分，但是，消費者可能今天滿意，下次可能不滿意，將來卻未必忠誠於你。

2. 消費者忠誠有時也被簡化為對試用或促銷活動有反應，甚至熱烈響應，這並不代表消費者的忠誠。忠誠是買不到的，你必須從消費者贏得它。

3. 在市場的占有率不等同於消費者的忠誠或支持。你可能因為消費者忠誠於你客服以外的原因，例如，在某產品或服務上擁有較大的市場。也許是你的競爭對手很弱，或者你現在的定價更有吸引力。

4. 消費者單純的重複購買並不見得是忠誠。有些人由於習慣、便利或價格原因而購買，但是，一旦消費者有了其他選擇時，則隨時轉向別的商店。

我們把上述假設的忠誠迷思識別出來是很重要的，這些迷思會讓你產生一種虛假的安全感或成就感，然而，此時你的競爭對手，可能正在營造真實的消費者忠誠，請商業工作者將上列四個項目以更深的角度思考，答案自然會出現。例如，將消費者的滿意提升到支持度，在熱烈響應之後贏得消費者的心等等。

（二）超級漢堡

史蒂夫和德比（Steve and Debbie）擁有超級漢堡（Burgers Supreme）的快餐店。6年多來他們建立起一群忠實的消費者，其中許多人幾乎每天都在那裡用餐。這些消費者不僅在超級漢堡購買午餐，他們還把朋友和同事帶去那裡，有些常客甚至被取笑擁有這家餐廳的股份，當然這是開聊的話題而已。菜單的選擇很多，有幾十種三明治、沙拉、湯、點心，以及各種特色食品，例如希臘烤羊肉、洋蔥捲

和優格冰淇淋等，所有的食物都是現做現賣。但消費者對這家餐廳的忠誠遠遠超越美味的食物和公道的價錢。

幾乎每一個常客都曾有過這樣的驚喜：史蒂夫、德比，或者某位僱員說：「這頓我請了！」老闆、經理甚至僱員都有權給予忠誠的消費者免費的午餐，當然這種待遇不是消費者每次都能享受到的，但它的確反映了餐廳的主人相信消費者的忠誠是需要認可的，也反映了他們願意授權讓員工不定期地無償贈送一些東西。超級漢堡的櫃檯員工以德比為榜樣學習合宜的服務態度。她總是與他們站在服務消費者的第一線。她以身作則，不時地讚揚，或者給予糾正建議。她的員工們以姓名稱呼消費者、微笑、熱情洋溢地解決問題的時候，她在一旁教導，而且為確保餐廳乾淨整潔，即使在午餐最繁忙的時段，來回清掃奔波，忙個不停。

面臨著來自全國性連鎖企業如溫迪 (Wendys)、麥當勞、漢堡王，以及其他提供相似食物的餐廳的競爭，超級漢堡憑著友好、獨特、個性化的服務，贏得了屬於自己的一席之地。對於消費者服務，他們身體力行，決不流於形式。

二、消費者的忠誠法則

討論消費者忠誠法則(Loyalty Rules)，要介紹弗瑞德‧賴克爾(Fred Reichheld)的消費者淨推介值（the Net Promoter Score， NPS）。賴克爾已經成為消費者忠誠研究領域的大師級人物。他取得非凡成就的著作《忠誠法則》（Fred Reichheld：*Loyalty rules! : how today's leaders build lasting relationships*, 2008）講述了吸引和保持忠誠消費者的重要性。賴克爾曾說有一個問題可以看出消費者的忠誠度，這個問題就是：「你會將這家公司推薦給朋友或同事的可能性有多大？」使用以下10分制評分，企業可以計算它們的「消費者淨推介值」。

（一）消費者類型

我們將「推介型」（promoters，評分爲9~10分）所占的百分比中減去「貶低型」（detractors，評分爲1~6分）的百分比。所得的數字成爲一個基線（起點），往後可以重複測量，看企業是否正在取得進展。什麼是NPS淨推介值？NPS是一種管理哲學，它基於這樣的觀念：企業成長的最佳方式是讓更多的消費者變成推介者，以及更少的消費者變成貶低者。NPS也是使得這個哲學實際可行的中心指標，和相關的工具與商業流程。正如資產淨值代表財務資產與負債之間的差額，消費者淨推介值把消費者資產與負債之間的差額數量化。只需提出一個問題，消費者就可以被歸入以下三個類型：

1. 忠誠而熱情的消費者是推介型；
2. 滿意但缺乏熱情的消費者是被動型；
3. 不滿意但受困於某種不良關係暫未離去的消費者是貶低型。

（二）推介型與貶低型

很簡單，你只需使用公式P－D=NPS就可以算出NPS值，其中P和D分別代表推介型和貶低型所占的百分比。對於企業的挑戰就在於透過提升其消費者淨推介值來促進企業的成長。NPS與企業成長之間是否有相關性？是的，在2003年基於超過150,000個消費者的一份研究中，我們發現了消費者淨推介值與一個企業相對於其競爭對手的成長之間有著極強的相關性。從航空業到銀行業、快遞服務，到個人電腦，擁有最佳NPS值的公司表現出極佳的成長。在10年時間內實現了可持續增長的公司擁有兩倍於其他公司的NPS值。

總之，發展消費者服務技能爲職業成功提供了最有意義的舞台。無論你爲一家大企業工作，還是經營一個賣汽水的攤位，服務消費者

的原則都是一樣的。消費者對你的看法與你生意的興衰有關。對於內部消費者的員工服務，與對於外部消費者的服務一樣重要。所有服務消費者原則都可以應用到員工關係上。無論你的頭銜、職位、經驗或資歷如何，你的首要任務無一例外都是吸引、滿足並保持忠誠的消費者。

開發忠誠消費者的關鍵，在於將消費者服務放在心上，然後贏得消費者的心。如果我們想到純粹的消費者滿意與顧客忠誠之間的關係是相當脆弱的，那麼對消費者不滿因素的思考就顯得尤其重要。即使是滿意的消費者，也可能與提供產品或服務的企業保持中立的關係，他們可能對企業很少參與感或根本沒有參與感，一件很小的事情都可能導致他們的不滿。服務水準可能會充分地滿足他們的需要，但卻不能激發他們持久的忠誠。

（三）開發忠誠消費者

開發忠誠消費者的首要課題是，維持原有的消費者。在這個議題上，我們先要弄懂激勵與滿意的關係。正如弗雷德里克·赫茲伯格（Frederick Herzberg : *One More Time: How Do You Motivate Employees?* 2008）和他的同事多年前所發現的：滿意的員工不一定是受到激勵的員工。同樣地，滿意的消費者不能假定為受到激勵的重複購買者，差強人意的服務不能保證與消費者建立長久的親密關係。實際情況是滿意的消費者可能出於慣性而非受到激勵，他們的滿意可能只意味著不存在不滿意，而不是受到激勵而變成忠誠的消費者。在不滿意與受激勵之間，存在著一個「無差異區域」(zone of indifference)。那麼挑戰就在於把消費者從滿意提升到受激勵，做到這一點的最好方式是關注消費者的感覺和消費者的期待。

客服界有一句名言：消費者想知道客服工作者在意多少，而不在意你知道他們多少！對消費者真誠的關懷，一定要成為一個公司提升

消費者忠誠的各種努力的基礎。

三，消費服務情感因素

　　情感因素是開發忠誠消費者的另一項課題。英國顧問大衛・里曼特爾（David Freemantle）強調在提供卓越消費者服務並建立競爭優勢中，情感所扮演的重要角色。如果消費者與企業之間不存在情感連結，不滿因素發生的可能性就會很高。

（一）情感連結

　　里曼特爾在其著作《消費者喜歡你什麼》（*What Customers Like About You : Adding Emotional Value for Service Excellence and Competitive Advantage*, 1999）中，他提出「情感連結」（emotional connectivity）於所有關係的中心，因而也處於卓越消費者服務的中心，當人們在交流中對於所處的情景以及彼此之間產生真切的感受時，這種連結就會存在。當存在情感連結時，許多消費者不滿因素就可以被消除。里曼特爾認為加強這個連結的個人技術有以下七個項目：

　　1. 當消費者來到時，創造一種溫暖的氣氛。
　　2. 對每個消費者發出溫暖而積極的信號。
　　3. 對消費者的情感狀態保持敏感。
　　4. 鼓勵消費者表達他們的感受。
　　5. 真誠地傾聽。
　　6. 找到每個消費者的優點。
　　7. 拋棄對消費者的任何負面感受。

（二）生意就是服務

生意的業務就是服務。如果企業不把服務看成他們營運哲學不可分割的部分，專門設立一個「服務部門」會被看成是一件多餘的事情。任何部門存在的唯一目的都是服務其消費者，無論是內部消費者還是外部消費者。美國諾思通百貨公司 (Nordstom) 執行經理貝西‧桑德斯 (Betsy Sanders : Fabled Service: Ordinary Acts, Extraordinary Outcomes, 1997)說：「只要你還在給你的服務增加額外的動力（例如時間、精力和資源，以便把服務作為某種特別項目而獨立設置），結果就會令人失望，服務只有在它是內部動力時才會有意義。當你把服務作為企業的支柱，相信沒有消費者你就無法存在時，這種動力便會加強。」

服務必須被視作企業最基本的業務，而非附屬的功能。一個企業對服務承諾的重視，消費者很快就看得出來，在消費者的眼中脫穎而出的公司是少之又少。大多數企業沒有在消費者心中留下什麼印象，無論是好或壞的，以致消費者根本不會對服務內容多加思考，更不用說與他人分享這種思考。消費者忠誠的要素：向別人推薦你的企業，就因為一種平淡無奇的服務而被遺忘了。

四、贏得消費者忠誠度

怎樣幫助消費者走出無差異區域(zone of indifference)，使之成為企業的忠誠粉絲呢？

（一）兩項法則

以下是贏得消費者忠誠的兩項法則：

1. 減少或去除造成消費者不滿的價值因素、系統因素以及人員因素。

2. 提供超越消費者期待的服務，以便創造更好的口碑。

減少或去除不滿因素的第一步是確知這些因素的存在。前文描述的三種因素提供了一個有用的歸類和分配主要責任的方式。但是，我們怎麼知道我們會得罪消費者呢？

簡單的答案是：推己及人，站在消費者的角度思考問題。客觀地評估消費者受到的待遇，並拿它與你在其他公司受到的對待相比較。正如美國洋基棒球隊著名捕手尤吉‧貝拉 (Yogi Berra : You Can Observe A Lot By Watching, 2009) 所說：「只要看也能悟出些門道來。」（You can observe a lot by watching）同理，只要聽也能悟出些門道來。更進一步的工作是開發消費者的規劃。

（二）忠誠度規劃

消費者的忠誠度規劃是一項重要又艱困的工程。規劃包括前瞻性地考慮必須要做的事情，以維護和提升績效、解決問題、發展員工技能。為了制訂規劃，管理者需要在每一個領域，設定每週、每月和每年要達成的目標。定好清晰的宗旨之後，管理者緊接著要徹底考慮以下四個問題：

1. 必須採取哪些具體的行動以達成我們的目標？企業如何讓員工去執行那些行動？
2. 這些活動將如何實施？需要用到哪些工具或技術？
3. 誰來做這項工作（哪些人、哪些部門或團隊）？這些活動將於何時開展？
4. 企業需要提供哪些資源？

這樣的計畫需要充分聽取消費者和員工的意見，並且按照他們的

意見採取行動。管理者需要有開放的態度,要認知到自己沒有所有問題的答案,許多答案都要從別人那裡聽取而來。非常少數的企業在制訂規劃的實踐上,是與優質服務的目標背道而馳的。管理者可能沒有意識到他們的行為已經是事與願違,而實際情況常常就是這樣。大多數管理者不得不承認在提供優質服務的執行過程中,在「付諸實踐,兌現承諾」上的失誤。

思考問題

1. 消費者的忠誠有哪些迷失現象?
2. 如何計算消費者淨推介值(the Net Promoter Score, NPS)?
3. 里曼特爾認為加強情感連結的個人技術有哪七個項目?
4. 贏得消費者忠誠的兩項法則是什麼?

老鐘錶匠的故事

在「第八章掌握服務的溝通」裡,我們要與讀者分享一則故事:老鐘錶匠的故事。

在不同文化的國際交易談判中,商業溝通工作者知道某些事物的不同價值,卻忽視了其他社會有些東西的不可替代,唯有認識這個事實,我們的交易溝通才能夠更為順暢。

從前,德國有一位很有才華的年輕詩人,寫了很多抒情的詩篇。可是他卻很苦惱,因為,人們都不喜歡讀他的詩。他問自己:「到底是怎麼一回事呢?難道是自己的詩寫得不好嗎?不,這不可能!」

年輕的詩人從來不會懷疑自己在這方面的才能。於是,他向一位老鐘錶匠請教,他是父親的朋友。老鐘錶匠聽了之後,一句話也沒說,就帶他到一間小屋裡,裡面陳列著各式各樣的名貴鐘錶。詩人從來沒有見過這些鐘錶,有的外形像飛禽走獸,有的會發出鳥叫聲,有的能奏出美妙的音樂……。

鐘錶匠從櫃子裡拿出一個小盒子,把它打開,取出了一隻樣式特別精美的金殼懷錶。這隻懷錶不僅樣式精美,更奇異的是:它能清楚地顯示小星象的運行、大海的潮汛,還能準確地標明月份和日期。這簡直是一隻魔錶,世上到哪兒去找呀!詩人愛不釋手。他很想買下這個「寶貝」,就問這錶的價錢。老人微笑著說:「用這

「寶貝」和你換下手上的那隻普通的手錶。」

詩人對這懷錶很珍惜，吃飯、走路、睡覺都戴著它。可是，過了一段時間之後，漸漸對這懷錶不滿意。最後，竟跑到老鐘錶匠那兒要求換回自己原來的普通手錶。老鐘錶匠故作驚奇，問他對這樣珍異的懷錶有什麼不滿意。

青年詩人遺憾地說：「它不會指示時間，錶本來就是用來指示時間的。我帶著它不知道時間，要它還有什麼用處呢？有誰會來問我大海的潮汛和星象的運行呢？這錶對我實在沒有什麼實際用處。」

老鐘錶匠還是微微一笑，把錶往桌上一放，拿起了詩集，意味深長地說：「年輕的朋友，讓我們努力於各自的專業吧！你應該記住：你的作品給人們帶來什麼用處。」

詩人這時才恍然大悟，從心底明白了這句話的深刻含義。

錶的主要功能是指示時間；詩人，之所以是詩人，是因為他能寫出對生命吟唱的詩篇……這些道理是不言而喻的，可是我們卻時常陷入迷惑。就像故事中的詩人會用普通錶來換一個不能顯示時間的金錶，並以他人的評價來作為衡量自己詩篇的價值。在不同文化的交易談判中，商業溝通工作者知道某些事物的不同價值，卻忽視了其他社會有些東西的不可替代，也忽視了它們的不同用處。

Chapter 9

掌握行銷的溝通

01 引起消費者的興趣

根據本節的「引起消費者的興趣」主題，我們要進行以下三項議題的討論：

1. 何謂消費的興趣
2. 興趣心理學法則
3. 消費興趣的方法

一、何謂消費的興趣

關於消費的興趣，我們將從下列四項議題加以討論：興趣的定義，感受興趣，興趣認同感開始，以及從注意力轉化。

（一）興趣的定義

要描述消費興趣，得從何謂消費的定義開始。專家提出的興趣定義有很多，若從消費心理學的觀點，包括下列五項：

1. 興趣與以往的經歷的消費緊密相關，是一種有歷史感的東西；
2. 興趣是使人注意某件商品，然後又會引起個人消費的衝動；
3. 對特定商品的興趣，有引起個人購買行為的傾向；
4. 消費興趣的本質是根植於被關注商品的相關事與物；

5. 興趣可以消除人和事物之間，以及人與自己的行爲之間的界限，它是有機組合的標誌。

（二）感受興趣

我們可以透過觀看一個孩子全神貫注地看卡通的狀態來感受興趣。專心看卡通電視時，孩子看不到電視之外的任何事物，也聽不到外界的聲音，完全沉浸在自己的世界裏。這樣的狀態可以稱爲有興趣。讓電視廣告的目標消費者在觀看廣告時出現類似這種如癡如醉的狀態，是任何廣告文案撰寫者的終極夢想。

根據上述前提，我們可以知道興趣的定義：當電視廣告的觀眾對廣告中介紹的商品產生興趣時，消費者會將腦海中的想法付諸實踐，眞正購買該商品。

（三）興趣認同感開始

當消費者對商品產生興趣時，就容易產生認同感，然後產生購買的想法。如果想讓消費者對某件商品感興趣，首先，要提供關於商品的充足資訊，還要讓消費者有所動作，例如，提供折價的優惠券、提供回答問卷的獎品、以及描繪卡通的促銷場景等。這個過程中，移動的商品樣本、代言人的洪亮歌聲、明亮的照明光線，以及現場的香水氣味等都有助於引起消費者的興趣。

（四）從注意力轉化

消費者的注意力也會轉化爲興趣。消費者對某件商品產生注意力之後，一般會有以下兩種行爲：一是離開，這種情況下，消費者失去了成爲商品潛在購買者的可能性。二是消費者對商品繼續保持關注，此時消費者仍然停留在潛在消費者的位置。後一種情況中，消費者投射在商品上的注意力與第一階段的注意力大不相同，這種注意力會演

化爲一種深入、熱切的關注。這個心理階段需要一個新的名稱，我們稱之爲興趣。

二、興趣心理學法則

如何讓消費者產生興趣，是首先要解決的問題。探討以下兩條心理學法則，也許可以找到答案。

（一）提供資訊

興趣的第一條法則是：如果想讓人對某件商品感興趣，就需要提供關於這件商品的足夠資訊。回想一下成長歷程，我們就會發現這條法則的有效性。用一個小女孩狂熱追星的事情做例子。她對這個明星演過的所有電影瞭若指掌，還知道他的年齡、頭髮、眼孔的顏色以及他的汽車款式。她珍惜她知道的每一點一滴關於明星的消息，她對它們充滿了虔誠的熱愛，這些認知就是產生興趣的基礎。明星經紀公司也知道這種情形，所以每隔一段時間，就會在媒體上發布一些明星的新聞或趣事，以此保持粉絲們對明星的興趣與熱情。

行銷工作者如果知道這些法則，適時地給消費者傳遞商品的資訊，對行銷成績一定有益。具有創新精神的廣告人員，也在不斷將這個技巧應用到現實中。也許他們並沒有完全地遵守這些法則去做，但是透過研究廣告裏的細節，可以發現他們知道揭露商品資訊一定會對消費者的購買行爲產生積極的影響。將進化論中「適者生存」的原則應用於廣告界，可以合理地推斷出，在促進銷售上，提供足夠商品資訊的方法有其存在的價值。

運用上述法則提供商品資訊有一種合適的辦法：用人們熟悉的舊說法表述新概念。例如，爲了銷售給管理人員使用的檔案櫃，行銷工作者可以描述管理人員可能遇到的困境：某次重要會議中途，所有人不得不停下來，等待秘書去尋找一份檔案。這個情況幾乎每個消費者

都在日常生活中遇到過，行銷工作者在推銷這種檔案櫃時以此作爲切入點，往往能夠引起共鳴。

（二）採取行動

採取動作是興趣的第二條法則。如果想讓人們對某件商品產生興趣，一定要讓人們對商品有所動作。爲了引起某些特定人群興趣的實例中，可以看到這條法則的應用。一所醫院爲了吸引一位有錢消費者的興趣，會把他列入董事會或其他醫院重要委員會的名單中。如果他對該醫院的事情非常關心，那麼他會因爲醫院的這一舉動對醫院越來越有興趣，最終醫院一定會收到期待已久的捐款。

這種方法在直接針對個人的銷售中很常見。行銷工作者會讓消費者撫摸商品，感受它的質感，也會用新車載著消費者兜風，或者讓消費者試彈鋼琴。如果陳列的商品旁，立了一個告示牌：「請勿觸摸」，這種方法立刻將顧客趕走；如果告示牌換成：「歡迎試用」，立刻會引來圍觀的消費者。

在廣告中使用引起消費者行動反應的元素來提起消費者興趣的方法在以前比較少見，但是，凡是出現過的這類廣告，消費者反應都很好。這些形式有需要撕的優惠券、詢問朋友和經銷商姓名、提供解開謎語的獎品、描繪卡通場景、創作一首打油詩等。以上這些設置是在消費者已經透過廣告熟知商品用途的情況下，讓消費者親自動手來產生對商品的興趣。

三、消費興趣的方法

在利用何種方法引起消費者興趣，行銷工作者有很多選擇。這些方法可以被分爲針對天生本能的方法和針對後天養成習慣的方法。

（一）天生本能

人類天生就對移動的商品、洪亮的聲音、明亮的光線以及強烈的氣味感興趣等這些簡單的元素，相較之下，後天養成的興趣物件幾乎都是具體商品，比如璀璨美麗的吊燈或是管弦樂曲。

有人這樣建議：「站在一個人天生本能興趣的一邊，給他提供和這些本能興趣密切相關的物體。」行銷工作者可能會設計一幅場景，某人穿著防水鞋在水中走來走去，這一場景會引起人類天生對運動的本能興趣。然後這種本能興趣將被轉移到吸引消費者注意的商品賣點上，就是鞋子的防水性。

這個興趣轉移的過程非常困難。針對這一過程，一步一步來，賦予具有吸引本能興趣的商品一些過去的經驗，然後再賦予能引起興趣轉移的第二個部分——一些你希望傳達給消費者的新概念。將兩部分以一種自然的方式聯繫起來，然後消費者對第一個商品的本能興趣就會傳遞到第二個商品上，最終消費者會對這兩個商品擁有同樣的興趣。所以，消費者興趣轉移到防水鞋上後，行銷工作者此時應該注意吸引消費者的後天養成興趣，比如，展示這種防水鞋多麼便宜，鞋子上沒有容易老化的橡膠，穿著後的保養非常簡單省事等等。

（二）後天養成

很多行銷工作者正是在這一點上失敗的，他們無法順利地將消費者的興趣從舊的認識中轉移到新的特點上。與吸引注意力相比，如何轉移興趣是一個非常值得探討的問題。

引起後天養成興趣的方法可以劃分為兩類：針對永久養成興趣的方法和針對暫時養成興趣的方法。永久養成興趣一經養成，一般會持續一生的時間，這種興趣可能是喜歡糖、喜歡鹽、喜歡看電影、喜歡特定的政黨或者聯誼會。那些被劃歸到暫時養成興趣中的偏好，對個體來說比永久養成興趣的重要性要弱一點。這些興趣可能表現為：對

某次飛機旅行中看到的美景感興趣，或者對總統選舉的結果感興趣。能引起消費興趣的商品資訊大致可以分爲以下四類：

1. 商品原材料來源。
2. 製造過程。
3. 公司的人員構成。
4. 商品用途。

我們可以發現在廣告中提供這四種資訊的好處。透過闡述某件商品的用途，廣告設計者可以拉近自己與讀者之間的距離。可以用熟悉的語調描述讀者每天的生活需要，還可以展示一件商品的相關用途。

此外，對如何使用的問題感興趣也許來自人類的天性，每當遇到一個新商品時，我們的本能問題都是「我能用它做什麼？」人們也喜歡聽別人的成功故事，因爲那樣他們可以發現成功的秘密。

總之，在這裡我們從心理分析的角度探討了興趣和消費者興趣的共同特性，並且提出了培育消費者興趣的兩條法則。從理論的角度闡釋了這兩條法則，在分析中發現這兩條法則已經有意識或無意識地被成功的行銷工作者應用中。透過對引起興趣的特定因素之間的分析，還發現了有些因素對提起消費者興趣具有最佳效果。

雖然吸引興趣被視爲銷售中的一個獨立階段，但是，這並不是說它和其他階段之間沒有任何聯繫。事實上，一旦消費者對某件商品產生了興趣，這種興趣會存在於整個銷售過程中，興趣會持續於其後的產生購買慾望階段、樹立信心階段、決定購買階段和滿足階段。

Chapter 9
掌握行銷的溝通

思考問題

1. 興趣的定義，從消費心理學的觀點，包括哪五項？
2. 試述注意力怎樣轉化為興趣。
3. 讓消費者產生興趣的心理學法則是什麼？
4. 能引起消費興趣的商品資訊大致可以分為哪四類？

02 與消費者有效溝通

　　根據本節的「與消費者有效溝通」主題，我們要進行以下三項議題的討論：

　　1. 行銷與溝通
　　2. 認識行銷溝通
　　3. 善用行銷溝通

一、行銷與溝通

　　行銷與溝通是企業永續發展的關鍵。如果不是公司內部人員溝通工作有問題，公司肯定會更加興旺發達。

（一）有效的行動

　　一位資訊工程專家因為不能成功地向董事會陳述通訊系統改進計畫而失望地抱怨說：「董事們根本就不聽我的，更不想瞭解計畫的內容。」資訊專家的這種表現是由於他沒有能力進行有效的溝通？還是由於計畫本身毫無價值？這一點我們不得而知。但是，如果你詢問任何一位行銷工作者，你的組織內部存在的主要問題是什麼？他們會不約而同地回答：溝通。

　　溝通可被認為是涉及資訊傳遞和某些人為活動的過程。溝通是

人為的，沒有人為行動，也就無所謂溝通了。溝通與人際關係密切相關，或許很複雜，或許很簡單，有時可能拘泥形式，有時也可能十分隨便。這一切都取決於傳遞資訊的性質和傳遞者與接收者之間的關係。

（二）人際關係變化

溝通工作的關鍵在於資訊的傳遞，行銷內部的人員與人員之間、行銷人員與消費者之間的相互理解。資訊溝通又有多種形式和媒介。因此，有效的溝通對組織的成功是至關重要的。現代人際關係正在發生的多種變化。包括下列五項：

1. 行銷工作實務與行銷策略方面正變得更加錯綜複雜。
2. 消費市場情勢正在迫使生產和服務業提高效率，提高品質。
3. 消費者主義相關意識的高漲，迫使政府法規修訂要求行銷倫理更高的規範。
4. 行銷工作人員特別是年輕人希望僱主給予的回報更多，不僅僅只是高薪資，還包括個人心理上和工作上的更大滿足。
5. 行銷組織現在更加依賴於橫向的資訊管道。隨著資訊的日趨複雜化，資訊需要在行銷人員之間以及行銷與消費者之間公開與快捷傳遞，以避免資訊的延誤和失真。

因此，現代行銷組織關係所發生的種種變化要求行銷工作者進行有效的溝通。

（三）行銷績效

為什麼要進行有效率的行銷溝通？對此問題的公認答案是：行銷績效。

1. 讓行銷工作者與消費者更瞭解情況。
2. 使行銷人員參與，激勵員工的工作積極性和無私奉獻的精神。
3. 有助於行銷人員理解市場與行銷策略改變的必要性，讓他們確實瞭解應該怎樣適應這種變化，以減少障礙與阻力。

　　另外，溝通傳遞的資訊必須要清晰明確，必須要讓接收者聽明白。一個供應商可能會對逾期未付款的客戶這樣說：「王先生，我想你不妨察看一下你的帳目，是不是有點過期了？」這句話的表達顯得含糊不清，但是，如果供應商這樣說：「王先生，有一筆逾期未付的帳款，本周末是我方最後期限，如果到那時我方仍未收到這筆逾期未付的帳款，我方將不得不把此事交由我方律師處理。」毫無疑問，王先生會認為供應商的態度是嚴肅認真，欠款之事非同小可啊！

二、認識行銷溝通

　　溝通是一個常見的管理學用語，就如同組織或稱為機構的用語一樣，是一種很平常但是又難完全定義的用語。我們不妨這樣看待這個用語，也就是：溝通是指人與人之間傳遞和接收具有某種意義的符號化的資訊過程。因此，溝通必然是人與人之間的資訊交換和相互理解。所以，人際溝通的有效管理方法是資訊的傳遞和人際之間友好關係的建立。

（一）性質和品質

　　資訊傳遞的成功與否取決於人們接收資訊的性質和品質，而這些資訊的性質和品質又取決於人際關係的性質和品質。人們在和親朋好友以及其他容易相處的人進行交流或交往時，往往可以獲得某種心理上的滿足。在溝通中，人們之所以能夠直言不諱，暢所欲言，甚至對重要的事情開玩笑，是因為他們彼此之間的關係親密無間，有時即使

相互爭吵也是友好情誼的一種表現形式。然而，為了實現組織目標，行銷工作者必須與那些尚未建立親密關係的消費者進行溝通。

在資訊交流過程中，可能會因誤解而使意見不能一致，發生矛盾或迴避矛盾，產生彼此間的不信任，進而損害合作或造成不友善的工作環境。實際上，人們彼此之間是願意遵行禮節和渴望真誠合作。人際溝通之所以未能盡善盡美，是因為人們尚未正視影響人際關係的一些基本問題。

（二）性質差異

在人際交流過程中，我們必須理解人際間的差異性質，努力改變人際溝通中的行為方式，以適應人的不同品性。每個人對客觀世界、組織和工作的看法都有他們自己持久不變的觀點，而你又必須在群體中工作，這便是你在人際溝通中感到困惑的原因所在。實際上，行銷工作者所面臨的最大挑戰之一，是怎樣妥善處理每個人各有不同的問題。人與人之間的基本差異是個性和知覺的不同，這兩種差異使人們因行為舉止不同而產生溝通障礙。

個性和知覺的差異。心理學家對這方面有許多有關個性的定義。由心理學的觀點來看，從弗洛伊德（Freud）的「性壓抑」到榮格（Jung）的「自我實現」，然後又到阿德勒(Adler)的「自大情結」，對個性的概念均有不同的表述。作為行銷工作者，我們只需理解個性不是人們天生具有的，至少不是全部，因為個性的形成和演變不僅受遺傳基因的影響，而且還受社會環境、物理環境和人的經歷所影響。這些因素使人具有各自獨特的基本觀念、信仰以及使自己的行為符合社會要求的責任心。當我們一旦達到心理成熟的標準後，個性就不再會發生很大變化。

（三）傾向與特徵

個性的組成包括個性傾向和個性心理特徵。這就意味著由於人們都具有不同的生活經歷、不同的物理和社會環境，這些環境因素和遺傳素質以複雜的方式相互作用，從而形成有機的結合體，這種結合體必然導致行為方式的個人特徵。個性傾向性包括人的需要動機、興趣和信念等，決定著人對現實的態度，趨向和選擇；個性心理特徵包括人的能力、氣質和性格，決定了人的行為方式的個性特徵。

誠然，人們的智力、教育、信仰、社會背景，與經歷各不相同，這些因素都對我們與他人進行溝通的方式產生影響。所有這些因素形成了人們各不相同的個人標準，所以每個人均以各自獨特的方式看待社會。我們的物質和精神生活以及所處的社會環境直接影響我們的知覺和判斷。知覺是人們運用與各自的標準和世界觀相同的語言形式，對作用於感官的多種刺激（包括感官資訊）進行選擇、組織和翻譯的過程。我們不斷地接收資訊，有些被我們所忽視，有些為我們所接受，並根據過去的經驗去翻譯最新得到的資訊，據以更加準確地預測將要發生的事情。運用這種方法可以形成對人的印象，通常我們只根據很少的資訊量預料他人在某種情況下的行為舉止，並選擇我們認為最好的方式去影響他們或與他們進行交際、溝通。

（四）客觀與現實

當我們在瞭解資訊時，我們所聽到和看到的通常是我們所希望聽到和看到的，而忽視了客觀現實。認識客觀現實的最大障礙是自我概念，即本人對世界和他人的觀念體系。我們往往拒絕接受那些看來好像對自我概念構成威脅的資訊，我們只是不想讓自己的形象受到損害，或是使自己難堪，因而只願意從容地接受那些來自容易相處人員的資訊，而且這些資訊對自我概念也不構成威脅。

由於人們各有不同的個性，因而知覺也各不相同，所以有時與他人進行有效的溝通十分困難。但是，如果我們瞭解對方，有效溝通就會變得比較容易。不瞭解對方的知覺、價值觀和理解力，就不可能實現有效的溝通。當與某人初次見面時，你可能會多次這樣想：我不喜歡這個人，我沒法說服他。最初印象往往會持續很久，當現實與第一印象相反時，我們往往會排斥現實。

（五）約哈里窗口

約哈里窗口(Johari Window)（Joseph Luft： Of Human Interaction: The Johari Model, 1969）展示了關於自我認知、行為舉止和他人對自己的認知之間在有意識或無意識的前提下形成的差異，由此分割為四個範疇：第一，是面對公眾的自我塑造範疇，第二，是被公眾獲知但自我無意識範疇，第三，是自我有意識在公眾面前保留的範疇，第四，是公眾及自我兩者無意識範疇，也稱為潛意識。

認識這個理論可以有效的減少人際溝通中的知覺偏差。在人際溝通中，一些自身的因素如態度、行為和個性是自己和他人都瞭解的區域，這被稱為「開放區域」。同樣，在某些方面，例如他有口吃的毛病，是他人瞭解而自己卻不認真去瞭解的區域，被稱為「盲目區域」。我們往往還有一些保留方面如態度、情感、隱私，是自己瞭解而他人不瞭解的區域，被稱為「秘密區域」。另外，某些方面確實會影響我們的舉止行為，例如，有時突然會莫名其妙地勃然大怒，這是自己和他人都不瞭解的區域，被稱為「未知區域」。

當我們初次與人見面時，我們一般不願太透露自己，就是縮小開放區域，這通常會給他人造成錯誤的第一印象。為了進行有效的溝通，我們必須與他人緊密合作，擴大開放區域，同時縮小盲目區域和秘密區域。為達到這一目的，我們可以採取兩個自覺行動：自我透露和回饋。自我透露是坦率地向對方提供自己的資訊，用以減少秘密區

域；而來自對方的回饋資訊又可縮小盲目區域，兩者相互作用的結果有助於縮小未知區域。

三、善用行銷溝通

行銷工作者如何善用溝通爲行銷工具？以下我們提供六個參考項目。

（一）語義問題

當人們在不同的情形中，使用同一個單詞或在相同的情形中使用不同的單詞時，就會發生語義問題。你可知道在英語中單詞 Charge 就有幾種不同的含義，包括買賣交易上的「費用」；電機用語指「充電」；在管理上則指「掌握」等等。當人們用希望他人能夠理解的術語時，或是使用超出他人詞彙量範圍的語言時，也同樣會產生語義問題。值得行銷工作者與消費者溝通的借鏡。

（二）感覺失眞

由於自我概念、自我理解不夠完善，或是對他人的理解不夠充分，都可能產生感覺失眞。例如，消費者正在思考另一款產品，銷售員依然滔滔不絕推銷另一個產品，讓顧客感覺不受尊重的誤會。

（三）文化差異

文化差異影響到行銷工作者與消費者之間的人際交流，例如年輕行銷工作者與年長消費者之間的文化差異。老人消費者具有長期效益的意識，注重耐用，而年輕行銷工作者只關心流行，關心推銷最流行的產品。另外，在經歷了不同的社會和宗教環境的人員之間，也經常產生文化差異。

此外，在國際行銷上值得注意：在英國，邀請別人晚上8點赴宴，但是，大多數客人不會提早到達；在德國，準時赴約是極其重要的；

在希臘，9點至9點30分才是標準的約會時間；而在印度，如有必要，約會時間甚至更晚。在世界上的大部分國家裡，點頭表示同意，搖頭表示不同意；而在印度的一些地區，意思卻截然相反，點頭表示不同意，搖頭表示同意。有時人際溝通眞的很難。

（四）環境混亂

環境混亂會產生很多噪音，通常是指隔音不充分的房間，汽車噪聲可以穿透的房間；旁邊辦公室經常傳出打字機的敲擊聲；人員在辦公室內頻繁走動；漫無目的地用手撥弄鉛筆；或在進行交流的關鍵階段送來了咖啡。行銷工作者要切忌這個問題。

（五）資訊管道不當

如果你想讓消費者迅速採取行動，就不要傳送冗長的文字報告，而應打電話或直接見面說明來意。切記，一張圖片可以產生用語言無法表達的效果。在當今的電腦時代，用電腦製作圖片資訊或其他資訊是快速傳遞資訊的有效方法。

（六）沒有回饋

雖然單向資訊交流快速，例如，向消費者傳簡訊，但是，雙向資訊交流，例如，打電話，更加準確。在複雜的交流環境中，雙向交流既有助於傳遞者和接收者判斷其理解是否有誤，也可促使買賣雙方全心地投入到交易工作中，察覺並消除誤解。

思考問題

1. 組織內部存在的主要問題是什麼？為什麼？
2. 現代人際關係正在發生的多種變化，包括哪五項？
3. 在人際交流過程中，為何必須理解人際間的差異性質？
4. 約哈里窗口(Johari Window)展示了關於自我認知、行為舉止和他人對自己的認知之間在有意識或無意識的前提下形成的差異，由此分割為哪四個範疇？

03 掌握行銷的新發展

根據本節的「掌握行銷的新發展」主題，我們要進行以下三項議題的討論：

1. 消費市場的回顧
2. 面對消費者主義
3. 重視消費者權利

一、消費市場的回顧

消費市場的回顧，我們可以觀察工業革命後的消費市場發展背景。這段發展過程有下列六個階段：生產導向，產品導向，銷售導向，市場導向，社會利益導向以及傳播導向。

（一）生產導向階段

生產導向階段是從工業革命後的十九世紀末開始到二十世紀初，這個階段是所謂生產觀念時期、以企業為中心階段。由於是工業化初期，市場需求旺盛，社會產品供應能力不足。消費者總是可以隨處買到價格低廉的產品，企業也就集中全力提高生產量和擴大生產分銷範圍，降低成本。在這觀念指導下的市場，主要是重生產，而輕市場，就是只關注生產的發展，不注重供求形勢的變化。

（二）產品導向階段

二十世紀初到二十世紀三〇年代，亦稱產品觀念時期、以產品爲中心時期。經過前期的培育與發展，消費者開始更喜歡高品質、多功能和具有特色的產品，企業也隨之致力於生產優質產品，並不斷精益求精。因此這時期的企業常常迷戀自己的產品，並不太關心產品在市場是否受歡迎，是否有替代品出現。

（三）銷售導向階段

二十世紀三〇年代到二十世紀五〇年代，由於高速工業生產化的產品競爭，出現了銷售導向的市場；此亦稱推銷觀念時期。由於處於全球性經濟危機時期，消費者購買慾望與購買能力降低，而在市場上，貨物滯銷已堆積如山，企業開始網羅推銷專家，積極進行產品促銷，廣告和推銷活動，以說服消費者購買企業產品或服務。

（四）市場導向階段

二十世紀五〇年代到二十世紀七〇年代，亦稱市場觀念導向時期、以消費者爲中心階段。由於第三次科技革命興起，研發受到重視，加上二戰後許多軍用品轉爲民用，使得社會產品增加，供大於求，市場競爭開始激化。消費者雖有很多選擇，但是，並不清楚自己真正所需要。企業開始有計畫、有策略地制定行銷方案，希望能正確且快捷地滿足目標市場的慾望與需求，以達到打壓競爭對手，實現企業效益的雙重目的。

（五）社會利益導向階段

二十世紀七〇年代到二十世紀末，亦稱社會行銷觀念時期、以社會長遠利益爲中心階段。由於企業營運所帶來的全球環境破壞，資源短缺，通貨膨脹，忽視社會服務，加上人口爆炸等問題日趨嚴重，企業開始以消費者滿意以及消費者和社會公眾的長期福利作爲企業的

根本目的和責任，提倡企業社會責任。這是對市場行銷觀念的補充和修正，同時也促使理想的市場行銷應該同時考慮：消費者的需求與慾望，消費者和社會的長遠利益以及企業的行銷效應。

（六）傳播導向階段

二十一世紀開始到現在，傳播導向是整合行銷傳播為主要訴求的行銷，心理學的理論與實務大量被應用。它強調行銷傳播工具的附加價值以及所扮演的策略性角色，結合行銷傳播工具（如：一般廣告、直銷、人員銷售、公共關係）提供清楚、一致性以及最大化的傳播效果。

傳播導向行銷的另一項特色是以特定的方式公開在網路上或電視廣播，蒐集消費者的消費心理反應與消費行為資訊、生產者的銷售資訊，並將這些資訊以固定格式累積在資料庫當中，在適當的行銷時機，以此資料庫進行統計分析的行銷行為。

其次，網路行銷是企業整體行銷戰略的一個組成部分，是為了實現企業總體經營目標所進行的，以網際網路為基本手段營造網上經營環境的各種活動。網路行銷的特點是以目標顧客為中心，按照顧客的環境與心理狀況進行推銷。其職能包括：網站推廣、網路品牌、在線調研、資訊發布、顧客服務、顧客關係、銷售管道、銷售促進等八個項目。

再者，直銷（Direct Marketing）是在沒有中間行銷商的情況下，利用消費者直接通路（Consumer Direct，CD）來接觸及運送貨品和服務給客戶。直銷的最大特色為「直接與消費者溝通或不經過分銷商而進行的銷售活動」，乃是利用一種或多種媒體，理論上可到達任何目標對象所在區域——包括地區上的以及定位上的區隔，且是一種可以衡量回應或交易結果之行銷模式。這種行銷方式所使用的媒體溝通工具與大眾或特定多眾行銷媒體（例如電視廣告）不同，而是以小眾或

非定眾的行銷媒體（例如在面紙包上刊印廣告訊息後，再將該面紙包分送出去給潛在消費對象），以及型錄、電話推銷，電視購物、網路銷售為主。

二十一世紀以來直銷成長極為快速，技術也精進了不少，而且比以往更強調（一對一與大量客製化）行銷，因此個性化媒體工具（例如直效信函與直效電子信函）的重要性與日俱增，特別是在以電子化為基礎的網路行銷與資料庫行銷方面，直銷未來的發展及影響力尤其備受關注與期待。

二、面對消費者主義

從臺灣的消費糾紛不斷來看，消費者主義的實踐依然還有很長的路要走。什麼是消費者主義呢？顧名思義，乃是一種以消費者為主體的市場機制。

（一）消費者覺醒

消費者主義來自消費者的「覺醒」，一種對於獲利程度所訂定之配額可以成為一種極有效的控制工具。這樣一來，保護消費大眾之利益的覺醒，這倒不是說從前的消費者不重視自己的利益，行銷工作者就不致於避重就輕，只求脫售容易銷售的產品。而消費者他們不知道自己的利益已經受到侵害。這個道理很容易明白，例如，不可以銷售配額為控制及考核行銷工作者的唯一標準。

因此，其他的行銷標準因素必須加入考慮。例如，銷貨的毛利，訂單的大小，獲得新客戶數目，喪失客戶數目，被取銷的訂單數，平均每獲得一訂單之訪問家數等，因而公司必須根據當前之消費市場情況及主要行銷目標及極待改善之難題來適切釐訂之。

（二）制裁行動

當你看到報上刊出一則「原裝進口電子產品半價大優待」的廣告，興沖沖地去買了一台，結果卻發現不但不是原裝貨，而且品質低劣，常常故障，根本不值這個價錢，這時候你大概只是大呼倒霉，怪自己太不小心，而不會想到去追究銷售商的責任。類似的例子在我們日常生活中實在多得不勝枚舉，但是，很少人會想到應該採取什麼積極的行動來「制裁」那些生產者，或者防範類似事件再度發生。也許我們臺灣的消費者較具有「反求諸己」的精神，吃虧上當時習於先檢討自己是否「買錯了」，而很少想到生產者是否「賣錯了」。因此，一般人尚不能充分理解「消費者主義」的概念。

三、重視消費者權利

為了增強購買者的權利與力量，消費者遂與政府與社會團體結合起來，展開有組織、有計畫的活動，來與銷售者抗衡。其活動的重點在增加下列幾項購買者權利：

（一）產品資訊

首先，獲得產品重要的資訊。以往銷售者一向持有「賣瓜的說瓜甜」的態度，對於產品的優點不遺餘力地加以宣揚，產品的缺點則避而不談，以致消費者在購入產品之後，才發現吃虧上當。例如，某些藥品的功能雖大，卻有不良副作用，病患買來食用後，發現了這些副作用而提出抗議，所得到的答覆卻是：愛買不買隨便你，或者是「我只說它可以治療××病，並沒有說它『沒有xx副作用呀！』」此類遁詞如今已被公認為逃避責任的表現，提倡消費者主義的人士與政府正努力在制止生產者「避重就輕」的做法，並要求不論是製造者、經銷商，皆有義務提供顧客有關產品的完整資料的標示。

（二）法規管制

其次，對抗不良的產品與行銷措施。想要達成此項目的，必須透過政府的立法措施，訂定種種法規來節制生產者的行為。例如，誇大不實的廣告必須予以取締；生產者對其不慎產品造成之消費者損失（不論有形或無形）必須予以彌補；流通市面的產品有嚴重缺陷時，生產者必須全數收回；設置有效期限的產品如食品、藥物等，如果超過期限也必須全數收回銷毀等等。當然，這一點在執行上會有若干困難，到底何種廣告才算「誇大不實」的廣告？何類產品才算是「不實」產品?這些都很難予以明確界定，經常會引起法律上的爭執而纏訟不已。儘管如此，它仍然是重要的努力方向。

（三）消費者聯盟

影響產品與行銷措施，以提高生活品質為目標。傳統的觀念認為只要不危害大眾，生產者想要生產什麼產品，就生產什麼產品，消費者可買，也可不買，無權干涉生產者的決定。此種看法如今已做了若干修正，消費者開始以積極的行動來影響生產者的產品和行銷措施，例如，在現代國家都有「消費者聯盟」的組織出現，隨時密切注意各生產者的動態，一發現有不妥之處便立即加以糾正，讓生產者有難以抗拒的壓力。

消費者主義最初興起時，會使許多企業家感到憤怒不安，因為他們的產品缺點往往被消費者聯盟毫不留情地公諸於報章雜誌上，以致銷路銳減。譬如，有消費者組織指控美國人早餐所吃的某種麥片缺乏卡路里，使一般美國人對該麥片的營養評價大為降低；也有駕駛人指出克維爾（Corvair）汽車的安全設計有問題，使大眾購買此種汽車的興趣降低不少。

當時，某些大公司遂開始對消費者主義加以反擊，認為現代消費者的福利已較從前好得多，過分限制生產者的行動只會導致銷售成本

的提高，而所增加的成本遲早會再轉嫁到消費者自己的身上。但是，有遠見的企業家們發現消費者主義不但不會構成行銷的阻力，反而是一種相當大的助力。任何產品的最終目的皆在滿足消費者的需求，惟有能令消費者滿意的產品才會產生利潤，故企業的利益與消費者利益是一致的。

（四）面對挑戰

最後，消費者主義的興起意味著今日的消費者要求已大為提高，他們不再是從前的順從者，會任由生產者予取予求，相反地，他們已時時刻刻仔細研究產品及其宣傳方式，以免遭致無謂的損失。這雖使行銷工作面臨了更嚴格的考驗，但是，未嘗不是件好事；因為今後任何企業必須以更紮實的做法來迎接新的挑戰，品質低劣的產品與不夠格的生產者，將難逃被淘汰的命運，優勝劣敗的局勢將更為明顯。

另外，消費者主義也使今日的行銷經理發現他所負擔的責任正在擴大，並更加艱鉅。他必須花更多的時間來檢查產品的成分、檢驗產品的安全性能、提供充足的資訊、檢討其銷售推廣策略、發展明確的產品保證等等；必要的情況下，他甚至要與公司的律師檢討許多決策以免誤觸法規而受到制裁。

最重要的是，消費者主義實際上已展示了一種嶄新的行銷觀念。它促使行銷經理們從消費者的觀點來考慮行銷工作，同時指出了可能為生產者們所忽略的消費者的需求。一個成功的行銷主管應該努力找出隱含在消費者主義中的積極機會，而不是消極的應付消費者問題。

思考問題

1. 消費市場發展過程有哪六個階段？
2. 何謂直銷（Direct Marketing）？
3. 什麼是消費者覺醒？

鵲橋婚姻介紹所

在「第九章掌握行銷的溝通」裡，我們要與讀者分享一則故事：鵲橋婚姻介紹所。

日本日立公司有一位名叫田中的工程師，他為日立公司工作近12年了，對他來說，公司就是他的家，因為連他美滿的婚姻都是公司促成的。因為日立公司設立了一個專門為員工架設「鵲橋」的「婚姻介紹所」。日立公司人力資源站的管理人員說：「這樣做具有穩定員工、增強企業凝聚力的作用。」

日立「鵲橋」辦公總部設在東京日立保險公司大廈八樓。田中剛進公司，便在同事的鼓舞，把學歷、愛好、家庭背景、身高、體重等資料輸入「鵲橋」電腦網路，當一位員工遞上求偶申請書後，異性未婚者便有權調閱電腦檔案，申請者往往利用休息日慢慢地、仔細地調閱這些檔案，直到找到滿意的對象為止，一旦他(她)被選中，聯繫人會將挑選者的資料寄給被選中的人，被選方如果同意見面，公司就安排雙方約會。約會後，雙方都必須向聯繫人報告對對方的看法。

有一天，在日立公司當接線員的富澤惠子從電腦螢幕走進了田中的生活，他們的第一次約會是週末，在辦公室附近的一家餐廳裡共進午餐，這一頓飯吃了大約4個小時，不到一年，他們便結婚了，婚禮是由公司的月下老人主辦，而來賓有70%都是田中夫婦的同事。

有些企業禁止內部員工戀愛。其實，這種做法是不合法，也不可取。「拆散情侶」只會消磨員工的士氣。相反地，如果一個人能在公司中體會到家庭般的氣氛，他便會安心，在無形中，士氣自然也就提高了，這樣的管理成效是一般的獎金、晉升所無法比擬的。

Chapter **10**

掌握管理的溝通

01 管理的人員溝通

根據本節的「管理的人員溝通」主題，我們要進行以下三項議題的討論：

1. 建立管理溝通模式
2. 尋求雙方溝通共識
3. 發揮明確互動效益

在本節裡，我們將討論能夠儘量保持工作指令溝通明確的方法。雖然我們所討論的是針對一對一的人員管理的溝通，但本節所討論的內容也適用於任何的溝通場合。

一、建立管理溝通模式

建立管理溝通模式是管理人員溝通的首要任務。人員管理難度之一在於溝通問題，這些問題不但影響溝通的結果，甚至可能衍生更多的新問題。以下提供三項討論議題：溝通問題關鍵，制訂溝通議程，以及指出溝通方向。

（一）溝通問題關鍵

首先，管理者對員工的工作指令單調、僵化、重複與持續時間太長。正因為如此，在整個工作指令中，很難保持明確度。溝通時，意

想不到的問題時而出現，再者，當受派者試圖迴避討論內容的時候，管理者可能會失去對溝通的控制；其次，受派者還可能提出管理者無法解決的難題，讓管理者可能自己也弄不清楚，以至無法用部屬能夠接受的方法來表達自己的意思。這兩項問題在指派中經常出現，同時在溝通場合也會出現！有時它的影響不是很大，但是，當問題涉及到員工與績效時，其影響就大了。因此，溝通工作者有必要討論如何保持工作指令的明確度。

如何建立有效的管理溝通模式？從管理心理學的觀點，管理者與員工指派溝通出現問題時，其原因可回溯到溝通最初的幾分鐘，這是因為我們下意識地就是喜歡開門見山，再一步步深入溝通的主題，而不是先設想一個討論的程序。這使溝通缺乏模式，從而導致溝通不夠明確。

（二）制訂溝通議程

設計討論程序的方法是去制訂「議程」，因為議程就是一種溝通模式，它可列出該談的事情以及所談事情的順序。然而，開始時制訂的議程，並不能保證在溝通時一成不變。要保持明確，在整個討論過程中還需要積極地控制議程。這就叫建立模式，給溝通提供明確的輪廓和方向。

在建立模式方面，管理者需要做兩件事。首先，詳細研究一下在討論難題時，如何建立合適的溝通模式，最後，辦一些活動來幫助管理者實踐這些技能。這裡有一個練習題，讓管理者思考對目前的溝通，管理者怎樣建立模式。

1. 在開始時，管理者是否花時間為這些溝通討論事情建立模式呢？

2. 如果是，管理者是怎麼做的？是如何做到的？

3. 如果不是，管理者是否認爲這些溝通最終缺乏明確？

4. 管理者是否有意願爲溝通建立模式呢？

5. 如果是，管理者怎麼做的？

6. 如果不是，管理者認爲他的溝通已經足夠明確？

（三）指出溝通方向

指出溝通方向是制訂議程之後的重要工作。我們把一次溝通當成一次陸地旅行也許會對管理者有幫助。管理者的目的是得到預期的結果 (或者說，如果管理者不清楚管理者的預期結果是什麼，管理者很可能會迷失方向。) 然後，管理者可以把模式當成管理者的路線。它通常由幾部分組成：從家到普通公路路段；從普通公路到高速公路路段；從交流道到辦公室路段。每路段都是不同的，但依次連接，最終導向目的地。每一路段都需要司機有不同的駕駛的方法，例如快慢轉換，停止與重新啓動。

爲溝通建立模式，需要將整個討論內容分成幾個部分，或叫做議程項目，使其按預定順序發展直至達到預期的結果。每一部分內容在溝通開始之前，以提綱的形式描述出來，就像導航員向舵手解釋該走哪條航線一樣。

如果主管不先把某成員目前的背景情況告訴大家，讓大家幫主管分析一下眼前問題的原因；再一起討論主管提出的選擇方法，看看還有沒有別的解決方法。這樣討論後，主管將會知道怎樣做。由於人們都想知道溝通如何按他們設想的方式進行。因爲這樣會確保他們達到預期目的。同時，透過對將要發生事情的明確預見，有助於他們爲溝通做充分的準備。

管理者在溝通中應該給部屬更多的指導，去提醒將會發生的事情，並提供詳細情況：根據正在發生的情況，管理者也許需要改變方

向。我們應花一點時間思考一下，爲避免類似問題再次出現，管理者要採取的對策。

二、尋求雙方溝通共識

尋求雙方溝通共識是管理人員溝通的第二項任務。有效管理溝通的前提，我們已經討論過指出溝通方向的作用，然後建立溝通模式，將給管理者帶來實踐的機會。如果管理者當時確定溝通模式的話，溝通會很成功。

（一）指出溝通方向

透過將其內容分成幾部分，在開始時管理者本應指出溝通的方向，並說明管理者希望的溝通模式。

```
出發點
————→在開始時對整個路線指出方向
  ————→在每一路段開始時指出方向
    ————→預期結果
```

（二）確定討論重點

在前面，基本溝通方向的模式已經被勾畫出來了，它適用於任何形式的溝通，不論是工作指令，還是群體會談。尤其涉及人員管理問題的討論，更需要建立精確的模式，才能使討論有很好的結果。當我們瞭解到指派者討論員工績效通常採用的方法時，我們更感到確定討論重點的必要性。指派者常常因爲沒有做到這一點而給自己帶來若干問題。個案研究便是一個非常典型的個案，嘗試思考一下，管理者在指派時的表現。請參考下面的對話：

指派者：下面我們來談談時間管理問題，從總體上看，管理者覺得去年的時間管理得怎樣？

受派者：我們認為還可以。

指派者：管理者不認為受派者做的很好，他為什麼那樣想呢？

受派者：部屬變得有些疑慮。

受派者：質問管理者，是怎麼了。是否在時間管理上有問題嗎？

指派者：沒有，那麼，管理者是怎麼認為…？

根據上面的例子，請思考以下問題：

1. 在一次指派中，管理者以怎樣的方式開始討論員工績效的？
2. 是否與上述個案相似？
3. 如果是的話，當受派者與管理者在績效問題上有不同看法時，是否出現問題？
4. 如果不是，管理者通常怎樣開始討論？

在個案研究中的開頭方式通常給指派帶來困難，因為它使討論偏差了，指派人想討論的話題：受派者的時間管理問題。但是他們卻圍繞這個問題，造成彼此不愉快的氣氛，雙方都沒有談出他們真正想談的問題。結果浪費了許多時間，溝通的氣氛受到破壞。要避免陷入這個圈套，人們需要從一開始就確定討論的重點，以確保他們能夠提出實質性的辦法。下面要談的制訂綱要，可以幫助管理者做到這點。

三、發揮明確互動效益

發揮明確互動效益是管理人員溝通的第三項任務。發揮明確互動效益主要是建立在制訂溝通綱要基礎之上。制訂溝通綱要包括以下三個階段。

（一）明確目的

第一步，管理者所要的明確溝通的目的，肯定不能是一個可以引起異議或遭到抵制的目的，必須是：總體的意圖的表達，而不是一個具體的結果或解決方法。明確的對他人有利的表達。例如，管理者可以如此說：「我們想和管理者討論一下時間管理的問題，以便於我們可以確信管理者能以最有效的辦法處理管理者的工作，而不致於使管理者負擔過重。」這句話爲管理者提出批評掃清了障礙，並很可能激發起共同處理問題的責任心。

（二）說明觀點

第二步，闡明管理者的觀點。因爲指派者通常不願意提出否定的回饋，他們通常希望受派者承認他們的弱點。這樣他們就不用公開地指出其缺點。受派者不願意這麼做，尤其是關係到加薪問題時！指派困難產生的主要原因就是指派者在解決績效問題時，不說清楚自己對績效問題的見解。他對受派者的時間管理就非常不滿意，但他沒有明確提出來，於是他很可能做以下一件或全部的偏差情形：

1. 沒有給討論提出一個明確的主題。使他自己陷入問題是否存在的爭論中，而不探究問題的原因。溝通結束後，卻說幾句使情況更糟的批評言語。

2. 闡述對問題的看法，這有助於管理者明確自己的觀點，使管理者在討論問題時輕鬆自如。例如，我們關心管理者目前工作的辛苦程度，同時也擔心如果管理者自己不注意的話，管理者會把自己搞垮的！

3. 我們不喜歡管理者做事的優先順序，以及這個順序反而是讓管理者要求準時完成工作更不容易達成。透過描述管理者的感受（關心，不高興），使批評變得委婉，易於被他人接受。

以上如此明確的觀點，也許讓人感到風險很大。事實上，不如此做的話，風險更大。透過陳述管理者對績效方面的擔心，管理者已清楚指出：這是一個需要解決的問題。管理者要提出一些細節，來說明管理者的擔心。如果管理者認為他人績效有問題，而事實正是如此，那麼討論的重點是如何解決問題，而不應該追究問題是否存在。

（三）討論模式

第三步，澄清自己的觀點之後，按本節前面提到的方法，管理者就可以建立明確的討論模式，以下是一個管理者想建立的模式，去審核受派者的時間管理。

我們目前討論的是管理者如何確定工作的先後順序。看看這個先後順序給管理者的工作帶來了什麼影響，並指派一下它們需要哪些改變，以及怎麼改變。我們想在談話結束時，與管理者達成共識讓管理者今後三個月工作的先後順序，然後計劃一下管理者怎樣運用這個先後順序來調整管理者的工作量。像如此的模式使管理者能夠以具體的方法把注意力集中在一個問題上。

思考問題

1. 在建立模式方面，管理者需要做哪兩件事？
2. 制訂溝通綱要包括哪三個階段？

02 管理的團隊溝通

根據本節的「管理的團隊溝通」主題，我們要進行以下四項議題的討論：

1. 瞭解個人和團隊互動
2. 找出運作問題的根源
3. 管理關鍵的互相作用
4. 奧普拉與團隊的故事

本節「管理的團隊溝通」，重點在提高對團隊的運作方法問題的認識，然後介紹運作方法的互動層次以便幫助讀者認識管理關鍵的互相作用。最後，以奧普拉的故事作為有效互相作用的個案。

一、瞭解個人和團隊互動

團隊管理溝通的基礎是建立在員工個人與企業團隊互動的基礎上。這種互動關係包括正式與非正式兩種互動，而互動的工具是溝通。也就是人們說些什麼以及怎樣去說。其次，說話者對人持什麼態度，身體語言的表現以及是屬於哪種溝通類型。最後，還有一些同樣重要的是，聽話者如何聽，如何瞭解以及如何回話。

（一）認識互動

按照互動學的用語，有效的溝通應有以下三個特徵：

第一，自覺性。溝通者本人知道自己在做什麼與說什麼。例如，他知道聽懂到了什麼程度，他也知道自己打斷別人談話。

第二，靈活性。溝通者善於根據情況改變自己的互動。他們能夠估計情況，選擇正確的互動方式。

第三，選擇性。溝通者的互動有許多方式可供選擇，有選擇的餘地。例如，當他主持會議時，他可以控制會議的進行方式，也可以掌握討論的內容。

我們討論以上特徵，要經常回顧自己與別人互相作用的方式，對提高自覺有很多好處。但也有局限性，因為自我認識總不夠精確，人對自己互動的認識或多或少有所扭曲。如果想得到比較全面的認識，需要別人的回饋。以下，我們將介紹幾種管理互動類型的方法。有些方法可能讀者也在用，有些可能是新的，讀者完全可以列入自己的溝通資料庫。讀者根據自己的情況選擇合適的方法，隨時取用。

（二）三種技巧

由於篇幅，無法為讀者提供更多的理論，因為只有透過實務，使用合適的方法之後才能逐漸變得靈活。有不少人就是在理論上似乎懂得怎麼溝通而實際不會去執行。有些活動的內容就是向讀者介紹實際應用這些技巧。我們將介紹一種互動技能的領域，但以下三種技巧是管理團隊溝通的主要問題。

第一‧團隊工作的技能。這是團隊內有效溝通的核心互動技巧，可以幫助讀者更加瞭解並管理自己的互動及別人的互動。

第二，運作方法的管理技能。涉及對運作方法的4個層次中兩個層次的管理工作，一是程序層次和對會議及團隊討論的管理，二是社會層次和對團隊動態的管理。

第三，影響溝通的技能。說服別人按讀者要求去做的技巧，涉及如何克服別人的抗拒並引起他們改變的願望。

在與他人相互作用時，離不開選擇。一般是對他人對情況的無意識的本能反應，但個人的互動風格表面看來雖然好像是天生的，實際卻是一系列認真的選擇，隨年齡和心智成長與工作經驗累積學習。這些風格大都已成為個人的第二天性，所以一時不易覺察。人們甚至沒有發現自己在行動時，都從不同方案中選擇一個合適的來使用，由於互動的選擇不為人們熟知，就以為都是唯一的互動方案。發現日常互動實際是可以分得很細的各種選擇，這如同在顯微鏡下看到許多肉眼從未見過的細節一樣。

二、找出運作問題的根源

在認識個人和團隊互動之後，我們要找出運作問題的根源。建議讀者回憶自己曾經未能作出的選擇以提高對選擇的意識。經過有意識思考才能評價它們的得失，並進行控制。由於種種選擇不易被人覺察，單靠思索還不夠，所以還要請別人對讀者的互動的感覺作出回饋。

（一）互動回饋

請別人回饋對自己互動的認識有一定風險。以下準則可幫助讀者把別人回饋對自己互動技巧的感覺的風險降至最低。

第一，請信得過的人提供真誠的回饋。這些人應當是願意幫助自己或準備批評自己的人。

第二，要講清楚自己為什麼要徵求回饋和所需回饋的具體內容。不能籠統說自己是什麼類型的人，所需的是就自己互動的某一方面的回饋。

第三，別人的回饋只是他本人的認識，不是真相。只是他們的認

識，從中也反映出他們本人，並非只是在說您。不必有什麼維護性的反應，更不必拿出來討論。

第四，請花些時間對回饋進行思索。不必太快反對或同意，只看它有沒有什麼價值，然後再決定取捨。

（二）實務操作

互動的活動有助於對介紹的技能進行實務操作。要提高技巧，實務自然是必不可少，但有些活動也不一定全都適合讀者使用。請按以下原則確定實務的方案。

第一，選擇要使用哪一種技巧，在哪一次會議或談話中去試驗，都要心中有數。一次只實驗一種技巧。

第二，提供實務用的會議或談話最好是結果和讀者關係不甚重要的，以免分心而不能專心致志地研究技巧。

第三，目標一定要定得合適，力所能及。

三、管理關鍵的互相作用

管理關鍵的互相作用是有效管理的團隊溝通的結果。

（一）團隊的意義

「團隊」（Team）是一個愈來愈流行的名詞，也是帶領我們進入知識世紀的工作方式。《財星雜誌》（Fortune）指出，進入知識世紀，企業面臨的問題愈來愈複雜、橫跨的部門愈來愈多，必須要結合多元的技能才能夠處理，也就是需要集合團隊來應對。不過，雖然大家的團隊工作經驗愈來愈豐富，但是，真正成功、具有向心力的團隊，卻仍是很少。多數的團隊只是虛有其名的團體（Group），實際上成員各行其是，沒有團隊精神。為什麼？問題的癥結，就在於團隊多元的本質。

存在的利害關係與矛盾，使得團隊在許多企業裡，功能不彰。曾任教於哈佛管理學院的教授唐妮倫（Anne Donnellon：Leading Teams，2006）指出，團隊結合了多元背景、技能、經驗、觀點的人才，先天上就充滿了種種的矛盾與衝突。來自不同部門的團隊成員，既要認同於自己原來部門的工作價值與習慣，又要與其他成員凝聚向心力，培養團隊獨有的價值與工作方式。各具專業能力的團隊成員，既要依照自己的專業獨立作業、獨立判斷、爭取個人的表現，又要與其他成員相互依賴、共同合作，一切以團隊為優先。

團隊成員在飽受這些個人與團隊的兩極化交戰後，許多人選擇保持自我，與團隊保持貌合神離的關係，使得團隊名存實亡。要挽救團隊，解決團隊的矛盾，企業管理專家紛紛提出解決方法。《財星雜誌》建議由組織制度下手，建議企業將溝通與獎勵的對象由個人改為團隊，增加大家以團隊為優先的誘因。唐妮倫則是從團隊成員下手，教大家從說話增進對團隊的向心力。她認為溝通是團隊交換資訊、做成決議、形成計畫的主要媒介，因此，從團隊成員的談話方式中，可以看出團隊的問題，也能藉由改變談話方式，扭轉團隊的情勢。

唐妮倫教授在《團隊溝通》（*Team Talk The Power of Language in Team Dynamics*, 1996）一書中，提出了六個層面來分析團隊的日常溝通。每個層面都有兩種說話類型，一種是以團隊為優先，具有向心力的正面說話方式。一種是以個人為優先，沒有向心力的負面說話方式。如果團隊成員都是以團隊優先的方式溝通，自然就能夠培養團隊的向心力。

（二）團隊的層面

以下介紹團隊成功溝通的六個層面。

1. 團隊認同

團隊成員身兼數職的認同問題，是團隊成員面臨的首要挑戰。

以團隊為優先的成員，對團隊的認同程度，至少與自己原來部門一樣高，談話中常以「我們」代表團隊。而心裏仍然偏向自己原部門的成員，談話中的「我們」，則是代表原來的部門。

2. 互相依賴

團隊成員彼此互信互賴，是團隊的重要特質。能夠相互依賴的成員，在言談中會表達出大家共同的利益、自己的需要，也會詢問其他人的看法與需要。例如「在我開始工作前，我想聽聽你的意見」，「讓我們一起看看今天的進度」。缺乏互信互賴的團隊成員，言語中會流露出個人的意圖、 對別人的挑戰、不回答別人的問題等。例如「我一個人就可以完成產品設計」，「我會告訴顧客什麼時候可以拿到成品」。

3. 權力差異

最理想的團隊是不分權位高低，大家平起平坐，盡己所能的為團隊奉獻，溝通時常用間接的詢問、帶著客氣的態度。例如「有什麼辦法可以更快完成工作嗎？」你可以再多告訴我們一點關於這個計畫的細節嗎？如果成員將原有的頭銜、權力帶到團隊中，展現自己高高在上的權力，就會出現絕對肯定、命令式的說話方式。例如：「我認為我們做錯了」，「你明天就要把這些資料準備好」。這樣會壓抑大家表達意見的負面影響。

4. 人際距離

團隊中的影響力不是靠權力與位階，而是建立在親近、包容、互惠之上。帶著輕鬆、同情、欣賞的說話語氣，或是彼此用綽號稱呼，都是親近、包容的表現。例如：「我就知道你辦得到」，「小陳……」。相反的，過度正式的語言、過度客氣的稱呼，例如「陳主任……是不是可以請你……」，就是成員彼此疏遠的表現。

5. 處理衝突方法

由於團隊中集合了各式各樣的人，衝突是在所難免。如果團隊在

面臨衝突時，出現「就用她需要的方式來做好了吧」等的語句，就是以命令、威脅、默認的方式處理衝突，並不能達成真正的團隊合作。要建立真正融合的團隊，就必須真正面對衝突，以表達共同的問題、詢問別人的需要、分析結果的方式說話，設法使大家合作。例如「你還需要我們告訴你什麼資訊，你才能進行工作？」、「如果我們採用這個方法，會有什麼連帶的代價？」

6. 協商的過程

一味表達個人立場而非為團隊利益，或是以權力壓制別人，是破壞團結的單方面勝利。例如：「我們已經說了好多次了，要有了甲才能進行乙。」凝聚向心力的協商方式是要創造雙贏，要分析其他人的想法、從別人的角度重新評估自己的利益。例如：「如果我這樣做，對你會有什麼影響？」團隊的工作方式是組織未來的趨勢，也是每個人面對的挑戰。每個人都需要團隊合作的技巧，才能有出色的表現；而合作的技巧，就從簡單的說話開始。

四、奧普拉團隊經驗故事

一位非洲裔美國婦女的團隊經驗。她年紀輕輕就成為一個電視新聞主播，隨後主管卻沒有經過溝通就被降級了，因為，經理認為她並不適合做現在這種工作。

（一）面對挫折

她19歲時，成為了第一個非洲裔的美國新聞主播，為納什維爾（Nashville）的WTVF一TV電視台工作。她做的很好，三年以後，她又跳槽到更大的巴爾地摩（Baltimore）的WJZ一TV電視台去主持晚間6點檔的新聞。但是，接下來她擔任新聞主播的職業生涯遇到了危機。電視台的製片人認為她在播報嚴肅新聞時，太動感情了。於是他們把她從晚間6點的黃金時段節目撤下來，重新安排她主持比較冷門時段

的早上談話節目People talk（人們在說話），想透過這些調整逐漸打擊她，排擠她。

多數婦女碰到這種情況，恐怕都會選擇結束自己新聞主播的職業生涯了。可是，她沒有。她的反應是什麼呢？她說：「當天早晨新聞播出結束以後，我就在想，感謝上帝，我終於找到適合自己做的事了。」這個新的機會看起來反倒幫助她釋放出自己的溝通潛能。

（二）與成功互動

「人們在說話」這個節目非常成功，輕易地打敗本地市場上另一檔與之競爭的晨間談話節目的「Donahua」。七年以後，這個女主播又去了芝加哥，開始了另一檔節目的主持生涯，節目名稱：Morning to Chicago（芝加哥之晨），為WLS一TV電視台工作。這個節目很快變成全市排名第一的談話類節目，由於和觀眾有良好的互動，到了該年底，電視台決定把這個節目改名為Oprah talk（奧普拉談話），以女主播Oprah（奧普拉）的名字命名。奧普拉回憶說，「有時候不是你選擇職業，而是職業選擇了你。」

機遇隨時可能降落也隨時可能消失。你想要一個很好的機遇嗎？試圖尋找一個大問題並解決它。機遇的造訪，要好好與她溝通，她來去匆匆，請做好準備。什麼時候才是發現機遇並且把握機遇的最好時刻？

管理心理學說，「只有充滿活力的人才能看到機會，那些機會也會回饋回來。」Only energetic people who can see opportunities，those opportunities will return backm。

思考問題

1. 有效的溝通應有哪三個特徵？
2. 管理團隊溝通的主要問題有哪三個技巧？
3. 有哪些準則可幫助讀者把別人回饋對自己互動技巧的感覺之風險降至最低？
4. 團隊成功溝通有哪六個層面？

管理的領導溝通

根據本節的「管理的領導溝通」主題，我們要進行以下四項議題的討論：

1. 領導管理活動
2. 領導管理技巧
3. 管理領導溝通
4. 渴望取得成就

有一群童子軍正在徒步旅行，他們走近一個小山的山頂，而隊長落後在隊伍有相當的距離。當他歇息片刻並和一位農夫談話時，農夫向他說：「你會看到前邊有一隊童子軍」，他說：「我是他們的隊長」（Rex A. Skidmore：*Social Work Administration*：*Dynamic Management and Human Relationships*.3rd Edition, 1994）。

領導是一種地位，同時是配合能力的表現。地位是表示一個人有控制特定情況的權力和責任，並居於指導或領導的職位。領導能力是影響他與屬下關係的力量和技巧，使得別人願意來追隨他的領導。領導包括有能力去達成與別人相處時的期待性改變或行為，這種能力包含引起別人思考、感覺或行動的一種變動。

創造性的領導是今日工作的要務。在十九世紀和二十世紀的初期，領導者是為了使工作成為專業的發展來努力，而現在的工作領導

者，則需要去協調公眾的、官方的、宗教和其他社團的與社區的領導者。針對這個需要，領導者應當瞭解更多人民和他們的社會關係、社會問題與需求，以及幫助他們在互動情況下，有比較好的功能反應。

一、領導管理活動

領導角色是行政主管在社會服務機構中執行工作的表現。有研究報告指出，工作行政主管在每一項工作的平均花費時間，可見主管在不同的活動中表現不同的領導角色和參與。大部分是投入機構的經營及與員工的互動，有些在小機構的主管需要參與直接對顧客的服務，有些是要參與研究計畫，而大多數則花費相當的時間在機構的聯繫和公共關係上。

不管是一般實務機構或教育系統單位，工作主管經常由於個人和專業因素導致從某一機構或組織轉換到別的機構去。傑克•奧的斯和佩內洛普•卡拉岡（Jack Otis and Penelope Caragonne）（1979）的報告提起，1976到1977年間，有八十五所工作研究學院的職位中，空缺達到27%，在1975到1977年間則高達33%。他們的研究中指出影響他們理智而不願意繼續擔任領導職位有許多因素，其主要的壓力來源包括基金籌募活動，教職員問題，無力追求自己的專業目標，職位上缺乏足夠時間和責任上的行政支持，大學的行政系統問題，個人關懷問題和學生問題等七項。

二、領導管理技巧

在工作事務工作中，有效的領導者重要特性如下。

1. 擇善固執

有能力的領導者是善於思考的、作好的規劃、提供適當的建議、貫徹決策和計畫。他們在考慮一個建議時，尤其是認為事情是重要

的，不會在初次就說「不」。此外，行政主管需要勇氣、堅信和自信，以便達成所要的結果。假若領導者被告知沒有方法再增加預算時，他將研究如何獲得經費的額外機會，而且主管也一再地確信機構能為社區提供最佳的可能服務。

2. 時間管理

有能力的主管不僅尊重自己的時間價值，同時也尊重他人的時間價值。他計劃整個機構的運作，讓每一位工作者的時間能發揮最佳的服務。好的領導者有智慧的使用他們的時間，有效率的計劃工作，而且盡可能快速的完成它。每一天早上，他為一天的事物設定目標，排出優先順序並去完成。

艾倫‧拉金（Alan Lakein）的《如何管理你的時間和生活》（*How to Get Control of Your Time and Your Life*）一書中，提到改善時間運用的七個建議如下：

(1)列出詳細的目標。

(2)列出每日要完成的事項。

(3)設定ABC的優先順序。

(4)先作A項，然後是B項事情。

(5)立刻算出時間的最佳使用方式。

(6)處理僅有一次可以做到的事情，使用一張紙。

(7)現在就做。

此外，查爾斯‧霍布斯（Charles Hobbs）也在他的書中描寫了時間權力系統（A Time Power System），它不管你是否喜歡某一件事情需要完成，而是幫助你去做需要做的事情。

3. 妥協與折衷

有能力的領導者是樂意承認他們並非萬事通，即使他對某事非常

清楚，但是他依然開暢心懷，並樂意聽取另一邊的意見。有效的領導者當他們知道自己錯誤或有不正確的消息時，他們願意讓步。假定他們不同意部屬，他們也樂意妥協，且知道去包容所有人的利益。他們知道自己的思考對機構未必是最好的，而且他們對部屬及機構的進一步目標之關係是爲了維持整個良好的關係。

4. 和諧的接觸

領導者必須允許每一位工作者在機構中有關於目標、需求和政策的事情，盡可能有比較多表達意見的自由。通常領導者不會與部屬競爭，但是提供機會給他們，且和他們工作，而不是命令他們工作。因此，領導者的每一句話對部屬都重要。此外，對機構而言，什麼是最好的和領導者認爲是對的，二者可能有相當的差異，而對機構是最好的，則應當優先被考慮。

5.創造力

創造力是在原始的風格裡思考和行動，它不是天賦的才能，而應該是工作機構裡領導者訓練磨練出來的特性。領導者必須定期，每一天或每一禮拜針對改善機構服務品質思考和計劃新的、有效的方式。不管是個人或在團體中，領導者也要能夠提供時間和機會，並鼓勵所有部屬也照如此做。

6.價值觀和領導

人類價值的衝突是領導和管理問題的重要因素。價值差異廣泛普遍的被認知存在於人與人之間、文化之間，對人的思考、行動和行爲的影響被嚴重的低估了。當然，這相同看法也能運用到工作事務上。

今天大多數在工作實務及教育界的領導者，他們之所以居於領導地位，是其工作經驗累積的結果，而沒有得到領導地位的特別訓練。較早，大多數的管理學院爲了準備成爲行政和領導者而開設的課程，提供他們獲得行政的知識、行政領導態度、以及獲得領導技巧。此外，在機構裡對工作行政人員在行政上的職位訓練，也是相當的需

要。臨床的實務並不足以使工作轉換為領導角色。故此,管理學院需要擴大提供更多的行政領導訓練。

三、管理領導溝通

管理領導溝通是一種工作的程序,這個程序首先要想好一個能夠清楚表達的目標,然後,建立在利己利彼的基礎上滿足雙方的需求。最後,想好退一步可以怎麼辦,如果遭到拒絕,不要立刻放棄,並持續努力。協商溝通無疑是二十一世紀愈來愈重要的新管理工具。

(一)溝通協商時代

商場交易經常處於爾虞我詐或你死我活的九○年代已經過去。二十一世紀是一個溝通協商的時代:以協商溝通代替衝突對立、以合作解決問題、以彼此都獲益為目標。 最具體的證明是協商談判在近年成為最熱門的企管課程之一,連著名的哈佛商學院也更改 MBA 新生的課,加入了一門「資訊、決策與協商」的必修課,灌輸管理者亦是協商者的觀念。更由於二十一世紀的組織變化,促使了工作團隊彈性化、勞動力多元化等新工作趨勢,管理者與員工之間的工作關係正待重新定義,而達成新關係的最佳工具,便是協商溝通。

(二)協商工作關係

另一方面,排除協商工作,以掌握控制權的主管不見得每次都能佔上風。溝通得當,員工同樣有機會為自己談出好條件。例如,你希望向上級請求調職,協商時應該讓主管明瞭你的目的,強調以你所累積的能力與經驗來擔任調職後的工作,其實對公司的助益也許更大。重要的是,即使協商之後你的請求仍然未獲通過,先不必失望,如果上級認為你的能力不足,建議你最好還是一步一步來, 繼續加強本身的能力。

掌握好協商的基本方向：想好一個明確、能夠清楚表達的目標。聽起來很簡單，但是許多人甚至坐到談判桌上了，都還搞不清楚狀況。充分的準備很重要，不但要想清楚自己要的是什麼，底限在哪裡，還要很清楚目標背後的動機。例如，你所以想要晉升某個職位，是為了更大的挑戰，還是純粹為了更多金錢。

（三）配合對方需要

知道自己的目標之外，還要知道對方的需求，找出也能符合對方需求的解決方案。就像公司希望員工接受更好的訓練以增加彈性，員工其實也希望接受適當的訓練，以保障就業，好的訓練方案應該讓公司和員工互蒙其利。同樣地，想要請育兒假的員工也許可以提議「分擔工作」的方式，儘量尋找適合雙方的最佳替代方案。

先想好退一步可以怎麼辦。員工福利或勞資合約，如果不能夠找出你最想要的結果，至少要設法達成可以讓你與對方都能夠接受的協議。如果遭到拒絕，不要立刻放棄。專家建議，當協商過程開始讓你激動甚至憤怒時，應該停止協商，日後再找機會談。如果當時無法中斷，最好重整思維，想想自己要的到底是什麼，然後再嘗試。

（四）有效化解衝突

化解衝突之鑰是正確的「聽」和「說」。如果採取以下的聆聽方式，許多人將不再那麼令你頭痛。

1. 塑造契合的氣氛

面對頭痛人物，與其面帶困惑、急於打岔或表示反對，不如幫助對方完整的表達他的想法。以點頭或不時發出適當的聲音，讓對方曉得你在注意聽他說話。

2. 重述對方的話

不時重述對方所說的話。這樣做可以傳達一個訊息：你不但在注意聽，而且你覺得他的話很重要。

3. 釐清對方觀點

釐清對方的觀點。當你和頭痛人物相處的時候，問正確的問題可能比提出正確的答案還要重要，多問「為什麼？」、「如何」等開放式問題，釐清對方真正的看法。

4. 整理聽到的話

把你剛剛聽到的話，做個總整理。好處是：(1)假如你剛剛聽漏了什麼，可以趁這個時候補回來；(2)你再度證明你努力促進雙方充分瞭解。因此，更容易贏得對方的合作。

5. 確認

不要自作聰明，要確定對方真的認為問題已經表達清楚。問他「還有沒有其他事情需要談清楚？你覺得我們彼此充分瞭解了嗎？」

四，渴望取得成就

美國哲學家杜威(John Dewey)認為人類本性中最深層最強烈的衝動就是「渴望變成重要人物」，也就是渴望取得個人的成就。這種衝動在工作上的表現被主管賞識。

（一）成為重要人物

每一位員工都希望能夠施展他們的才華，並且讓主管與其他同事知道他們工作的價值。每一個為你工作或者和你共事的人皆是如此：希望成為重要人物。你應該表現出對他們的欣賞，讓他們覺得自己的工作的確是有用的，自己是有貢獻的。而表面上奉承一下簡直是太容易做到了。

我們一定聽過這句諺語：「恭維走遍天下」。其實別信這一套，人們早就學會忽略那些虛偽或者虛假的恭維。從長期來看，如果別人不喜歡你，那麼恭維是毫無作用的。只有真心地、發自內心地感激別

人，才有可能改變一個人的觀念。卡內基就曾說過一個故事，他最初還是從保羅‧哈維（Paul Harvey）的廣播中聽來的，名為（故事的另一半，The other half of the story）。

（二）史蒂夫的故事

那是許多年以前，在底特律，有一隻老鼠爬過一間教室的地板，隨後消失了。課堂的老師叫一個學生史蒂夫‧摩爾斯（Steve Morse）來幫助她一起找這隻老鼠，雖然這個學生是個盲人。老師認為，這個學生有過人的聽力，這正可以彌補他視覺上的缺陷。這是第一次有人欣賞這個孩子的敏銳聽覺。

當史蒂夫傾聽老鼠動靜的時候，其他學生都保持寂靜無聲。這個孩子很快聽出，聲音是從一個廢棄的籃子裡發出的。本尼杜西小姐完全相信他，很快就在破籃子後面發現了小老鼠。很多年以後，改名為史蒂夫‧旺德的史蒂夫‧摩爾斯獲得了十七次格萊美獎（Grammy Awards）和一次奧斯卡獎（Oscar Awards）。他已經售出超過七億張唱片，和披頭四（The Beatles）還有貓王（Elvis Presley）一樣排在銷售榜的最前列。史蒂夫‧摩爾斯認為老師那次對他聽覺的賞識是他整個人生的轉折點。參考他的傳記 *Guitar One Presents Open Ears: A Journey Through Life with Guitar in Hand*, 2001。

從故事中我們可以看到：要欣賞為你服務的員工，你必須瞭解他們。只有當你花費時間和精力來瞭解你的員工，告訴他們工作做得有多好，知道他們為你公司的勝利提供哪些幫助時，你才能真正地欣賞他們，給予他們正在尋找和追求的認同感。最好的管理人員總是慷慨地讚揚手下的員工。

思考問題

1. 工作行政主管在每一項工作平均花費的時間在哪一方面最多？
2. 在工作事務工作中，有效的領導者重要特性有哪些？
3. 為什麼知道自己的目標之外，還要知道對方的需求？

鯰魚效應

　　在「第十章掌握管理的溝通」裡，我們要與讀者分享一則故事：鯰魚效應。

　　一個企業如果行銷人員長期固定，就缺乏活力與新鮮感，容易產生惰性。因此，有必要找些外來的新人加入公司團隊，可以激發人們的潛力。這樣一來，企業團隊就自然而然生機勃勃了。

　　西班牙人愛吃沙丁魚，但沙丁魚非常嬌貴，非常不適應離開大海後的環境。當漁民們把剛捕撈上來的沙丁魚放入魚槽，運回碼頭後，過不了多久，沙丁魚就會死去。而死掉的沙丁魚味道差，銷量也差。倘若抵港時，沙丁魚還存活著，魚的賣價就要比死魚高出許多倍。為了延長沙丁魚的生命，漁民想盡辦法要讓魚活著到達港口。後來漁民想出一個法子，將幾條沙丁魚的天敵鯰魚放在魚槽裡。因為鯰魚是肉食魚，放進魚槽後，鯰魚便會四處游動尋找小魚吃。為了躲避天敵的吞食，沙丁魚自然加速游動，進而保持了旺盛的生命力。如此一來，活生生沙丁魚帶給漁民們豐碩的收入。

　　這個故事在經濟學上被稱作「鯰魚效應」（Catfish Effect）。用人亦然，一個企業如果行銷人員長期固定，就缺乏活力與新鮮感，容易產生惰性。尤其是一些「老前輩」在公司做久了，就容易厭倦、倚老賣老，因此，有必要找些外來的「鯰魚」加入公司團隊，製造些許緊張氣氛。猶如催化劑的適當競爭，可以激發人們的潛力。這樣一來，企業團隊就自然而然生機勃勃了。

Chapter 11

掌握談判的溝通

01 談判的溝通意向

根據本節的「談判的溝通意向」主題，我們要進行以下三項議題的討論：

1. 談判的意向表達
2. 集中談判的思維
3. 談判的意向展現

在商業談判的溝通中，意向的表達與展現扮演相當重要的角色，是談判者一定要表達的內容。所謂意向（Intent），是指在談判雙方進入主題論述前，所做的相關指標性表現。它是論點的準備，也是進入正題的主要指標。

商業談判溝通中的意向分為兩種：談判進行前的意向和談判進行中的意向。

一、談判的意向表達

談判進行前的意向，是指雙方在實質內容，也就是與交易相關的各種條件，進行談判前的意向表達。該階段的意向要實現三個功效：

❖ 營造主題氣氛
❖ 調整心理趨向

❖ 集中思維方向

談判者的意向實現了這三個功效，也就是讓談判意向指向談判成功。如何才算意向成功？或者說，什麼意向才能成功呢？討論的議題包括：營造主題氣氛與談判的意向選擇，特別是後者的應用，扮演談判溝通成敗的重要角色。

（一）營造主題氣氛

營造主題氣氛，是指談判者根據總體談判策略的需要，透過在談判溝通中表達形成相應的談判氣氛。所謂主題，是強調總體策略的特徵，例如冷淡與熱絡，緊張與鬆散等總體性、基本性的特徵。

在談判溝通中要實現主題氣氛的營造，在表達上需要考慮話題選擇、語句選擇和表情的配合等等。

（二）談判的意向選擇

談判的意向選擇主要包括以下三個項目：話題選擇、語句選擇以及表情的配合。

1. 話題選擇

談判者在談判溝通中作意向表達時，講什麼話題更適合主題氣氛？也就是為話題做選擇。話題有很多，而許多話題中所含有的力量：

其一，「煽情性」的話題，例如：關心體貼之類的話題、歌功頌德的話題、懷舊敘舊的話題、祝福期盼的話題、情誼表達的話題等均屬「煽情性」的話題。

其二，「傷情性」的話題，例如：揭傷疤之類的話題、聲明性的話題、貶低性的話題、失敗性之類的話題等等。

其三，「平淡性」話題，主要包括，就事論事的話題及所有不帶褒貶、不帶好惡感情的話題等等。

在談判溝通的意向中，正確選擇不同類型的話題，才可正確營造所需的主題氣氛，要正確選擇話題，才可以說出相應的語句產生相應的主題氣氛。顯然，傷情的話題是絕不可能營造友好熱烈的氣氛。反之，以煽情性的話題也不可能獲得冷淡的談判氣氛。

2. 語句選擇

語句與話題密切相關。語句本身也有特性，故選擇時必須符合話題的需要。也就是，需先分清語句的類別與特性，然後再選擇。語句有華麗、樸素、柔和與直硬之分。華麗的語句，多指構造複雜，修飾豐富、意向細膩的語句。

在商業談判溝通中要選擇適當表達的對話，例如：

❈ 若不介意，我十分願意花時間詳細表達我們對面臨問題的憂慮。

❈ 有貴方如此大力的配合，我堅信在貴我雙方之間將不會存在解決不了的困難、無法突破的障礙。

❈ 儘管外面天寒地凍，而在室內我們的工作熱情依然高昂，這是我們克服困難的有力保障。

❈ 貴我雙方已有悠久的合作歷史，我堅信在新的合作中，不論出現什麼誤會都可以消除，無論有什麼困難，都會有辦法解決。

首先，樸素的語句，都指構造簡單，不加修飾的語句。如從句使用較少，只由主句語組句子，甚至僅以因果兩句組句。典型的例子例如：

❖ 我很高興認識您。

❖ 要談的議題很複雜。

❖ 下午我們繼續商量。

❖ 我建議用兩天時間談完。

❖ 由於貴我雙方都很忙，日程安排應該可以再緊湊些。

❖ 由於我不熟悉貴方習慣，請貴方先說吧。

其次。直接語句，是指簡潔乾脆、常帶應用請求的語句。例如：

❖ 對不起，我看很難辦到。

❖ 別急，聽我說完。

❖ 您好！幸會。

❖ 希望能配合好。

❖ 是嗎？我聽錯了？

❖ 我實在太忙，請貴方能把握時間。

第三，華麗語句。商業談判溝通中針對不同話題，華麗語句可以用於煽情話題，其中尖刻的修飾也可用於傷情話題。樸素語句可用於平淡話題。直接語句可用於傷情話題。

3. 表情的配合

表情的配合指談判者在談判溝通中表達意向時臉部表現的感情。表達意向時，談判者的臉部表情可以是：

❖ 常常面帶微笑；

❖ 面顯愁容且眼皮沉重；

❖ 臉部平靜且眼神平淡。

不同的表情可以依照想要營造的主題氣氛而選擇。常常面帶微笑的表情應該與煽情話題相配，面顯愁容更適合傷情話題，而臉部平靜的表情適合平淡話題。不過，由於策略需要，在談判溝通中常常會進行複合式的運用。當然，面帶笑容卻大談傷情之事，絕不是好的複合式運用。

二、集中談判的思維

集中談判的思維是指在談判溝通中集中思維方向。將談判雙方的注意力集中到共同的焦點上。換句話說，就是選定共同的談判路線。可使用偵察→瞭解、磋商→判斷、集中→結論等表達手法。

（一）偵察→瞭解

從偵察到瞭解，此手法是讓談判各方各自表明有關時間、地點、議題順序和人員安排等想法，是開放式的思維。開放式思維多以平淡性的語句闡述，有時候加點煽情的語言點綴一番。例如：我方認為要使談判有效率，應從技術性問題談起。當然，如果對方要跳過去談別的也可以，也可提出來討論。

（二）磋商→判斷

從磋商到判斷，則是在開放式思維後，想清楚到底要磋商或判斷。雙方針對各自的意向內容進行對比，加以判斷取捨。此時的意向，沉浸在平淡意向之中，以保持嚴肅認真的氣氛。陳述的思維是對各自長短處的評判，利弊與可能的分析，例如，分組談判的建議，此方式在談判中很有效率。而一方認為，自己沒有足夠的人員參與分組談判，使該方式不可行。也許雙方會有評判的分歧，只要任何一方有動機，均應做出讓步的表達，使工作儘早完成，例如上述分組建議，對方說沒有人力，也就應該撤回建議。

（三）集中→結論

從集中到結論，此手法是清理、彙集評判的思維，也就是做出結論。集中意向，是在平淡中進行，要樸素而清晰地描述，使雙方對共同的談判路線沒有任何誤解。若總結得不好，可能造成雙方準備工作、談判日程的混亂。

三、談判的意向展現

在商業談判過程中，尤其是交易實質條件，包括價格、合約條款、附加條件等，談判過程中，仍然會有意向性的表達出現。其表達的要求多為釐清概念及明確態度。

（一）釐清概念

在進入實質談判後，雙方的意見會相互往來不斷，有的表示反對，有的贊同；有的是詢問問題，有的則是混淆或糾纏。在討論之後，或各種意見交換中，常有意向性表達出現。此時的意思就在於釐清概念。這一概念是界定談判內容，包括兩層含義：所言之物的事與話的定義，以及其後所反映的真正立場及其實質意義。

1. 所言之物的定義

為了確保談判的效率，談判中意向首先要說明白的是：雙方談的應是同一件事物。若你談你的理解，我談我的理解，而理解的不是相同主題，就會使談判陷於徒勞無功。此時，表達的技巧是運用確認和重複的意向方式來實現定義的一致性。確認是指談判議題定義的明白追問，或對理解要求的認同。這種意向的典型例句有：

❀ 等等，貴方講的是這樣嗎？
❀ 對不起，貴方講的非我方所提的問題。
❀ 請原諒我未聽懂貴方的意思，能否再講一遍你的問題？

❖ 很抱歉，貴方理解錯了我方意思。

❖ 請注意，我們似乎離題太遠了。是否還是回到我們共同的問題
　來？

❖ 爲什麼，我們越來越不理解對方了，是否出了什麼錯？

❖ 我們談的可能不是同一回事。

重複是指對談判議題的定義做單方的複述，以確定理解是否無
誤。這種意向的典型例句有：

❖ 如果我沒聽錯的話，貴方是否講這樣？

❖ 請允許我重複一下貴方的意思。

❖ 如果貴方有疑問的話，我可以重複一遍我方的意見。

❖ 我理解，貴方的意思是那樣，對嗎？

❖ 爲了不產生誤會，請讓我將貴方講的意見歸納一下。

2. 確立真正立場

爲了掌握談判的進展，必須掌握發言者的眞正立場。有的談判
者含蓄，或爲了刺探對方情報，故意含糊其詞，在明確雙方講話的同
時，對談話引申出的要求與立場，也要予以界定。對此，意向的手法
主要是追問對方表態。其典型的語句有：

❖ 如果我沒誤解貴方的意見，您是要求這個條件，不同意另外的
　條件，對嗎？

❖ 您講了這麼多，那麼您到底是贊同，還是反對我方的條件呢？

❖ 我理解，到目前爲止，貴我雙方並未就這問題達成共識，差距
　還很大，是嗎？

❖ 貴我雙方已爭議很長時間了，應該靜下來清理一下各自的立

場，看看如何讓雙方意見靠近一些。

（二）明確態度

在談判中，明確態度是指：說明談判雙方對面臨的談判問題所持的主觀願望。釐清概念是意向的基礎性的一步，而明確態度則更進一步，是由表面到內容的一步，是追究其原因的一步。談判過程中，典型的狀況有氣氛緊張，談判激烈時；也有氣氛融洽，彼此理解時；還有平淡之時。在這三種狀況下的意向中，只是態度的意向差異而已。

1. 緊張時

在談判緊張時，此時的意向是要說明：

❖你想怎麼樣？
❖我對此事的看法。

以達到調整雙方態度的目的，使消極化為積極，對抗轉為和平，破壞變成建設。典型的意向有：

❖貴方怎麼啦？若這麼激動是無法交換看法的。
❖我不知什麼地方得罪了貴方。
❖有話請慢慢講，您講得太快，我來不及聽。
❖您的聲調太高，讓我方不容易聽清楚。
❖不知為什麼今天會出現如此情況，讓我方十分驚訝和遺憾。
❖我認為，分歧在所難免，但吵架不能解決問題。還是需雙方拿出誠意來談。
❖我認為，雙方均應重新審視一下各自的條件和態度，冷靜以後再繼續該問題的談判。

2. 融洽時

在談判融洽時，此時意向是雙方如何利用這種積極性加快交易的談判，使談判儘早達到目標。典型的意向有：

❖ 貴我雙方的坦誠和合作態度使談判進行很順利，使所有與會者很受鼓舞。

❖ 既然雙方均有誠意實現交易，我建議在下面的談判中，貴方能儘早提出可行的成交方案。

❖ 雖然貴方的方案已表明了貴方的努力，但仍有些缺陷還沒有糾正，如我方在上午(或昨天)談判中提到的某問題尚未得到答覆。

❖ 既然貴方這麼真誠，我不妨利用這個機會告訴貴方，這交易需儘快進行，以免夜長夢多。

❖ 希望貴我雙方加快談判速度，創造一個良好合作的案例。

3. 平淡時

在談判平淡時，此時說明的是：

❖ 雙方這樣談判下去行不行？

❖ 談判為什麼這樣沉悶？

如果談判並未全面展開，或僅屬相互介紹階段，還未到條件的討論階段，則可以按議程往下談判。若在實際條件談判中，談判既無大的進展，雙方談判也不積極時，就需要做意向的說明。造成這種情況的原因有兩種：沒有成交的熱情，也就是我的條件就這樣，接受不接受都可以。沒有修改條件的餘地，也就是無論有多少批判，能夠表示的條件不多或根本沒有。此時典型的態度說明有：

❖ 我們談了很長時間，貴方的意見沒有講出來，不知爲什麼？

❖ 我們的談判毫無進展，貴方是否沒有意願交易，還是有別的考慮？

❖ 貴方如果不願意考慮我方意見，只要明白講出來，我們可以重新審視接下來的談判。

❖ 貴方明顯沒有道理，但仍這麼堅持，讓我方不理解。如您無權表態，我方可以等您向有關方面彙報後再談。

❖ 我知道，我方提出了一個難題，不知是否在您的授權範圍內？若不在授權範圍，您可以請示後再表態。

思考問題

1. 何謂談判進行前的意向？
2. 如何營造主題氣氛？
3. 談判的意向選擇主要包括哪三個項目？
4. 選定共同的談判路線，可使用哪幾種表達手法？

02 有效的談判論述

　　根據本節的「有效的談判論述」主題，我們要進行以下三項議題的討論：

　　1. 說服論述的意義
　　2. 說服論述的類別
　　3. 有效的說服論述

　　在商業談判溝通中的說服性論述，也就是談判過程中的說明或讓聽者明白的技巧。這是談判表達的主體部分，對該部分的分析包括：(1)說服論述的意義，(2)說服論述的類別，(3)有效的說服論述。

一、說服論述的意義

　　當談判者在談判溝通中進入論述時，是由一定的原因引起的。主要有兩大原因：自我主動的陳述和回應的陳述。

（一）自我主動的陳述

　　自我主動的陳述是指談判者己方主動表述的行為。換句話說，由己方先發言。先發言的情況有三種：介紹己方情況，對交易的看法或己方的狀態，以及表明己方的觀點、交易條件或立場。

1. 介紹己方情況

這是按談判程序要求或按對方要求而做己方情況說明，此時需表達：

❖ 講的是什麼？
❖ 它有什麼特點？
❖ 此說法從何而來？

這也就是說，內容清楚，構成因素明白，依據明白。如此，應該是充分表達了。例如：

❖ 我來介紹一下我方的產品情況（內容要清楚），它的性能符合ISO－9000標準，生產量可以達到貴方訂單要求（構成因素要明白），此種產品和生產量在過去三年中一直保持良好的業績，在我公司的年報中有詳細列舉（依據明白）。

2. 表明己方的觀點

此時由己方首先闡述觀點，主動說明己方要求的交易條件。該起因的論述包括：

❖ 講什麼？
❖ 是什麼？
❖ 為什麼？

也就是談什麼條件，該條件的具體內容和為什麼要這個條件。例如：

我現在說明我方對交易的價格條件（點明講什麼？）。我認為價格包含運費、包裝、服務費，應該要10萬美元（講明具體內容）。價格不高，因為在市場上同類產品比我方的開價還要高。由於貴我雙方是老客戶，我方才提供該條件（說清楚為什麼）。

（二）回應的陳述

　　在說服性談判回應主動的陳述，是針對對方的表述而進行的陳述。這類陳述可能為了說明、為了批判或論證某個觀點。

1. 說明情況

　　聽到對方說的內容與事實不符時，無論無意還是有意，都應及時做說明。該表述包括：

❖ 明確說什麼？

❖ 是什麼？

❖ 為什麼？

在談判中的例句為：

❖ 關於某問題，貴方的說法有誤。它應是這樣……，因為……。

❖ 關於貴方談到的合格率問題（說什麼？），貴方的說法與事實有出入，從整條生產線的平均合格率看，它應達到80%（說明它是什麼）。

❖ 按生產報表看，一年中最低平均合格率為75%，但僅為3個月的生產統計。而最高合格率為90%，連續保持了6個月。因此，我認為貴方說低了。

2. 批駁觀點

這是對對方的條件或觀點表示反對的意見。該表達結構為：

❖ 批判什麼？
❖ 為什麼？

典型的例子：

❖ 我不同意貴方的模具價格，它太貴了（批判的對象）。因為它的壽命只有10萬模，生產的價值也只有30萬美元，而我們卻要付出50萬美元（批判的原因）。
❖ 該種結構僅到駁回即止，並不說出自己的具體條件或理由。

3. 論證觀點

這是針對談判對方的立論，觀點或堅持的條件，進行批評、駁斥，並提出自己認為合理的觀點或條件。該表達結構為：

❖ 批判什麼？
❖ 為什麼？
❖ 應該如此！

或者說，在批駁的基礎上表明己方觀點或條件。仍以上述例子為例，其中還應加上：

❖ 因此，我方認為貴方價格應該予以調整（說出己方觀點），或者至少不應高於30萬美元（表明了條件）。

當然，論證觀點在自我主動的陳述中表明己方觀點時，也可能運用。

二、說服論述的類別

與其說是談判論述的類別，不如說是論述的功效差異。不同論述產生不同的作用。從談判實務看，常見的論述類別有以下四種：1.說明性的論述，2.批駁性的論述，3.論證性的論述，4.說服性的論述等。

（一）說明性的論述

此類論述的重點：說清楚問題。也就是說，既要自己講得明白，更要對方聽得清楚。其表述結構是：

❖基本的題目，說的是什麼？

❖衍生的題目，它是什麼？

❖證實的題目，依據是什麼？

以上三個環節，缺一不可，不然，說清楚了，但得不到信任，或者，根本就沒說清楚。主要是要求說者要完整表述結構，聽者要憑結構去判斷對方是否真正說明了問題。

（二）批駁性的論述

批駁性的論述重點：批判、否定對方的觀點或條件要求。它的表述結構是：

❖批判什麼？

❖為什麼批判？

由於批駁的物件肯定有錯誤，所以，該表述結構需要直接地把批駁目標物件點明，然後加以批判。而不論批判用什麼手法，其主體內容是：為什麼？說不出為什麼，就不能進行有效批駁，表達也一定不會成功。

（三）論證性的論述

論證性的論述其重點：是將己方觀點或條件建立起來，也就是無論是透過批駁對手，還是己方主動提出，均要證實己方的要求條件合理並應該得到對方承認。其表述結構：

❖ 批駁物件的理由，立論和立論的依據，或理由的立論。因為立論物件的複雜程度不同，在確立觀點時，該過程將十分複雜，運用手法可能依論點的分量而多寡。

（四）說服性的論述

說服性的論述重點：在於分析事物的利弊，使對方客觀看待形勢並做出抉擇。說服性的論述也要充滿理解、善意與哲理。其表述結構：

❖ 明確論點。
❖ 分析利弊。
❖ 推薦方案。

說服性論述的優勢，比批駁、立論性的論述更顯中性、公正；不只為一方爭是非，而是設身處地為對方著想，幫助對方認清問題本質，也不強人所難。這種方式在談判中運用，效果很好。該種論述的

關鍵在「分析」。分析成功了，方案選擇就容易了；但若分析不好，效果甚至更差，對方會覺得你非常虛偽。

三、有效的說服論述

商業談判溝通有效的說服論述是追求：說明白和說服力，也就是把想說的話要說得清楚，說話的效果是說服對方接受自己的觀點或條件。所以，在運用各種表述方法時，應遵循兩項原則：兼顧三面的原則、述說適中的原則。

（一）兼顧三面的原則

商業談判溝通有效的說服論述應該兼顧三面的原則，是指談判者要在論述中同時注意聽者的反應、言者的表現及論述內容的展現，並從這三者產生的共識中追求最佳效果。

1. 聽者的反應

聽者的反應是論述的直接驗證。不論聽者的反應是自然的、故意製造的或策略的，均應從中剖析出真正的反應：關注、淡漠、切中要害或無關痛癢。這些反應是調整論述手法的依據，也是調整論述內容的依據。當然，對聽者的反應的評價與言者的目的有關。言必有得時，需要積極的反應；隨意說的話，則不論反應如何均可。

2. 言者的表現

言者的表現是其論述的關鍵。不論講什麼，也不論抱著什麼樣的企圖去講，言者的表現將表現出論述的性質。言者的表現主要指其表情、肢體、手勢、腔調的運用。當勢在必得時，若表現鬆散，結果是其言失去威信，且使對方誤解為只不過說說而已。當只是開玩笑時，若表現嚴肅，結果其言使人信以為真，造成反效果。只有將言語表現完美結合，才會有論述的最佳效果。

3. 論述內容的展現

是指與談判的內容相關的立場說明的完整性。一個議題通常可以涉及多個層面，而論述可能涉及某一個層面，也可能同時涉及多個層面。要實現論述內容的展現，就必須確定論述內容有觀點的穩定支撐結構。僅以就事論事的論述方法是不可能說明問題，更不可能具有說服力。

（二）述說適中的原則

述說適中的原則，是指與說話品質相關的各種因素掌握適宜的原則。包括：力度、深度、明度、信度和聽度。

1. 說話力度

是指談判者說話的強弱與措詞的選擇。掌握好聲音強弱與措詞的變化，就是掌握了說話力度。例如，聲強是聲音有力，但不是氣粗嗓門大；而聲弱，是聲輕而有氣。這樣，會將論述內容的情感色彩多樣化。例如措詞都較犀利：

❧實在令人遺憾！

❧絕不可能！

❧不像貴方的身份！

❧這簡直是開玩笑！

❧這是不容談判的條件！

又如措詞較弱：

❧請考慮。

❧別誤會。

❧是否可以先擱置一邊。

❀ 這是貴方權利。

❀ 您可以保留。

❀ 請容許我再聲明一次。

措詞選用得當可使表述的意思更加豐富，更加準確。

2. 說話深度

是指言及內容的全面性程度。在論述中靈活變化深度可以反映不同的論述目的。例如：

❀ 僅點一點對方。

❀ 反駁對方。

❀ 聲明己方立場。

❀ 說明問題。

表述的深度不同。若千篇一律，談判效果就不好。所以，深度要求不是恆常的要求，而是變數的要求。

3. 說話明度

是指表述的內容使聽者清楚的程度。是一語道破呢？還是模稜兩可？或是有如霧裏看花，還是一目了然？這不同的變化使說話變得更有魅力，使表述的攻防更具活力。具體表現手法有：

❀ 話講一半，後文先不說；

❀ 本來直述中，突然換個角度，例如：「然而」，「不過」，「可是」等就是相對前言轉一個彎。肯定的陳述後，再加上些否定，使前面的意思由清晰變模糊。

4. 說話信度

是指表述顯得眞誠、實際，使其有說服力的程度。越眞誠、實際，說服力度越大；反之，說服力度就越小。眞誠指談判者的表述不論其目的和內容如何，言者的態度充滿了誠懇。這種誠懇與談判成敗有關聯，表現出的情感是友好、體諒、感人。實際指談到論述的內容實在、客觀，充滿眞實感。因此，眞誠與實際決定了信度，而信度才具說服力。

5. 說話聽度

是指表述讓聽者可接受的程度，聽者的接受程度取決於易聽和愛聽。易聽指表述讓人聽明白的容易程度。論述中，容易聽受表述的句子、段落和時間的影響。一般來說，短句子比長句子易懂，小段落表述比長篇大論易聽清楚，短時間的表述比時間冗長的表述耐聽。

聽度指聽者注意的程度，也就是聽者關注表述的程度。愛聽，受順心如意和提心吊膽的影響。表述中注意讓聽者順心的話以及某些靠近其內心的條件，聽者自然愛聽且注意聽。當然，這類表述視不同的談判階段，可以是聽者有興趣的題材，並非什麼重大條件，也可能僅是滿足聽者的虛榮心，而非實質條件。

若表述中摻進危及聽者成敗方面的話語也會引起聽者關注，一種被動的迫不得已的非聽不可。例如，抨擊聽者的話，威脅性的話，與極爲苛刻的條件相關的說明，對嚴屬情況中的探詢的表述內容，均會造成或激起聽者的情緒：要聽的慾望。在易聽和愛聽之外，製造令其掛心的話題也可以增加表述的聽度。

在談判中，製造令其掛心的手法多爲提問。提問是言者在表述中，故意把其中的某些問題提出來，但不馬上做答覆，而讓聽者去猜想，從而製造令其掛心的點，吸引聽者的注意力。提問是言者在論述中故意就某些論述內容的相關問題向聽者提出，請其答覆後再繼續依答案而論述的做法，這也可使聽者關注言者論述。例如：

◆我聽完了貴方的論述後，感到對談及的問題瞭解得更深了。我是否應該贊同貴方立場，而放棄我方要求呢？

言者在關鍵的結論上提出了問題，形成了令其掛心，自然會把聽者的注意力吸引過來，甚至會促使對方替你作答，其論述的聽度效果很好。又如：

◆貴方專家指導費用中的構成，包括了工資、補貼及在我方工作期間的住宿、交通費等，我認為有道理，讓人很難反對，不過，貴方在我方人員培訓費的結構上是怎麼規劃的呢？

此例反映本來言者在聽了對方的技術指導費的解釋後，要對其表態。聽了言者的表態後，似乎感到雙方沒有多大分歧，達成協定有望，可是就在該做結論的那句話時，卻有了提問，讓聽者從期待中又陷入緊張的應對中。這種提問方式無疑很有聽度，否則，聽者將跟不上談判思緒，跟不上談判的節奏。

思考問題

1. 自我主動的陳述的情況有哪兩種？
2. 說服論述的類別有哪幾種？
3. 說服性論述的優勢是什麼？
4. 商業談判溝通有效的說服論述應該兼顧哪兩個原則？

03 談判說服的技巧

根據本節的「談判說服的技巧」主題，我們要進行以下三項議題的討論：

1. 基本論述技巧
2. 進階論述技巧
3. 談判論述選擇

由於各種論述的功效與需要，商業溝通談判者在談判論述中可以使用很多技巧。有的引自文學作品、有的源自哲學著作，有的是從心理學與企業管理，為談判的表述增加了極大的靈活性和有效性，也大幅度豐富了談判論述的方法。

在《亞里士多德和土豚前往華盛頓》（Thomas Cathcart & Daniel Klein：*Aristotle and an Aardvark go to Washington*, 2010）書中，作者從政治的角度並以諷刺語氣指出包括美國歐巴馬、布希、克林頓總統等人（類似亞里士多德和土豚）如何善用說話技巧，同時也證明了，掌握論述與說話的溝通技巧是通往華盛頓（白宮）的必經之道。他們使用的論述策略包括：要花招的談話策略，花式步法策略，通過創造出另一個空間策略以及通過拐彎抹角的策略等等。

一、基本論述技巧

商業談判中有許多論述技巧，此處僅介紹一些最常用手法。從邏輯角度看，有直述法、類比法、推演法等。

（一）直述法

直述法也就是在談判溝通中使用平常與直接的表述方式。直述法不講究語句華麗，而力求用簡單句型把問題說清楚；此法也不要求過多的表述，而是直接揭示主題，力求使對方立刻明白了所言之物；句型簡單，且觀點明確。例如：

❖ 我想對貴方剛才提到的某問題談點看法。

❖ 我方的建議既考慮了貴方要求，又考慮了我們的客觀情況，因而具有公正性。

❖ 我很想考慮貴方的意見，很遺憾，我沒有聽明白貴方所說的是什麼意思。

（二）類比法

類比法的談判說法，也就是以同類、類似或近似的物或事來進行比較，以說明對照標的的本質屬性。該表述方法直接比對參照標的的相似或相近性，透過這個平台去衡量與比較物件。類比法是一種相對關連的觀念應用。例如：

❖ 貴方去年出售該類設備時價格僅為10萬美元，今年卻要11萬美元，這似乎不近情理。

❖ 我在義大利曾詢問和貴公司所提供技術相近的廠商，但他們的開價卻比貴方便宜25%。

❖我方提供的產品壽命比日本公司提供的產品壽命要長,所以,
　價格也會高一點。

　　上述句子反映了買方和賣方的類比說法,也反映了從一方的時間
或空間的對比,來證明自己立場的正確。

(三)推演法

　　推演法也就是運用邏輯的技巧論述,以證明自己所說的事物的本
質屬性。此法較爲複雜,特別以邏輯思維的推理和辯證的分析手段,
將複雜的論述和混亂的觀點進行剖析,以揭露事物的眞實內涵。推演
法在談判中的運用有二個環節:

❖與論題相關的因素:各因素的屬性在論題中所占的地位和具有
　的影響。
❖所有因素綜合效果:匯總各相關的利弊而形成的最終結論。

　　在溝通中,沒有角色就無法推演,事先要有演繹的各種因素的屬
性,例如:時間、金額或情況,然後才可以推論出最後論述的結果。

❖貴方的解釋是:由於技術研究進行了5年,每年又平均投入200
　萬美元,現僅以20%的折舊計算技術轉讓費。我方想與貴方討論
　該結論的眞實性。貴方每年報200萬美元應爲貴方利潤,而貴方
　損益表反映的利潤率卻僅2%,每年累積到不了該水準。這樣投
　資有問題,那麼借貸投資,但在負債中又沒有這麼大的負債率
　反映出來,那麼貴方並沒有借這麼多錢。若既無足夠利潤,投
　入這麼多的研究費,又沒有借貸,那就只有一種可能,也就是
　投資沒有這麼多,一年200萬美元的投資是虛的,以此計價的技

術轉讓費也是虛的。

在此例中，商務關連因素有投資額、利潤率、借貸、資產負債與損益以及技術轉讓費。各關連因素依其邏輯關係進行分析利潤率與利潤。投資額的相對關係為不正常，其本質屬性為虛假，以損益表為證。借貸與投資額的關係：以資產負債表為證，說明其本質亦為虛假。技術轉讓費雖為20%的提撥，但其年投資額來源為虛，其結果已屬虛。至於投資年數是否為5年，是另一個考證數據。可能推演為：決定技術費的另一個因素是年數，這要看貴方技術研究開發的成果。

若進一步的推演，從貴方的報告看，每年的新產品都有2或3種，那麼5年就有10多種產品問世。貴方在5年中同時開發了這麼多相關系列產品，那麼投入的技術研究開發費怎麼分割呢？總不能由一種產品承擔所有的開發費吧？如果是按每種產品這麼預計投入，那麼每年的開發費會更大。因此，是否5年有這麼多投資就值得商榷。

二、進階論述技巧

進階論述技巧是牽涉到比較複雜概念與邏輯的方法，內容包括：

❖ 情理並茂法。
❖ 數字論法。
❖ 隱喻暗示法。

（一）情理並茂法

進階論述技巧之一是情理並茂法，也就是將情感融入說理之中，以加強說服對手的表達效果的說明技巧。該表述方式重在情與理的結合，以及情感的適當表達。

在商業談判與溝通中，講究情與理結合，是說情要根據理的性質而配合，不可反向配合。「理」的性質是以其功效而定。據此，表述中的理性大致有三類：

❖ 反駁性。
❖ 說明性。
❖ 堅持性。

在三大類中，反駁性可分為：堅決反對、婉言拒絕和委屈（傷心）地反對；說明性可分為：平靜說明、真誠說明和委屈（傷心）說明；堅持性可分為：強烈堅持、一般堅持和故作堅持。由於理性的不同程度形成的差異，可以在情感的表現上與其力度配合得當。此外，在三種理性之中也包含了十分合理、合理和不合理的差別。因此，情感的配合上，也要把這些考慮進去。由於情感的運用是在加強「理」的力量，所以，若「理」強，則情感運用可強可弱；若理弱，則情感運用力度一定要強。否則，說理效果為不夠好。

講情感的適當表露，是指情感的表現技巧運用得當，或者說表現情感要恰到好處。談判中，情感的表現可以透過三個管道來完成：

1. 是表情，也就是透過臉部表情的變化來表現不同的情感。
2. 是聲調，也就是透過說話語氣的變化來實現不同的情感表現。
3. 是肢體語言，也就是透過身體姿勢和手勢的變化來表現情感。

情理並茂的表述在談判中運用很多，但卻離不開上述分析的情與理性的不同配合。例如：

❖ 張先生，您的條件讓我很為難。在您過去的要求中，我方均竭

盡全力與貴方配合，此時還要我方做出如此巨大的讓步，真是讓我不能接受。

此為說明的理性。其情感配合呢？要表現出委屈。表情應為難色，聲調低沉、微顫、肢體僵硬、手掌心朝上。

❖彼得先生，我真佩服您，很敢出價。您的賺錢慾望，可以理解，但請留點利潤吧！像貴方如此報價，是否太離譜了？假如您站在我的位置上，您會接受嗎？

此為反駁、拒絕力度較大。其情感配合就要表現出堅決。表情應該嚴峻，聲調應沉穩「乾脆有力」，自信、手掌心朝下。

❖田中先生，請稍安勿躁。我聽您的講話，似乎並未聽清楚我方剛才的講話，我願意再重申一遍。我相信，在您聽明白了我方的理由後，會贊同我方的觀點。即使仍不贊同，也沒關係，您可以根據我方的理由來闡明您的立場。

此為說明性的理由，坦蕩而誠懇。情感的配合要表現出誠懇。表情應是善意真誠，聲調要平穩柔和，肢體要放鬆，略顯熱情（給對方信任感）。

（二）數字論法

數字論法，用量化的技巧來表述道理或立場。此法較直接，易於理解，說服力強。它著重在將想要講的理與觀點的依據數字化。該表述也是論述中常用的技巧之一，尤其有理工專業背景的談判者運用此法更是得心應手。

常用的數字論法。例如：

❈ 貴方的價格不是一點點的差距，而是「等比級數」的差距。讓我方怎麼還價呢？它不具備還價基礎。

❈ 貴方的價格是故意提高，準備讓我方來砍價嗎？我方是講理的。價太貴，我方不會要；價太低，我方也不一定成交。還是實事求是的好。

❈ 貴我雙方已走到最後一步了。我相信，誰也不會在這裡還談不下去。所以，我建議雙方共同想好這最後一步。

❈ 在上半天的談判中，我方已連續做了「五次讓步」，而貴方一次也沒有。從現在開始，我方想聽到貴方的讓步建議，否則，談判將無法繼續。

上述不同情況下的數位化表述中，均以數字論法說明道理。

（三）隱喻暗示法

隱喻暗示法在商業溝通中是一種啟發性的表述方式。它不直說自己對某件事或立場的看法，而是用隱喻引導對方理解自己的真實想法。這種表述方式有較大的靈活性，對對方也是一種尊重。重點是要求言者會隱喻，善於引導，而聽者善解人意。所以，它經常使用在不用明講就很清楚的事物的表述上，以確保不「誤解」。下面舉幾個談判中常用的心理暗示例子：

❈ 貴方有沒有想過，該問題已討論了這麼長的時間仍未解決，問題到底出在什麼地方呢？是貴方不講理，還是我方不講理？還是該問題本身就是問題？

該例暗示討論的議題有問題，應重審議題本身，因為雙方若不講理，不會討論這麼長時間。時間證明雙方解決問題的認真態度。

❈ 貴方若可能考慮我方昨天提出的建議，那麼，我方可以考慮提供貴方其他方法，絕不會讓貴方吃虧的。

該例暗示對方若按己方建議談判，己方仍會有所讓步。此處隱喻條件為其他方法。

❈ 貴方認為我方所言是否合理？若合理您為什麼不表態？您有什麼難處，我方很想知道，請您講出來。假如您需要時間，我仍可以等待。但您不能都不講，這對談判沒有意義。

此例引導對方尋找解決其難題（己方合理要求，對方不表態）的辦法：請示上司。暗示的另一層含義是對方無理，應予以糾正。暗示的例子還很多，例如暗示：

❈ 條件已很接近了，再作些努力就可以接受。
❈ 小心，還有競爭對手！

三、談判論述選擇

上面討論的談判論證技巧，包括：基本論述的：直述法、類比法、推演法；進階論述的：情理並茂法、數字論法、隱喻暗示法。這兩類典型的談判論述方法，以這些為基礎，還可以演變出更多相關連的、性質類似的論述方法。這些基礎論述方法的運用有其特定條件。運用得當，則效果佳；相反地，則效果差。因此，如何選擇運用應予

考慮。從實務面，選擇的依據有：論述目的、論述對象和論述時的處境。

（一）論述目的

論述目的，是指以此番講話想達到的效果。是力爭說服對方，還是只要擋住對方就可以而選擇的論述方式。若志在必得，那麼就可選用各種進取性極強的表述技巧，諸如論證、說服、推演等技巧。若此談判並非關鍵，不回應又不行，抵擋一下即可的表述有：輕言、聽甲回乙、大題小做等方法。

（二）論述對象

在商業溝通的論述對象，是指以論述的內容的複雜程度而選擇論述方式。當論述內容簡單時，可用類比法、反證法、數字法來表述。當論述內容複雜時，可用論證法、推演法，甚至多種論述方法結合運用，使論述的內容能呈現全貌。

（三）論述時的處境

在商業溝通的論述處境，是指以論述者在表達時所處的談判態勢：主動、被動、有理還是無理的狀態，以及當時的談判氣氛爲依據來選擇表述方法。主動時、有理時，以進攻性的表述技巧爲主，例如直述法、運用情緒、情理並茂、推演法、小題大做、以攻爲守等。被動時、無理時，以運用防守性的表述技巧爲主，例如避重就輕、以守爲攻、詭辯法、大題小做、心理暗示法等。

在談判氣氛平和時，直述法、錯位法、反證法等用得較多，此時選擇較爲機動。談判氣氛緊張時，論述方式要求較高，因爲不應也不必增加緊張情況，此時多運用直述法、以守爲攻、數字法、心理暗示法等，還可較爲嚴謹地推理、演繹以說服對方或消除緊張，還可用類比法來減緩緊張氣氛。

思考問題

1. 何謂論述技巧的直述法？
2. 何謂論述技巧的類比法？
3. 何謂論述技巧的推演法？
4. 從實務面，論證技巧選擇的依據有哪些？

溝通加油站

朋友與敵人

在「第十一章掌握談判的溝通」裡，我們要與讀者分享一則故事：朋友與敵人。

與他人生意交往，自然是各自計較利益與得失。但是，我們生意上最需要幫助時，身邊往往只有兩種人：朋友或敵人。因此，多一個朋友，遠不如減少一個敵人好。

在一個偏遠的山村，張姓與李姓兩家是三代世仇，兩戶人家只要一碰面，經常演出全武行。有一天傍晚，天色異常昏暗，老張與老李碰巧在回到村莊危機密布的小路上遇見了。兩個仇人一碰面，雖沒有打架，不過，也各自保持距離，互相不理會對方。兩人一前一後走在小路上，相距約有幾米之遠。

天色已經越來越暗了，又是個烏雲密布的夜晚，走著走著突然老張聽見前面的老李「啊呀」一聲驚叫，原來是他掉進溪溝裡了。老張看見後，連忙趕了過去，心想：「無論如何總是條人命，怎麼能見死不救呢？」

老張看見老李在溪溝裡浮浮沉沉，雙手在水面上不斷掙扎著。這時，急中生智的老張連忙折下一段柳枝，迅速將樹枝遞給老李。

老李被救上岸後，感激地說了一聲「謝謝」，一抬頭後才發現，原來救自己的人居然是仇家老張。

老李懷疑地問：「你為什麼要救我？」

老張說：「為了報恩。」

李一聽，更為疑惑：「報恩？恩從何來？」

老張說：「因為你救了我啊！」

老李非常不解地問：「咦？我什麼時候救過你？」

老張笑著說：「剛才啊！因為今夜在這條路上，只有我們兩個人一前一後行走。剛才你遇險時，若不是你那一聲「啊呀」，第二個墜入溪溝裡的人肯定是我。所以，我哪有知恩不報的道理呢？因此，真要說感謝的話，那理當先由我說啊！」

此刻，在月光的照射下，地面上映著老張與老李的影子，當年經常互相打鬥過的雙手，如今卻是緊握在一起。

與他人生意交往，各自計較利益與得失，爭得你死我活。退一步絕對能海闊天空，就像老李與老張，在我們最需要幫助時，身邊出現的人往往是我們的對手或敵人。因此，多一個朋友，遠不如減少一個敵人好。只要主動伸出和解之手，化解彼此心中的心結，就會減少一個敵人，而增加一個肝膽相照的好朋友。

Chapter **12**

發展國際的溝通

01 國際商務溝通的特色

根據本節的「國際商務溝通的特色」主題，我們要進行以下四項議題的討論：

1. 時間觀念與利用
2. 個人與集體主義
3. 階級隔閡與協調
4. 國際溝通的關鍵

有兩大因素會影響商業工作者進行國際商務溝通：微觀因素與宏觀因素。微觀因素是指：以個人內在人格特質與專業訓練為主的條件，這些專業訓練我們在第一章到第四章已經討論過了。宏觀因素是指：以國際環境外在條件，包括政治、經濟與社會等條件，而這些不同條件都是建立在特定的文化基礎上。這是我們要討論國際商務溝通特色的焦點。

許多環境因素會影響商業工作者進行國際商務會議，例如，有關地區的政治和經濟環境等，同時，也有機構方面的因素會影響商務會議的，例如，過高估計，或過低估計，或者是商業工作者的會議對方所受到的機構影響。注意這些因素，會幫助你對會議所處的整體業務和機構狀況有正確評估。然而，其中最為重要的因素是包括語言、習慣與民俗的文化因素。

在這裡，我們首先考察一下影響國際商務溝通的文化因素，然後，再來研究這些因素是如何影響國際商務溝通的進程、方式、策略以及其他項目。有四種文化因素對不同文化環境的影響最大。它們是：時間觀念與利用、個人與集體主義、階級隔閡與協調，以及國際溝通的關鍵。讓我們來分別考察這些因素以及它們是如何影響國際商務會議。

一、時間觀念與利用

（一）時間觀念問題

文化使人們的時間觀念不盡相同，然而，它卻是國際商務會議重要的因素，需要討論。美國人、英國人、德國人和澳洲人通常生活節奏較快並且嚴格遵守時間。他們的工作和個人生活，一般都講究守時。計劃在週三上午9:30開始的會議會準時於週三上午9:30開始。尤其是美國的商務工作者，他們以具有很強的時間觀念而聞名。同時，美國人也會把時間當談判的籌碼，加以應用。

例如，我們能夠在三月一日前完成這一項目嗎？可以，但是，如果我方保證提前在二月一日前完成，貴方能否考慮給我方一些優惠？對時間的這般重視與美國社會的技術根基有關。對機器的需要，資訊軟體和硬體的相互關係，以及其他一些問題，都息息相關。

使時間成為一個重要的因素。許多人無法想像紐約股票市場的營業日會在上午9:00至10:00之間的某一時刻開市，或者工廠的第二個班次約在3:00左右開工。對那些屬於其他文化背景的人來說，美國人似乎過分沉溺於時間觀念之中——他們是時間的囚徒，受時間的束縛。在拉丁美洲，會議在預定時間之後半小時開始是可以理解的，有時甚至是理所當然的。

（二）時間因素分析

會談時間因素分析。以下是某個美國經理和來自阿拉伯聯合酋長國的會議，雙方之間就預約的會談沒有進行而展開的一段電話交談：

「拉什德，我是喬・多克斯。我剛查看了會議日程，我想我們本應今天上午十點鐘在國際飯店會面。我是不是弄錯飯店了？」

「不，多克斯先生，你沒錯。很抱歉。我們明天上午在安什眞主飯店見面吧！」。按照阿拉伯文化，「安什眞主」的意思是「眞主的旨意（意願）」換言之，眞主要我們明天上午見面，因爲眞主並不希望會談在今天進行！

二、個人與集體主義

（一）意識與觀念

個人與集體主義（Individual and Collectivism）是文化的產物，是兩個相對的意識型態與觀念，因此，國際商務工作者必須嚴肅面對，也要認眞學習的課題。克拉倫斯・B卡森（Clarence B. Carson：*The Fateful Turn: From Individual Liberty to Collectivism*, 2015）認爲個人主義是指存在於某些文化中的以「自我」爲中心的意識，與之相對的是在一些文化中是以「我們」（或「集體」）爲中心的意識。

荷蘭研究人員吉爾特・霍夫斯特德（Geert Hofstede：*Cultures and Organizations: Software of the Mind*, 3rd Ed, 2010）的一項權威研究，顯示出國家之間存在著廣泛的差異。該研究報告：滿分爲一百分，美國經理們得九十一分，是所有被調查的國家中最具有個人主義意識的。這調查還包括其他一些西方國家，例如，澳洲（九十分），英國（八十九分）和加拿大（七十七）。相對的，大多數環太平洋文化得分要低得多，說明集體、群體意識較濃厚，日本（四十六分），香港（二十五分），新加坡（二十分）和臺灣（十七分）。拉丁美洲國家

得分也比較低，從得四十六分（阿根廷）到十六分（委內瑞拉）。下
列指出個人主義對集體主義情況：

國家或地區	得分
美　　國	91
澳大利亞	90
英　　國	89
加 拿 大	77
丹　　麥	75
義 大 利	74
比 利 時	74
瑞　　典	71
瑞　　士	70
法　　國	70
以 色 列	55
西 班 牙	53
印　　度	48
日　　本	46
阿 根 廷	46
巴　　西	38
墨 西 哥	32
香　　港	25
新 加 坡	20
臺　　灣	17
委內瑞拉	16

（二）個人主義精神

　　以美國為例，個人主義的精神通常表現在英雄崇拜，這可以從他
們體育比賽獎勵方式中看出來。例如，如果一場高爾夫球或網球錦標
賽的第一名獎金為十萬美元，那麼第二名獎金是多少呢？正確的腹案
並非九萬美元（90％），而通常是第一名獎金的一半——五萬元。在
這個前提下，國際商務工作者在交易價格談判上，必須考慮與尊重對
手的個人主義價值觀。

（三）認識集體意識

對集體意識的認識，對國際商務工作者也相對的重要，這有助於解釋為什麼日本人在作會議決定時非常緩慢。他們會花大量時間來搞清楚是否會議小組的全體成員都認為某筆生意是有利可圖的。強調集體意識可能也影響著國際商務工作者在會議桌上準備說服誰的問題。美國會議者通常與能代表對方最高決策層的人會議。他們不想在一個不能作決定的人身上浪費寶貴時間。然而，在強調集體意識的文化裡，國際商務工作者必須說服的是集體，而不是個人。

三、階級隔閡與協調

（一）行為的形式

有些文化，例如，環太平洋文化，其特徵是人們通常更重視行為的形式或結構，而不是內容或效率。以美國為代表的其他一些文化對這方面的要求很低，而且是隨意的、模糊的。這因素解釋了為何日本人強調與會議對方的關係。瞭解別人的情況有助於使會議過程有條不紊。同樣，日本人還非常重視形式，例如，打招呼，握手，遞名片等。

（二）效率與程序

在另一方面，美國、英國和德國的會議者更強調會議的內容和效率，而不重視會議的程序。這在會議過程中的法律和管理方面是很明確的，他們用合約細節使內容合法。美國會議者還有一種頗為隨意的會議風格，在與他人打交道時，相對而言沒有什麼嚴格的地位差別。例如，習慣用親密名或者別名來稱呼周圍的同事。如果和多數美國會議者一樣的話，你可能會覺得難以接受花哨的語言、複雜的稱呼方式，以及許多其他文化中反映開放的社會禮節。

四、國際溝通的關鍵

（一）簡單與複雜

在某種程度上，國際商務工作者的溝通過程是十分簡單的；資訊傳遞者設法將資訊傳達給接收者。傳遞者的責任是發送清晰的資訊。接收者的責任是收取它們。請注意，如果傳遞者對發出的資訊進行編碼，接收者對收到的資訊進行譯碼，中間有誤差，那麼，這一簡單過程就變得複雜起來了。

例如，身為新型機器的銷售商，你可能會向對方說：「我想與你一起再檢查一下我們新型X-15機器的標準。你會很高興地看到我們的產量已增加了16.23%，在指標方面，符合標準達99.74%。這是X-15型機器的圖解。」在這個例子中，你可能編碼的資訊是強調你的公司與生產率和品質之間的關係。但是，無論你當初的意圖是多麼高尚，倘若對方接收者是來自巴西或埃及，那麼，這種「符合標準達99.74%」對邏輯和細節的強調有可能被理解成某種不完美的意思。

（二）理解的干擾

傳遞者和接收者之間的這種不同理解造成了對溝通的「干擾」。有時候，這種干擾十分強烈，以致於沒有什麼資訊可以順暢地會議。這種干擾在國際商務溝通中是十分常見的，需要傳遞者和接收者雙方都很努力來確保清晰的溝通。這種干擾可以來自語言的及非語言的交際。讓我們先來考察語言交際。溝通模式可以從「高度上下文聯想」，「低度上下文聯想」或從「廣度關連聯想」的文化中得到理解。

（三）上下文聯想

一些國家，例如，那些環太平洋地區國家，被認為是具有「高度上下文聯想」文化的，在那裡，資訊的含義蘊藏在交際的上下文中。

來自那類文化的人傾向於把更多的責任推到接收者而不是傳遞者的身上。從所傳遞資訊的上下文中確定資訊的全部內容，這變成了接收者的責任。換言之，資訊傳遞者提供了謎語的大部分線索，而接收者的責任正是要提供缺少的環節。

有些國家，例如，美國、加拿大和大部分的西歐國家，被認為是具有「低度上下文聯想」文化的會議者。也就是說，資訊的含義是直率地加以闡述的，不是隱含在所表述的上下文中。在美國，資訊傳遞者和接收者通常有著大約相同的責任。傳遞者以一種可以被理解的方式講話，接收者則是傾聽。

還有其他國家，例如，非洲一些接受西方殖民文化並融合本身文化的國家，則被認為具有「廣度關連聯想」會議者。他們具有被認為是具有「低度上下文聯想」西方文化的特點，同時具有本身鄉土的文化關連，兩者互相交叉運用，而向「廣度關連聯想」方向發展。

溝通模式中的這些差異，當然，會影響國際商務溝通的進程。美國會議者特別讚賞直接而公開的溝通：「請坦率地講」，「請讓我們把話攤開來講」，「最低限度是什麼？」而來自「高度上下文聯想」文化的人會認為這種方式不靈活而且盛氣凌人。

（四）語言的角色

語言交際的一個重要條件是使用相同的語言進行談話。國際商務工作者也許在考慮是否真的需要學習一門外語來與這些人進行交談。對這個問題的簡潔回答自然是「需要的」而非「必要的」。當雙方都運用同一種語言時，交際的效果就會增強。然而，這種學習的必要性程度取決於你與之會議的那些人的語言、他們的文化，以及你與他們做生意的次數與金額。

假使一位美國生意人去香港旅行一週以便在花旗銀行做成一筆生意，你就沒有必要花功夫去學習廣東話了。它是不實際，也不是對方

所期待的，因為它們會講流利的英語。而另一方面，在巴黎拖延不決的合資經營項目會議，可能會證明你學習法語是有道理的。法國人也期望你這樣做，他們不可能放棄自己的語言去講英語。你這樣做會有助於建立友好的聯繫，也一定有助你理解討論的內容及含義。記住，在許多國家，對方的主要發言人事實上能講流利的英語，但是會議小組中的其他成員則不一定。

（五）肢體語言

非語言溝通是所謂；Language does not speak out（不表達出來的語言）。非語言交際專家說「肢體語言」之所以重要，主要有兩個理由：1.幫助確定對方所說的含義；2.幫助你把自身的資訊傳遞出去。

在各種文化中肢體語言差異極大。臉部表情、手勢、眼睛接觸、觸碰以及其他「非語言行為」均受到文化的制約。問候和握手形式是不一樣的。例如，與大部分國家的人相比較，來自美國、德國和俄羅斯的會議者握手更有力。這會造成某些實際上的感覺問題，對方會認為美國人太粗魯，或者從語言和比喻上認為他們笨手笨腳，而美國人則認為那些握手不怎麼有力的人沒有自信。

美國人在他們的企業生活中通常喜歡擁有相當大的身體間距。但在許多文化中，商務場合中人們的間距要比在美國近得多。在拉丁美洲和中東一些地區，商業同行習慣於相互擁抱，輕吻對方臉頰，在商業會談中也只保持一英尺左右的距離。的確，在許多文化中，商業同行之間的間距保持一英尺左右是習以為常的。

在非語言交際中應注意，要看一整套行為，而不是單個行為。例如，假使你問對方：「這是你的最好價格嗎？」如果對方抱起雙臂，這不一定意味著他在防備或撒謊。也許是屋子冷，或者他只是覺得那種方式坐著舒服。不過，倘若他突然抱起雙臂，在座位上移動，咳嗽或開始迅速眨眼，那麼，你就要進一步探究情況了。

國際商務溝通者必須不斷探究他們的對方理解什麼樣的語言及非語言意義，探究用什麼樣的語言和行動表達這些意義。在芝加哥，「Terrible cattle（可怕的牛）」可以說是一種適當的感嘆，可是在印度則不是。在一個許多人視牛為聖物的文化中，「可怕的牛」則被轉譯為印度語，很可能甚至肯定是會冒犯人的。在波士頓，輕拍朋友的肩背通常是表示友誼，但是在新德里，它會被看作是對朋友的傲慢催逼。

思考問題

1. 請說明時間觀念在商務溝通的重要性。
2. 個人與集體主義如何影響商務溝通？
3. 請舉例說明「上下文聯想」。
4. 何謂肢體語言？

國際商務溝通的障礙

根據本節的「國際商務溝通的障礙」主題，我們要進行以下四項議題的討論：

1. 文化差異衝擊
2. 文化衝擊對策
3. 問題款項支付
4. 國際職場劣勢

任何溝通都存在著許多難題，然而，國際商務溝通則存在著一些獨特的難題。因此，在難題出現之前充分瞭解它們，然後探取防範措施，是至關重要的。具體而言，身為一個國際商務溝通者，有些主要難題最有可能對你產生影響。其中有些問題對國際商務溝通有影響，例如，克服文化差異的衝擊，問題款項的支付問題以及國際溝通的職場劣勢問題。下面讓我們來考察這些難題的影響以及你克服它們所必須採取的步驟。

一、文化差異衝擊

文化差異的衝擊是國際商務工作者首先要克服的溝通障礙。當我們沒有有效指導我們的溝通行為的準則時，文化差異的衝擊便產生了。這些行為準則涉及到我們的職業生活。在國際商務溝通中，它們

可能包括握手的方式與表述的形式。例如，把意見傳達給誰，與對方直接交流的程度，辨別日本人口頭說「是（hai）」，實際上是說「我知道」，以及決定那些談判議題，如果在餐桌上洽談會更有效。

　　國際商務工作者適應不同類型的文化和溝通環境方面，都要經歷三個調整階段。這些階段頗令人困擾、煩亂，而它們又正是跨文化交流必要的三階段。

（一）激動與焦慮

　　第一階段往往充滿了激動與焦慮。國際商務工作者因為有機會在異國文化中開展工作而感到激動，以便調整自己去適應新的工作環境。同時，你會急切地盼望能全身心地投入並享有地主國文化的每一部分。

（二）認識現況

　　第二階段的國際溝通是所謂的認識階段。國際商務工作者開始覺悟需要面對現況。舉例來說，在南美洲，溝通對方從不準時出席會議、他們過分友好、經常會摟住你、擁抱你，好像你是他們最好的朋友，然而，生意的事情卻無法進展。在這個階段，你不得不正視對方的文化，透過閱讀瞭解這個國家的環境、歷史與建築藝術，甚至周遊各地，認識地主國文化與本國文化存在的差異。

（三）面對現實

　　最後階段的特徵是沉著和冷靜面對現實，明白在地主國文化氣氛內，那些能夠實現，那些則不能。國際商務工作者終於意識到地主國文化由來已久，早在你來的這個世紀之前便存在，在你離去之後，也將繼續存在下去。於是，你便開始展開工作，在機遇和挑戰中創造性地並愉快地工作。這階段的時間長短因人而異，有可能在對地主國進行一次較長的旅行中出現，也有可能在對地主國進行連續幾次的旅行

中完成。

二、文化衝擊對策

對付不同文化衝擊的對策，提供以下三項行動步驟為參考。

（一）文化顧問

首先，建議國際商務工作者物色一名文化顧問。虛心聽取對於你要從事貿易的該地區有豐富溝通經驗的人的建議，向有成功的溝通經驗者和失敗教訓者討教。這樣，國際商務工作者就會對地主國和它的溝通者有均衡的瞭解。越早掌握上述訊息，就越容易在後來的適應期佔據優勢。

（二）同理心

其次，具有同理心是指以靈活與知己知彼的心與地主國文化背景下的人打交道。簡而言之，國際商務工作者的國外生活中的各個方面不可能像在國內那樣的一帆風順，也不可能完全在你的意料之中。與其對新環境抱有成見，不如經歷之後再作判斷。不要過分作出積極或消極的反應。

（三）自我實現

最後，國際商務工作者要能夠對自身所處的環境保持自信同時，在受到不同文化衝擊的情形下，還要保持達觀的態度，盡可能利用自我實現的態度來從事國際商務工作。從你的文化經歷中汲取知識，不管這些經歷是成功的還是失敗的。如果犯了錯誤，含笑面對，並從中吸取教訓。

三、問題款項支付

國際商務工作者要面對另一項難題：如何解決賄賂和有問題款項

的支付事宜。雖然，在許多國際的日常商業活動中是司空見慣的，在歐美比較守法的國家則被看成是行賄或分贓的法律問題。

（一）打點費用

　　有一位美國國際商務工作者Robert在菲律賓洽談勞務合約時發生問題的經過。Robert與Charlie（一位菲律賓勞力供應商）透過磋商，簽訂了幾百人的勞務合約，包括銲接工、裝配工和其他工匠，他們將為中東的許多工程提供勞務。Charlie完全擺脫了當地監控法規的限制，在非常快的時間內，提供了具備技術的勞力。當時他是如何與政府官員打交道的，無論是當時還是現在，Robert都一無所知。不過，確實他反覆的向Robert支領附加費，並聲稱：「官方打點費」已經上漲了。當然，Robert還是照辦。

　　每次Robert去馬尼拉辦事，Charlie很殷勤、和善。一天傍晚，他們從用餐的飯店走往住宿的旅館，路很近，中途，Robert在一藝術展覽窗前稍作停留，被一幅油畫吸引。回到旅館後，Robert和Charlie握手道別。四小時後，將近半夜，電話鈴響了。

　　　「你好！」
　　　「你好，Robert先生，我是Charlie。你好嗎？」
　　　「很好」，我撒了個謊，事實上我只睡了近一個小時。
　　　「我能到你的房間來拜訪你嗎？」
　　　「現在？」　Robert問，覺得有點不可思議。

　　Charlie很快就來到了Robert的房間，帶來了那幅傍晚他曾注意過的油畫，還帶來了那幅畫的作者。看著殷勤和善的Charlie和面帶微笑的畫家，Robert的大腦快速地轉動著，清晰地記起了公司內部的幾個關於禮物處理的政策。Robert費力地推辭，表示他實在無法接受這一禮物，

但最後Robert還是接受了，並向他倆道謝。

他們走後，Robert呆坐了許久，凝視著這幅畫。啊！天啊！也許從現在起，Robert得在某個聯邦法庭折騰兩年，並大費口舌地解釋他為何要收取與政府有聯繫的外國公司代理人的賄賂。儘管Robert和老闆之間保持著良好的工作關係，但Robert敢肯定，老板對這幅畫不會有絲毫的興趣。結果，與我們合作的法律職員批准我保留此畫。直到今天，Robert仍把它掛在他的辦公室裡，以此顯示Robert有勇氣面對過去經驗。

（二）賄賂問題

在國際商場上，商務工作者或許有興趣於賄賂名稱的叫法。中東：背袖（Back sleeve）；義大利：留在辦公桌上的信袋 （Letter left on the desk of the bag）；西非：摻和（Blending）；美國：潤滑油（lubricating oil）；拉丁美洲：餌（Bait）。在華人商場，賄賂則通稱為紅包，在臺灣也通稱為茶葉罐。

多年來，國際貿易圈內已經承認了這種事實，就禮物和款項支出是一種非常必要的保證，無論是為了獲得政府官員的主動配合，還是確保大量訂單或從海關官員及稅務局得到優惠待遇等等。

（三）禮物問題

美國的商務溝通者取向於就價格、品質和服務方面討價還價，而不太願意去考慮如禮物、分贓之類的問題。然而，在許多國家裡，禮物和回扣恰恰是一種重要的傳統。社區文化的圈內人，例如：那些在拉丁美洲、亞洲部分國家的公務人員，與整個系統保持著良好的關係。在這些系統中，任何人要對另一人或團體負有義務（受恩），他就必須在日後某一時刻履行義務（報恩）。一輩子的義務循環由此產生。

另一事實，對非西方人士來說，美國人和其他西方人士過多地顧

及溝通和貿易關係，而忽略了重要的「關係」。因而，非西方人士認為，贈送禮物是一種恰如其分地加強社會聯繫的方法，也不失為促使西方人士履行其義務的合理途徑。小小禮物，例如鋼筆、茶杯、彫刻有公司名稱的鑰匙圈等等，不僅能夠被欣然接受，而且在全球貿易有重要的作用。同時，家庭與辦公室飾品，書和雜誌也廣受歡迎。

關於禮物、款項支付或賄賂方面的問題，必須從美國和地主國所涉及法律的不同角度來分別考慮。小費、佣金等等，在許多國際場合是合法的，若處於美國法律之下，則是法律問題。

（四）法律問題

在二十世紀的七〇年代，美國公司向外國官員付款時出現疑點，此事發生後，荷蘭、日本政界引起軒然大波。美國國會認為公司行賄是「惡劣行為」，並且「毫無必要」，於是通過了《對外反腐敗法》（Foreign Corrupt Practices Act）。此法禁止任何美國公司為了爭取或保持生意的目的而用「腐蝕的方式」向外國政府官員贈款或任何其他有價值的財物。另一方面，法律又准許所謂「便利費」，即僅用於敦促無擅自處理權的官方（如海關）行為的費用。它通常指日常的宣傳禮物，對業務用餐或旅行等合理開支的補償，以及在外國法律允許的支付。然而，非法賄賂和便利費之間的界線卻不甚明確，而且，關於管理部門應該如何才能得知僱員是否觸犯《對外反腐敗法》也不能肯定。

此外，國際商務工作者正在與其做生意的地主國的法律可能沒有那麼嚴厲的反賄賂規定。因此，你瞭解地主國在這方面的法律是非常重要的。以下是解決賄賂與有問題的支付所必須採取行動的步驟，提供參考。

第一，國際商務工作者應該與你的法律諮詢職員審核國內及地主國法律中的相關問題。你應該需要法律職員提供協助。在地主國物色

一名法律顧問也是有必要的。同時，一定要與你的老闆保持聯繫，應該讓你的老闆和你一起分擔憂慮。

第二，假使國際商務工作者必須支付額外費用，你應該如何去支付？假使你必須直接支付貨幣，還不如利用社區事務項目，例如，為該官員子女修建學校設備進行投資。若必須用貨幣支付，你不要親自支付，而是利用某個中間人，例如，提供諮詢者或某人的親戚。

四、國際職場劣勢

國際商務工作者要如何避免在商務溝通場所處於劣勢，也是重要的議題。換言之，溝通場所的選擇本身就是一種溝通的議題。

（一）地點的問題

在自己的區域內舉行溝通有幾個好處：第一，你會感覺比較自在，更有自信心。第二，它給你有機會像國王一樣對待貴客，因此，可以增進你想建立的那種優勢。第三，你所扮演的殷勤地主角色還有其他作用，它常使對方感到自己是重要的客人。那麼客人通常是怎樣對待主人的呢？對了，是尊重。這正是沒法使對方不作讓步的好機會。

然而，有可能發生相反的情況，是你在地主國進行溝通。去對方國家進行商務溝通也有好處，你可以藉機會瞭解對方的生活方式以及人際互動關係等情況。假使你能實地參觀對方的工廠，那就更好了。你可以透過參觀來瞭解與獲得對方公司的現代化及專業化程度、操作情況等有價值的資料。此外，還有助於你對對方與其他主要人物：幕後決策者間關係的觀察，這是你溝通過程中的優勢。不過，在地主國溝通也有許多不利之處。它不但存在著前面所討論過的文化衝擊，而且，出門在外開銷較大、情緒不穩而且花費時間。

（二）場所的利弊

國際商務工作者想要在何處舉行商務溝通，需要採取以下的行動與步驟。

第一，邀請對方來你的地區。如果你是賣方，或者如果你是買方，但需要在實地看到產品和服務的話，這就比較困難。不過，假使對方來你的地區，你可以肯定他們不會立即貿然就過來。對他們施加時間上的壓力，以取得更多的讓步。

第二，回程日期保密。假使你是應邀出訪者，沒有必要洩漏你的回程時間表。否則，這會給你的對方擁有時間優勢，來控制溝通的進度。他們將拖到你準備離開，讓你處於弱勢時，才討論主要問題。

最後，不論你是出訪者或邀請者，不要帶著疲勞去溝通。跨時區高速飛行後生理節奏的破壞是存在的重要問題。一路上應節制飲食，到達後確保休息一、二天再進入重要溝通。如果你上午離開紐約，凌晨六點鐘抵達倫敦，當天上午晚些時候就開始溝通的話，那你不容易處於良好的狀態。

美國的著名外交家班傑明‧富蘭克林(Benjamin Franklin)總結他一生的經驗，指出溝通成功的關鍵：

不僅要在適當的時間、適當的地點，談論適當的話題；而且，更為困難的是，應該避免在不適當的時間談論不適當的事情。

Not only at the right time, right place, talk about appropriate topics; and, even more difficult, should avoid talking about inappropriate things at inappropriate times.

思考問題

1. 何謂跨文化交流必要的三階段？
2. 對付不同文化衝擊的對策，可以有哪三項行動步驟？
3. 如何處理問題款項支付？
4. 在自己的區域內舉行溝通有何好處？

03 有效的國際商務溝通

根據本節的「有效的國際商務溝通」主題，我們要進行以下五項議題的討論：

1. 國際溝通的問題
2. 具備文化的知識
3. 使用簡單的語言
4. 對答案要多提問
5. 保留讓步的空間

要做好有效的國際商務溝通，有以下五個層面：1. 國際溝通的問題，2.具備文化的知識，3.使用簡單的語言，4.對答案要多提問，以及5.保留讓步的空間

一、國際溝通的問題

在國際商務舞台上，有些溝通與商談策略在一種文化背景下非常奏效，但是，卻不能適用於其他的文化背景。

（一）觀念問題

一個有趣的例子是，邁阿密的一間國際公司的規劃部經理為巴西客戶準備了一份非常詳細的、以研究為重點的議案。

「我認為我們的工作做得很不錯，但是，我非常失望地發現，巴西代表對我準備向他們解釋的細節根本不感興趣，而類似的方法在四個月前與德國客戶的合作中卻很成功。」為何同一家公司，同一批設計專家為兩家需求相同的機構擬定的方案，結果卻截然不同？值得國際商業工作者省思。

（二）基本策略

綜合國際商業諮詢顧問查爾斯・希爾的經驗（Charles L. Hill：International Business: Competing in the Global Marketplace, 2014）指出，儘管各種不同的文化背景要求商談生意的方法有所不同，但是，有些牽涉到人性的基本策略在世界各地一般都能奏效的。可能這些策略的運用會隨地方的不同而有所變化，其基本要旨是依然可行的。

二、具備文化的知識

具備文化上的知識，主要目的是使商談策略適應於地主國的環境。透過對自身文化傾向以及對方文化的瞭解，只有當你理解了對方運作於其中的文化和環境，你就能對對方產生「移情或同理心作用」（Empathy）。商談過程中的每一個步驟，應該放在地主國的鏡面上加以看待。從起初的計畫到問候對方，直到安排未來的商務活動，你的「文化智商」的增加會使你在商談過程的每一階段都得到回報。

（一）文化理解

文化理解是呈現多樣式的。例如，某美國德州油田技術供應商派遣一名主管去解決與俄羅斯人合資經營上的困難。儘管在技術細節上取得了進展，但是，俄羅斯人繼續抱著很冷淡的態度。後來，公司才發現派遣一個頭銜為主管的中層管理者是對俄羅斯人的侮辱。因為，俄羅斯人覺得任何一個這樣低頭銜的人是不能有權進行實質性商務商

談的，而且，派遣一個中層管理者是對他們的不尊重。

這種對頭銜和級別的考慮，對俄羅斯商談者是重要的。在這種特殊情形，某公司國際副總裁提出，當主管去俄羅斯商談時，他的頭銜就改成「特別管理長」。這個副總裁說：「這種頭銜改變會使俄羅斯人覺得他們是在與相同等級的人談生意，而我們付出的全部代價則是新的名片。」這種對頭銜和級別的考慮，也非常適用在與日本人的商業洽談。

值得注意的是，另外有一家美國國際公司合約部經理Judy發現，在中國，文化理解的形式特別表現在對年齡的敏感。她解釋說：年齡是大型商談中的一個重要因素，我們的中國貿易伙伴以不願意與年輕人，例如三十五歲的副總裁商談而出名，並且會說：「派年長者來商談。」

假使你記住了下面兩個訣竅，你就不僅會在文化上有知識，而且將成為一名出色的國際商務溝通者。

（二）奉行金科玉律

受過現代教育的人，大多數會奉行一句金科玉律或類似的指導原則下成長起來的：「別人如何待你，你也如何待人。」當我們生活在「我們」（不管我們是誰）一樣的人群中間時，這個金科玉律是很有作用的。由於擁有共同的背景和特性，我們知道如何對待他人。然而，如果與國際的同行交往，這條金科玉律就不一定有效了，因為你想得到的對待也許會完全不同於你的文化背景。

面對美國人有力的握手，直率坦誠和直接商談生意等感到認同，可是，東方文化卻鼓勵對待他人「彬彬有禮」：輕輕的握手，含蓄的談話等行為。因此，假使你的文化背景又能夠參考對方的文化，你就能在競爭中取得優勢。隨著你與他人愉快相處的處境裡獲得擴展與抱負，那麼在商業成功的機會也就增加了。

（三）友善的外國人

作爲一個友善的外國人表現自己與不同文化者打交道。這個訣竅不是說要本地化，而是說作爲一個外國人要有文化上的理解力。不要擔心在與不同文化有關的許多禮節和習俗方面出小問題。假使在香港的餐桌上看見魚的眼睛使你噁心，如果它會讓你在洗手間嘔吐的話，那麼你就不要吃它。

三、使用簡單的語言

在國際商業舞台上，最好使用簡單易懂的語言溝通。

（一）使用簡單語言

與傳統英語不同，美式英語裡充滿了無數令人費解的新詞彙和俗語，假使你不重視這個問題，它們可能會阻礙了國際溝通管道。

（二）會講與聽懂

不要以爲你的對方會講英語，他（她）就一定能聽懂這種英語。此人也許只知道學校所學的英語，而不能在與美國人的交談中運用和理解它，一個經常來臺灣的美國商人曾講到這一點。

一位美國從事國際行銷工作指出：「起初我問我的臺灣客戶是否能講英語時，他說他可以。但是，我發現他的理解力只是初級水準，而我又使用了許多俚語。現在我們仍然有生意上的往來，但是，我講話時會更慢更簡單，並且正在學中文。」這不僅僅是指俚語。要確保你自己儘可能使用最簡單、最基本的詞語。

四、對答案要多提問

（一）提出好問題

在國際商業溝通舞台上，最好多提問，提出答案之前要先眼觀耳

聽。在整個商談中，尤其在商談開始階段，提出好的問題是很重要。你的主要目標是接收資訊。向你的對方發表精彩演講，闡述你的建議，這也許使你感覺不錯，但是，它遠不如像提出問題那樣能使你獲得資訊內容和滿足對方的情感需要，從而有助於實現你的目標。在提問時不要做使你的生意對象爲難的事情。在諸如歐美等文化中，問題可以直接而且坦誠；但是，在日本、臺灣、巴西或哥倫比亞等地區，更注重間接的方式。

（二）方言的問題

跨國商談涉及到不同的文化時，積極的傾聽尤其變得富有挑戰性。即使當對方的第一語言同樣是英語時，情況也是一樣。

邁克（Mike）是美國工程和建築管理人員，他發覺在英格蘭和蘇格蘭情形就是如此。邁克發現，即使講英語，也必須很認眞地傾聽英格蘭和蘇格蘭商談者的講話，原因出在他們的方言問題。

「當我第一次到蘇格蘭時，一個工會商談者告訴我，他準備「mark my card"。我知道我大概已經遇到了某種挑戰。我向一位同事請教那句是什麼意思。原來，這是蘇格蘭高爾夫球手向從未去過高爾夫球場的人解釋如何以最佳方式玩高爾夫球，那個工會商談者的意思是要給予幫助。如果有疑惑不瞭解時，一定要問個明白。」

（三）有效的溝通

以下提供七項有助於有效溝通的一些補充提示：

1. 限制你自己談話的內容與速度。
2. 注意對方在說什麼，還包括有無弦外之音。
3. 保持與對方眼睛接觸，但是，不要盯著對方。
4. 避免匆匆作出結論。要事後評判，不要先入爲主。

5. 注意對方非語言反應出的暗示與情緒。

6. 力求明確，當不能肯定含義時，寧願認為理解錯了。

7. 不要插話，停下來理解，不要立即填補沉默的空隙。

請注意，某些國際商務溝通的儀式兼有招待和蒐集資訊的雙重功能。設在洛杉磯的臺灣一家貿易服務部的經理林先生認為臺灣的宴會和其他方式的招待活動是人們瞭解商談對方情況的最好機會。林先生說：「招待活動可以代表我們對外賓的禮貌，也有助於我們更瞭解一個人，他就是我們可以信任並與之做生意的人嗎？」這類機會也會有助你在正式談判以外的場合仔細傾聽各種談話，可以讓你瞭解到商談者的另一面。利用這個機會蒐集有關對方的其他情況。

（四）肢體語言

觀察的關鍵問題是要重視肢體語言。對方在進行複雜而激動的爭論時，或許會使用暗語，然而，就在他們隱瞞自己意思的時候，有一件事幾乎肯定會發生，身體運動的變化。譬如，某人在椅子上局促不安，或頻繁地眨眼。還要注意你自己非語言行為的影響。例如，假使你的手勢很有表現力，而對方來自瑞典，他們為人很含蓄，那麼，你就要減少手勢的使用。反之，假使你的臉部表情和手勢不太豐富，而且你是在與表現力很強的巴西人交談，那麼，你可以放輕鬆些，多些微笑，多使用有表現力的手勢。

以下提供你不必開口便可做到的四件有助於語言溝通的事：

1. 微笑：這是通用的有效溝通潤滑劑，它可以幫助你打開商談局面。發自內心的微笑如同高聲說：「我很高興與你合作。」

2. 穿著得體，修飾整潔：光亮的鞋、整齊的頭髮、乾淨的指甲以及得體的衣服，這些都表示你對自己及對方的尊重。它還傳遞

出你是值得與對方做生意的資訊。

3. 身體前傾以及使用開放的手勢：幾乎在所有的文化中，身體前傾都表示興趣和專注。將兩臂交叉於胸前可能被認為缺乏興趣或表示抵制。更為開放的姿勢將表示出你對對方的看法持接納態度。

4. 利用每一次交談機會點頭：難道你不喜歡別人同意你的觀點嗎？透過這個簡單動作可以讓對方知道你在用心傾聽。

五、保留讓步的空間

溝通中的讓步行為反映出有關你本人、你的風格和你解決問題能力的有價值資訊。你如何利用它們，這不僅為當下的商談，而且也為未來的商談確定了基礎。你目前的讓步模式將告訴對方如何在將來對待你。

（一）讓步的模式

比方說，你在布達佩斯（Budapest）與匈牙利人進行一項艱難的商談。你已經與他們交換了資料，而且在五次會議上陳述並維護了自己的商談立場。商談似乎進行不下去了。這次商談特別對價格很敏感。在第一次會談時，你對產品的開價是每單位八十美元，匈牙利人的報價是二十美元。你知道，在任何商談中確立良好的關係是重要的。自第一輪會談以來，對方一直堅持二十美元價格。為了打破僵局，你讓價至四十五美元，以表示你有誠意進行這項商談。你認為，這也表明了你解決這個問題的認真態度和誠意。其實，你實際的底價是四十美元，你確實是進行了妥協，匈牙利人也是如此。你們可以完全達成一致，喝杯伏特加酒，然後回家。

然而，這麼做不一定奏效。事實上，在上述的情況下，可以肯

定你會被擊敗。如同許多商談者一樣，你會覺得作讓步將創造友誼或緩和對方。不幸的是，一種更可能的情況是讓步將暗示你的虛弱，將使你的對手得寸進尺，甚至使你的對方產生猜疑。所以，你在作讓步時，必須非常小心。

（二）有效的讓步

以下提供你作有效讓步的十項原則：

1. 在重要的問題上，不要先讓步。
2. 不要接受對方的第一次開價。
3. 使對方降低最初過高要求，不要以還價來答應對方。
4. 作小讓步，不要讓對方期待過高。
5. 作讓步時，要緩慢地進行，時間愈長愈好。
6. 透過作讓步使對方覺得這是對他很有好處。
7. 在你認為重要的問題上推遲作出讓步。
8. 作有條件讓步，在能夠解決問題的條件下作讓步。
9. 對自己獲得的讓步感到慶幸。不要感到心虛。
10.不要覺得你應該對獲得的每一個讓步，都給予回報。

此外，要注意對方會以「公平」 或「合理」的理由要求你作出讓步。不管什麼時候，當對方告訴你說，因為他們對你的報價非常「公平」或「合理」，所以要求你讓步時，不要相信他們。這常常是一種使你感到內疚的操縱戰術。

總之，有效的國際商務溝通雖然牽涉到許多策略性問題與技術層面的問題，但是，溝通問題的關鍵在於「聽」與「講」。因此，阿拉伯諺語有說：

如果我靜靜地聽，優勢就在我一邊；如果我只顧說話，優勢將轉移到對方那一邊。

If I listen advantage in my side; if I simply speak, advantage will shift to the other side.

思考問題

1. 為何同一家公司，同一批設計專家為兩家需求相同的機構擬定的方案，結果卻截然不同？
2. 具備文化上的知識，主要目的是什麼？
3. 不必開口便可做到的哪四件有助於語言溝通的事？
4. 有效讓步的十項原則是什麼？

溝通加油站

惠普的辦公室

在「第十二章發展國際的溝通」裡，我們要與讀者分享一則故事：惠普的辦公室。

在現在商業環境裡，商業談判工作單打獨鬥、個人英雄的工作方式，是越來越不可行了，而團隊的分工合作方式正逐漸被認同。對企業而言，最重要的是：營造一個快樂與進步的環境，讓同事之間，可以公開、自由自在、誠實地相互溝通。

美國惠普（HP）公司創造了一種獨特的「漫遊式（roaming）管理辦法」，鼓勵部門負責人深入基層，直接接觸員工。

為了達到這個目的，惠普公司的辦公室布局採用少見的「敞開式大房間」，即全體人員都在一間辦公大廳中辦公，各部門之間只有矮屏風分隔，除了少數會議室、會客室外，無論哪一級主管都不設立單獨的辦公室，同時不稱頭銜，即使對董事長也直呼其名。這樣有利於上下左右的聯絡，創造無拘束與合作的氣氛。

現在的商業環境，用單打獨鬥、個人英雄的工作方式，是越來越不可行了，而團隊的分工合作方式正逐漸被認同。管理中打破各級部門之間的有形與無形的隔閡，促進相互之間融洽、協作的工作氣氛，都是提高工作效率的好方法。對企業而言，最重要的是：營造一個快樂與進步的環境；在管理的架構下，讓同事之間，可以公開、自由自在、誠實地相互溝通。

Chapter 13

開發溝通新工具

商業溝通的新概念

在二十一世紀的電腦化時代裡，發展出許多新科技具有溝通功能的商品，包括智慧型手機、數位電視、數位相機、數位遊戲機等等，這些都是個人生活不能缺少的工具。進一步，又發展出了包括自動驗票機、ATM終端機的控制、消費者管理、財務管理以及商業溝通等等各種企業的業務工具，也都仰賴電腦輔助，讓企業的商務運作上，受惠良多。

在電腦化時代裡，自然發展出電腦科技的許多商業工具新概念。其中，與商業溝通有關的包括以下三個探討項目：

1. 溝通工具網路化
2. 電子郵件工具化
3. 打造網路網頁化

一、溝通工具網路化

溝通工具網路化是在電腦化時代裡，發展商業溝通工具的第一個新概念。在這個新概念的基礎，商業工作者有效的應用以下三個溝通工具：電腦網路、無線網路以及內部網路。

（一）電腦網路

電腦網路（computer network）是商業溝通上依賴最深的工具，也就是資訊網路。資訊網路是利用通訊設備和線路將地理位置不同的、功能獨立的多個電腦系統連接起來，以功能完善的網路軟體實現網路的資源共享和資訊傳遞的系統。換言之，使用電腦網路讓多台商務工作者的電腦進行通訊或資訊交流。

（二）無線網路

無線網路 (Wireless network）是電腦網路的進階產品，它指的是任何型式的無線電電腦網路，普遍和電信網路結合在一起，不需電纜即可在節點之間相互連結。無線電信網路是使用電磁波的遙控資訊傳輸系統，像是無線電波作為載波和實體層的網路，例如Wi-Fi。因此，許多商務工作者利用無線網路進行雙邊的生意洽商與談判。

（三）內部網路

內部網路（Intranet），是一個使用與網際網路同樣技術的電腦網路，它通常建立在一個企業或組織的內部，並為其成員提供資訊的共享和交流等服務，例如，全球資訊網、文件傳輸、電子郵件等。使用者不僅可以透過區域網內使用，也可以透過防火牆以及路由器（router）從遠端對企業內部網取得資訊。商務工作者可以善用內部網路取得必要的資訊，以便有效的支援商業溝通任務。

二、電子郵件工具化

電子郵件（email）是重要的商業溝通工具，我們將瞭解電子郵件在行銷中有關溝通方面的內容。商業工作者與消費者進行溝通的利器是提供文字及圖片的資訊，這個特性讓電子郵件成為了行銷資訊的最有力工具。電子郵件的應用目標有以下兩點：

（一）選擇溝通工具

電子郵件是好用的商業溝通工具，但是，並非所有電子郵件服務都具有相當的功能。有一些服務對技術的要求不那麼高，所以商業工作者可以自己操作，但有一些服務則需要借助網站管理員的幫助。為了解決這個問題，我們應該選擇一個快速而簡單的工具。

例如，請具備相當實力的網路操作者讓商業工作者可以用很多種方法為電子郵件蒐集圖片。要找到正確的圖片，必須考慮兩個問題，一是必須是新穎的圖片，並能夠強調所傳達的資訊；此外，必須擁有對圖片的使用權，不能侵犯作者的版權，因此，需要根據圖片原作者的要求標明圖片的出處。

Radicati Group 調研公司在其《2012-2016年電子郵件資料報告》（2012-2016 Email Data Reporting）文中指出，在2012年，全世界共有超過三千萬個電子郵件帳戶，這個數字有可能在2016 年增長至四億三千萬。這些電子郵件帳戶中，75%是個人帳戶，25%為企業帳戶。由於全世界越來越多的公司正加入電子郵件行銷浪潮，預計企業帳戶的數量還會繼續增長。

需要注意的是，使用電子郵件者通常並不擁有或支配使用電子郵件的主動權，因此，需要請求管理者測試幾個溝通媒體連結。大多數郵件系統都有分析的功能，也就是說它可以告訴商業工作者一些資訊，例如，商務連結被點擊的頻率。如果這些連結有效，管理者就能看到其中的商業溝通價值，商業工作者正在尋找的對象可能會為他帶來額外的參與度。

電子郵件仍然受到歡迎的原因，是它們能夠直接與消費者的利益對話。行銷專家賽斯‧高汀（Seth Godin）與Pema Chödrön（Fail, Fail Again, Fail Better: Wise Advice for Leaning into the Unknown, 2015）為此觀點做出了預言性的聲明，他們認為消費者想要瞭解他們所獲得的資訊，同時，如果商業工作者想在他們的收件箱中占得一席之地，就要

獲得他們的認可。廣告從網路的每一個角落向消費者蜂擁而來，擁有剔除無關資訊的能力在今天的消費市場上變得更加有意義。

（二）分享的優點

　　使用電子郵件對行銷都有許多分享的優點。主要是消費者能夠把商業工作者的內容分享到自己的溝通管道上，因此，商業工作者有可能會被介紹給新的消費者。因此，使用電子郵件對行銷具有以下三項特點：

1. 透過電子郵件有目標的傳播優惠資訊。作爲消費者的首選品牌之一，商業工作者可以向他們發送特定的折扣優惠和新訊息，這樣他們更有可能採取購買行動。
2. 個性化。商業工作者可以向消費者發送個性化定製的資訊，要求與他們建立聯絡。當然，如果消費者收到了一封標題爲「某某，您好！」的郵件，那就有些讓人喜憂參半了，內容是否具有吸引力，就要看商業工作者的溝通能力了。因此，商業工作者要確保自己精通電子郵件的溝通技巧。
3. 保持聯絡。如果商業工作者定期發送業務郵件，那麼商業工作者是在與消費者保持聯絡，並提醒消費者商業工作者對他們很感興趣。關鍵是商業工作者的通訊內容不能總是關於商業工作者自己，商業工作者應該問消費者問題並邀請他們參與。儘量鼓勵消費者說出他們喜歡的或厭惡的事物。

　　總之，商業工作者可以用電子郵件功能有效地劃分、考察並追蹤郵件資訊，瞭解什麼能讓消費者產生共鳴。電子郵件能夠讓商業工作者以相對低廉的價格進行試驗，這一特點讓其成爲了行銷資訊的最好手段。

三、打造網路網頁化

如何使用網路打造完美網頁以便成為商業溝通的利器是商業工作者的新概念。行銷專家奧馬爾汗（Omer Khan : Landing Page Optimization: 22 Best Practices That Every Business Should Know, 2015）認為網路網頁與電子郵件是商業溝通的「廉價有效工具」（Cheap and effective tool）：不需要付出大筆金錢與精力就可以上手的溝通工具。

（一）網頁成敗關鍵

網路網頁的內容如何成為決定網頁成敗的關鍵，讓這些內容幫助商業工作者實現預期效果。網路網頁溝通化內容對商務行銷的影響，商業工作者務必瞭解其重要性。如果需要更多的參考資料，ROI Research公司於2012年所做的名為「Life on Demand」（生活點播）的研究所呈現的結果，值得參考：

1. 網路網頁使用者中，35%的人表示他們的照片內容都是與朋友一起時最快樂的事情。
2. 網路網頁使用者中，44%的人表示圖片是最能夠吸引他們接觸品牌的內容。
3. 網路網頁使用者中，56%的人表示當實際和離線形式都可用時，他們更喜歡實際圖片。

商業工作者要注意到這種趨勢：即圖片是很受歡迎的內容。如果商業工作者不把它作為網站的一部分，就不能期待網站的良好運作，而有效使用溝通的關鍵，就是商業工作者選擇正確圖片。

網頁的功能是什麼？網頁是商業工作者發掘潛在用戶的頁面。希望消費者在決定與商業工作者接觸時能夠「登錄」到這裏。行銷工作者發現，透過連結把消費者帶進網站主頁，並希望能在廣告或服務提

供的資訊發揮效果。因此，要讓網頁變得更有效率，可以用專門的頁面進行推銷，以便感興趣消費者的光臨網頁。進入網頁時，通常頁面上會有具體的資訊以及供消費者填入資訊的註冊框，或可以將他們帶入購買頁面的按鈕。

（二）網頁登錄

商業工作者希望消費者在決定與商業工作者接觸時能夠「登錄」到此網頁。這些訪客從各種各樣的地方進入網頁面，他們最有可能是透過商業工作者爲吸引訪客而創建的連結而來的。這些連結既可能來自付費廣告和媒體，也可能來自於免費媒體。例如，它可能是Google上付費廣告的連結、付費新聞報導中的連結，或免費的商務和Blog介面中的連結。

商業工作者在網頁上要求消費者採取具體的反應行動。例如，填入電子郵箱位址以獲取內容、訂閱電子書或業務通訊、打電話得到他們想要的資訊，以及預約進一步的交流。

我們在這裡所指的是溝通網頁，並非指購買產品的銷售購物網頁，銷售網頁要比溝通網頁詳盡得多。商業工作者的網頁必須有足夠資訊讓消費者採取行動：進入預設的銷售網頁。

（三）效益問題

商業工作者希望消費者有所行動，商業工作者需要思考以下幾個與收益相關的問題。

1. 如果消費者採取行動，商業工作者的投資回報（ROI）是什麼？
2. 商業工作者從電子信箱或電話的反應中得到回報了嗎？
3. 這個反應是否能將他們轉變成消費者？
4. 你知道獲得一個新消費者的成本是多少嗎？

當架設網頁時，很多行銷工作者都忽略了投資回報的主題，他們太關注獲得反應結果的數目，而忘記了其帶來的價值。很顯然，商業工作者希望得到消費者的電子郵箱位址或讓他們打電話給商業工作者，但是，重點是要能獲得收益，這些又意味著什麼呢？商業工作者從電話中得到回報了嗎？如果有人打電話給商業工作者了，這個電話是否能將他們轉變成消費者？商業工作者知道獲得一個新消費者的成本是多少嗎？這些問題所以如此重要的原因，他們必須設定優先順序。不論商業工作者或其團隊多麼努力，都不可能有機會做想做的每一件事情。不論商業工作者的資金多麼充足，商業工作者都需要做出選擇。

首先，如果商業工作者知道打電話能夠更有效說服消費者，那就應該選擇對推廣電話號碼的網頁進行測試和改善，當這個頁面優化之後，再關注其他方面的優化工作。

其次，要考慮消費者的需要：對消費者來說，如果採取行動，我能從中得到什麼？大家都知道，所有形式的行銷都在爭取消費者的注意力。因此，商業工作者應該確保提供了消費者認為有價值的東西。

第三，商業工作者應該清楚消費者重視什麼？它的關鍵是建立在什麼基礎上？商業工作者可能認為向消費者發送15頁的電子書會得到很好的反應，但事實上，這樣會讓消費者覺得負擔太沉重，而一篇3頁長的總結可能會更受歡迎！商業工作者需要充分瞭解消費者的喜好。

最後，我們要討論網頁的說服法則以及學習網頁分析的應用。分析網頁時，由於目標更加集中，商業工作者只需專注以下幾個項目：

1. 承諾、喜愛、一致性、以及其關係的搭建：網頁要求有一定的承諾性，所以登錄頁上的內容要滿足這四個項目。

2. 可信度：可以把這一點透過頁面上的品牌故事表現出來。但是，需要經過深思熟慮，如果它看起來像是編造的，就達不到

效果了。另外，為網頁設置3-5天較短的有效期，這將有助於商業工作者經常更新。但是，要讓使用者知道固定的更新日期。

3. 環保態度：雖然這一點很難吸引人們的注意力，商業工作者的品牌還是需要將這一點反應在網站裏，以便贏得眾多環保人士的信賴。

4. 行為召喚（Call To Action，CTA）是網頁說服法則的最終目的。行為召喚是指將網頁點閱與回應的轉換率的優化觀念，優化轉換的基本觀念有兩個，第一個是提高轉換，第二個是控管流失。提高轉換是指：透過一些措施或方法去增加原本沒有的轉換量，例如，增加訂單或會員註冊。

思考問題

1. 電子郵件的應用目標有哪兩個？
2. 要如何吸引使用者再度點入網頁？
3. 商業工作者希望消費者有所行動，需要思考哪些收益相關的問題？

進行網路溝通服務

根據本節的「進行網路溝通服務」主題，我們要進行以下四項議題的討論：

1. 電子銀行網路服務
2. 激動人心的生意場
3. 網路溝通的新工具
4. 未來網路溝通服務

一、電子銀行網路服務

在邁向 二十一世紀的前夕，以網路服務取向的電子銀行在美國成立了。1996年5月23日美國第一家電子銀行Security First Network Bank（安全第一網路銀行）成立。它是繼信用卡發行之後，呼應一個無現金與無支票社會的來臨，提供了網路銀行（Online Banking）業務。安全第一網路銀行在華爾街上市後，馬上受到投資者的青睞，每股股票價格收市時上漲了一倍。

（一）電子銀行

這家銀行的確採用了一種全新的服務手段。顧客足不出戶便可進行存款、轉帳、付帳等業務。當然，進入該銀行的先決條件是要有一

台運算速度較高的電腦和數據機（Modem）並擁有進入網際網路的帳號。對已經具有使用網際網路經驗的用戶來說，進入該銀行輕而易舉。鍵入http://www.sfnb.com的網址之後，螢幕即顯示出類似普通銀行營業大廳的畫面。上面有「開戶」、「個人財務」、「諮詢檯」、「行長」等櫃檯，甚至還有一名安全人員。用滑鼠點擊要去的櫃檯，消費者就可遵照各類提示，進行所需的服務領域。

據銀行的一位女行員介紹，自從該銀行開始營業以來，每天都接到「大量的新儲戶申請」，但她拒絕透露具體的人數。網路銀行的吸引力在於不需要設立分支機構就能將業務擴展至全國，也不需要投資加強安全防範措施，因而大幅降低了管理費用。擁有這項優勢就可以取得較高的利潤，同時，也有足夠的人力提供更好的服務。專家普遍認爲這類銀行將要碰到的最主要的問題是信譽。銀行不同於一般的網路服務公司，尤其是一家從「零」開始的新銀行，要在互不見面的情況下獲得儲戶的信任是很困難的。

（二）電子交易

華爾街也面臨同樣的信任危機。電子交易以透過電腦化空間交易股票和債券的方式，動搖了華爾街傳統的經營方式。這種新型交易方式大多是透過個人電腦與消費者進行聯繫，交易就在網路上完成。電子證券機構打破了華爾街壟斷的傳統，自己向消費者傳送有關公司及其經營狀況的資訊，每月吸引許多人上網瀏覽。投資者還可以透過網路提問題。《時代雜誌》（Time）曾經報導，當時，雖然在美國每天6.4億股股票的交易量中新的電子交易量只有1%，但是，它足以讓華爾街大證券機構感到憂慮，因爲新技術手段改變了證券世界的複雜性。華爾街變得像只是結帳清算的小職員。現在美國人買股票的比例已由不到5%上升到了20%，越來越多的投資者開始把錢抓在自己的手裡，而不是像過去那樣交給經紀人去炒股。現在，在網路上已有超過150萬

個帳戶，而在1995年則只有41萬戶。

在網路上投資股票的優勢在於成本低，操作簡便。由於提供網路交易的經紀機構人員比較精簡，辦公場地小，因而節省了大筆經常性費用。這樣，它向消費者收取的費用很低。速度快是另一個優勢，一般而言，當小投資者發現自己看好的公司股票出現漲勢時，要做交易必須找到經紀人，才能成交。而透過網路無需找經紀人，直接透過自己的個人電腦就可以完成交易。

總之，以網路服務取向的電子銀行成立與快速發展，提供了商務工作者發展與消費者應用網路溝通平台服務的借鏡。

二、激動人心的生意場

美國第一家電子銀行成立的第二個月，也就是1996年7月10日，在歐洲的巴黎也發生了激動人心的生意場面。以法國著名時裝大師名字命名的伊夫・聖羅蘭時裝公司（Yves Saint Luarent）同時在網際網路和巴黎T型舞台上推出其最新款式的高級時裝系列。

（一）新生意場所

在巴黎的新聞發表會上，Yves Saint Luarent時裝公司發言人說：「這是第一回Yves Saint Luarent時裝公司敞開大門，讓大家目睹其神奇的時裝世界。」Yves Saint Luarent此舉表明它清楚地看到當前的新型軟體和富於想像力的服務，正在使網際網路成為有史以來最激動人心的生意場所。

Internet運用最多的部分是在商業和貿易界。剛開始的時候，據《商業週刊》報導，這些公司中有一些只是實驗性地把公司的部分資訊或產品的資訊放到網際網路上供公眾查看。例如滾石公司的「巫術休息室」（Voodoo Lounge）塞滿了它的唱片。IBM有一份電子版雜誌，其中刊登關於該公司及其產品和研究活動的文章。然而，有些公

司卻雄心勃勃，它們正在為開創全新的經營方式奠定基礎：在網際網路上直接與供應商、消費者以及許許多多潛在的顧客進行接觸。並可以取消公司之間所有的日常文書工作，將每一筆交易的支出降到最低。

（二）網際網路

　　這就是各公司為什麼如此迫切希望利用網際網路的原因。它們可以利用它作為市場調查、銷售和爭取顧客支持的工具；同時，也可以作為傳真、快遞及其他通信方式的價格低廉的替代方式；甚至還可以作為與顧客建立一種新的持續發展的關係的途徑。凱悅飯店公司 (Hyatt Hotels Corp.)在網站宣傳它的飯店和度假地，向那些在網際網路上看到資料的人提供折扣優惠。

　　這樣的變化將會把人們帶入一個嶄新的世界，在這裡花少量交易費用就能獲得大量的市場資訊。網際網路將成為購物者的天堂。

（三）虛擬市場

　　英國消費者協會於1996年秋天在網際網路上推出了「虛擬市場」（Virtual Market），以便消費者蒐集和交換資訊、購買到滿意的商品。該協會估計，75萬成員中有5萬人參加了「虛擬市場」，用戶中人數最多的年齡層為25～35歲。英國消費者協會認為「虛擬市場」可使消費者充分瞭解市場行情，從而更好地保護消費者的權益。

　　在這裡，消費者可以將自己瞭解的最佳商品的性能、價格等輸入到「虛擬市場」上，想購買同一種商品的消費者可以互相討論選出最滿意的商品，並且可以集體購買（團購）以便與廠商討價還價，他們還可以利用它交流消費過程中的經驗。廠商也可利用該「虛擬市場」招徠顧客。「虛擬市場」上還開設金融、度假等多項服務。

　　在網路上最暢銷的產品是書籍、軟體、包裝食品及收藏品等，因為顧客可以在不用觸摸、不用試驗的情況下就作出購買決定。事實

上，這些東西也就是消費者通常郵購的東西。網際網路的出現使郵購目錄轉移到網路上。

（四）互動電視

電子市場的另外一個發展是互動電視(interactive television)，它與現存的家庭購物電視網相似，但它是互動的，並且給予消費者更大的自由。在電視購物節目裡有無數種商品，你必須耐心等待直到你需要的那種商品出現。但在資訊高速公路上，你能夠依自己的喜好在全球各地的各種商品市場和服務之中漫遊。

三、網路溝通的新工具

針對前面所討論的電子市場相關議題，例如，網際網路與虛擬市場更有效的運作需要，有兩項網路溝通新工具值得介紹：Line與雲端。

（一）LINE

LINE 現在是網路世界最熱門的行動通訊軟體，提供免費的文字訊息、語音訊息、語音通話，以及各式各樣的社群服務，例如，貼圖、動態消息、主頁與官方帳號等等。除了可以使用智慧型手機與平板來操作之外，也有 PC、Mac 版本可以使用。並且支援Android、 iOS、Windows Phone 和 BlackBerry 等作業系統。

LINE在2015年提出的發展策略是建立「Mobile Gateway 行動生活入口」，計畫推出行動應用是以生活和娛樂為主軸，包含「LINE Pay」支付工具、「LINE TAXI」叫車服務、「LINE MART」買賣市集、「LINE @」生活圈帳號、「LINE TV」視訊串流服務、「LINE Manga」日本漫畫閱讀平台、「LINE Webtoon」素人漫畫平台、「LINE Game」首款重度手遊共 8 項。在LINE的各項功能組合下，加上眾多使用人數，只要商業工作者善加利用，一定可以成為網路溝通的利器。

（二）雲端（Cloud）

雲端是雲端運算的簡稱，提供網際網路的運算、資源和隨選服務，並具有滿足彈性使用及擴充資料的功能。現今流行的雲端（Cloud）概念，偏向手機與電腦的資訊或軟體的運用。應用軟體被安裝到電腦或手機時，使用者依軟體的特性來運用，而雲端廣泛利用大量儲存設備與系統軟體，只要能連上網路的設備，就可以儲存或取得相片、影片或其他資料，也可以從系統獲得軟體的使用。在此之前的電腦設備都是有作業系統，例如：Windows 、iOS、Chrome OS，再配合應用軟體，例如：Excel、PhotoShop、Acrobat等。

針對商業工作者的溝通工具而言，以雲端的概念所做成的每一部電腦設備就不需要安裝應用軟體，也不需要再安裝龐大的儲存裝備，例如，硬碟、固態硬碟SSD等等，就可以與生意伙伴直接傳送或者接收大量的資訊，因為應用軟體由雲端提供，而需要傳送或者接收的資料就存放到雲端。這樣可以使單一的硬體設備可以更簡化。當我們的工作離不開網路與手機時，所有商務的必要資料都可以透過雲端來運作，成為網路溝通的有利工具。

四、未來網路溝通服務

網際網路應用蓬勃發展從美國開始發展到全世界各地，在資訊高速公路上提供廣告服務已經成為一個最新的熱門行業。許多廣告公司都成立了「新媒介部門」，試圖開發網路廣告的潛力。然而，從各方面來看，廣告商上網的步伐都還是小心翼翼的，但是整體趨勢已經是確立了。

（一）網路廣告

據調查，1995年美國公司花在網路上的廣告費用是3,700萬美元，這與600億美元的廣告總費用相比簡直不成比率。目前，兩者的差距

雖然有縮小，原因是它們無法確定有多少人能看到網路廣告。而且製作網路廣告的費用也不小。然而，廣告商們卻被網路用戶的構成所吸引：他們不是學生，就是受過良好教育的30多歲的男性，年平均收入65,000美元。這個趨勢值得商業工作者省思。

網路廣告雖然面臨困境，還是具有一個無與倫比的優勢：它可以根據更精細的個人差別將顧客進行分類，分別傳送不同的廣告資訊。大部分的傳統廣告，如電視和戶外廣告牌，都是以「廣播」方式傳送資訊，就是用「人群」的原則確定某種類型的群眾；而網路廣告則是以「窄播」（Narrowcasting）的方式進行的，可以實現真正的個人化服務。用行銷家尼葛洛龐帝（Nicholas Negroponte：Beyond the Hole in the Wall: Discover the Power of Self-Organized Learning，2012）的話說：「我就是我」（I am who I am），消費者不再是人口統計學中的一個棋子。

（二）互動優勢

網路廣告的另一個優勢是互動的。未來的廣告利用最先進的虛擬現實界面設計來達到身歷其境的效果，將會帶來一種全新的感官經驗。試想一下，打開電腦，你看到的將再也不是以往電視中那種千篇一律的汽車廣告。你可以打開車門，看看新款的豐田汽車又增添了那些配備，還可以利用電腦提供的模擬駕駛系統，體驗一下駕馭汽車的感受。此外，你還可以查閱該車種的耗油率、剎車狀況，並且詳細體會行李箱的大小，甚至還可以查詢車種的銷售情況和價格，或是利用連接到其他電子資料庫中去瞭解人們對不同車款在性能和價格方面的評論。你甚至可以在網路上參觀車展，而不必再擔心找不到停車位。

基於這些優點，37%的美國大公司制訂了在網路上作廣告的計畫，而有9%的公司已經在網路上捷足先登了。

在網路上作廣告有兩種形式：一是建立公司自己的網站，二是像

常規的廣告形式一樣，向某個網上出版商購買廣告空間。眞正的銷售潛力當然在於擁有自己的網站，因此有些公司爲了登記網站名稱展開爭奪戰。例如紐約的一家浴室附屬設備製造商American Standard向一家Internet服務供應商提出法律訴訟，聲稱自己的商標受到了侵犯，原因是該供應商將americanstandard.com登錄爲網站名稱。

（三）影像視訊

　　未來的廣告公司又會是什麼樣呢？將出現全新的互動廣告公司，它們將受益於對影像視訊有良好概念的廣告文案撰稿員和藝術指導；除此之外，設計互動廣告所需的一切技術大牛將仰賴電影製作公司的成員，例如導演、攝影師、剪輯師、音響師、作曲家及特技人員等。另外，一批目前從事多媒體設計與製作的人員將加入互動廣告的行列。這些人員多牛不懂得廣告，所以他們在這方面的知識必須向傳統廣告從業人員學習。

　　國際知名的摩根・斯坦利(Morgan Stanley)投資銀行1996年6月公布了一份《Internet報告》，預測對Internet的投資將獲得很好的回報；報告指出，過去15年間整個PC產業所產生的市場總值約爲2,500億美元，而今後幾年內，Internet的市場總值將更大於這個數額。

　　總之，網際網路已在改變世界商業溝通的面貌。這對地球上的每一個商務工作者來說，都意味著嶄新的機會。Internet標誌著二十一世紀最大一個淘金浪潮，值得大家一試。

思考問題

1.為何要取得電子銀行儲戶的信任是很困難的一件事？
2.何謂「虛擬市場」（Virtual Market）？
3.試述雲端（Cloud）概念？

03 商業溝通的新工具

根據本節的「商業溝通的新工具」主題，我們要進行以下四項議題的討論：

1. Facebook ：溝通的有效工具
2. Twitter ：連結溝通的世界
3. Pinterest ：創建溝通的中心
4. APP ：行動的溝通管道

一、Facebook：溝通的有效工具

沒有人會否認Facebook（臉書，FB）是最普遍的現代溝通工具之一，自2004年2月創立到2014年7月，報導稱使用者數量已達22億，其中包括大量的商業用途。

（一）Facebook優勢

FB除了文字訊息之外，使用者可傳送圖片、影片和聲音媒體訊息，也可以傳送檔案給其他使用者，以及透過整合的地圖功能分享使用者的所在位置。使用者必須註冊後才能使用，然後，他們可以設立個人檔案、將其他使用者加為好友、傳遞訊息，並在其他使用者更新個人檔案時獲得通知。此外，使用者也可以加入有相同興趣的群組。

使用者亦可將朋友分別加入不同的社團清單來管理，例如「同業」、「同事」或「朋友」等。

在這裡，我們將認識在FB上的溝通內容如何發揮影響力，並確定增加溝通內容使用度的方法，用溝通內容補充以便帶來更大的商業效益。

FB使用者之所以能成為你的商務粉絲，是有許多原因的。商業工作者在FB上吸引溝通的能力與你在其他管道上與消費者的交流能力有關。如果你沒有在其他管道上與消費者建立關係，他們甚至都不會注意到你。最有可能出現的情況是在FB上搜尋到已經對你的公司很熟悉的人，或是與你做過生意的顧客，他們可能會看一看你在FB上的動態。因此，商業工作者必須給他們一個在FB上看你的網頁的理由。如果你不能讓溝通內容、娛樂性和資訊進行有效的整合，就不能成功地吸引特定的商務溝通群體。

（二）習慣的角色

在商務溝通平台上吸引注意力，「習慣」扮演了重要的角色。商業工作者最好不要試圖去為溝通而創造新習慣，而應該利用他們已有的習慣。如此龐大的溝通群體已經在FB上養成了互動的習慣，因此，你應該把「與你互動」添加到他們的習慣中去。你需要問自己一些關於FB的問題。

1. 我們對這個平台的目標是什麼？

商業工作者需要知道你出現在FB上的原因，不能僅因為其他人在FB上，你才跟隨這個潮流。商業工作者需要出現在這個平台上，許多是因為其競爭對手的緣故，之後，他們浪費了大把時間和金錢去模仿或抄襲。如果從消費者的角度看待問題，你就會瞭解在這個平台上他們對你的期望了。

2. 我們知道：誰在FB上嗎？

根據Royal Pingdom（Geoffrey Tumlin ：Stop Talking, Start Communicating, 2013）的一份研究顯示：60%的FB使用者是女性，40%為男性。FB使用者的平均年齡為40.5歲。使用的目的大多數是為了分享共同的興趣與嗜好，當然也包括商業目的。

3. 我們應該使用什麼資源？

商業工作者需要擁有資源才能在FB上做好全面工作，這些資源包括了其他商業溝通平台同樣需要的所有要素：內容的創造、管理網頁的人員、回應消費者的人員等等。你必須承諾為FB貢獻其要求的時間和關注度。好消息是你可以改變已有的內容來進行FB上的創作。

4. 我們如何知道是否吸引了目標對象？

這是一個重要的問題。商業工作者應該尋找那些可以量化結果的指標。儘管投資回報率（ROI)對每個處理商業溝通的人來說都是一個持續性的問題，但是，至少試著將衡量指標與具體的活動或測試聯絡起來。你使用的短期個案應該包含細節而不是固定不變的模式。

5. 我們是否知道「讚」的真正價值？

「讚」的影響很難估量。這是因為「讚」出現在數個不同的地方，也很難確定它們激發了哪種行為。「讚」的意義並非全部相同。溝通者也急於確定FB上的「讚」對於用品牌賺取溝通價值的真正意義。有研究指出六個促成FB粉絲價值的指標：產品消費、品牌忠誠度、推薦的傾向度、品牌親和度、溝通價值和購置成本。

（三）Facebook新政策

FB於2013年1月採用了FB封面圖和贊助內容的新政策，新政策規定圖片內容不得含有超過20%的文字，但非贊助照片不受影響。個人資料頁與企業專頁都可以有效的反應在FB上：個人資料頁是展示與親朋好友聯絡的頁面，只有他們能看見你的活動。如果你是個企業家或商

業工作者，想要以個人而非企業單位的形式為人所知，你可以將個人資料頁與選定的小組連接。企業專頁則是企業想要在FB上露面，可以創建企業專頁。

二、Twitter：連結溝通世界

Twitter（推特）是一個商業網路和一個微網誌服務，它可以讓使用者更新不超過140個文字符號的訊息。這個服務在2006年3月創辦並在當年7月啟動的。Twitter在全世界都非常流行。根據Twitter宣布，截至2012年3月，共有1.4億活躍使用者。網站的非註冊使用者可以閱讀公開的推文，而註冊使用者則可以透過Twitter網站、簡訊或者各種各樣的應用軟體來發布訊息。Twitter是網際網路上瀏覽量最大的十個網站之一。

（一）Twitter優勢

Twitter是如何從可以發140個字元的消息平台發展成不需要借助第三方服務，就可以查看照片的溝通網站。Twitter支援全球的即時公眾對話。每一個想要發布自己觀點的人，都可以使用智慧型手機和其他電子設備來實現這一目的。世界上發生的主要事件通常都會在Twitter上準確地反映出來，Twitter會盡最大的努力講故事。而商業工作者可以在Twitter上做下面這些事情。

1. 商業工作者可以獲知突發商業事件新聞，例如，某企業發生意外、被併購，或者某項產品被發現嚴重缺失。

2. 商業工作者可以認識世界各地的消費者在想什麼？需要哪些商品？內容包括股市的趨勢、投資的目標，以及流行商品。

3. 與志同道合的人對話，商業工作者與同業資訊連結、展示與業務相關的照片以便分享心得。

4. 商業工作者可用預先設計好的主題標籤（hashtag)舉辦會議。透過特殊的連結來提供促銷或者折扣。

5. 商業工作者應用產品展示、張貼行銷活動以及與消費者互動照片。同時，尋找意見領袖和熱衷於評論品牌的人。

（二）**Twitter溝通化**

為了跟上現在的潮流趨勢，Twitter在近年來變得越來越溝通化。Twitter公司引入了一些新的特性，表示它認為溝通效果是商業溝通不可或缺的組成部分之一。商業溝通權威人士指出，Twitter正在試圖朝著溝通化的方向發展

三、Pinterest：創建溝通中心

Pinterest，是一個網路與手機的應用程式，可以讓使用者利用其平台作為個人創意及專案工作所需的視覺探索工具，同時也有人把它視為一個圖片分享類的商業網站，使用者可以按主題分類添加和管理自己的圖片收藏，並與好友分享。其使用的網站布局為Pinterest-style layout（Pinterest風格布局）。由於Pinterest的網路能夠有效與手機應用，開創了商業溝通的新概念。

Pinterest由美國北加州Palo Alto的一個名為Cold Brew Labs的團隊營運，2010年正式上線。「Pinterest」是由「Pin」及「interest」兩個字組成，在社群網站中的瀏覽量僅次於Facebook、Youtube、以及Twitter。

（一）**Pinterest優勢**

在這裡，我們將討論Pinterest目前的狀況和它對商業溝通者潛在的作用。商業工作者可以透過在Pinterest上有著數以百萬計的粉絲的成功零售商個案，來幫助你評估在Pinterest上創建溝通中心的潛力。如果你是商業溝通的工作者，那麼你一定要認識Pinterest的潛力。Pinterest具有成為強大的溝通中心的所有特性。

我們可以將Pinterest想像為能夠互動的商業溝通看板。不管在其他

地方有多少線上（online）內容，你都可以將它們以一種有意義的方式集結在Pinterest上展示。許多商業工作者已經開始進行試驗，越早開始使用Pinterest，就會越快看到它是如何使你的展示及推銷的品牌產品更有價值。

商業工作者必須擁有潛在的「銷售隊伍」，這些人會轉發你的內容，並擴大這些內容，從而使這些內容能夠更容易地被其他人看到。這是一個關於Pinterest的非常重要的概念，由於Pinterest每天都在吸引無數的新使用者，它是個非常好的內容分發工具。因此，讓我們先專注於Pinterest的基本情況，然後看看它可能對你的效益帶來的影響。Pinterest是有史以來增長最快的商業溝通管道，內容刊登在Compete.com發布的「網上購物情報調查」（Online Shopper Intelligence Survey）。

（二）網上購物情報調查

在2012年5月，Pinterest每天有2,000萬個訪客。受訪的使用者中有25%說他們會從把之前使用Facebook的時間轉為使用Pinterest上。25%的使用者在Pinterest上看過一個產品之後會購買它。Pinterest上最流行的產品類別是食品，它們擁有57%的使用者。Pinterest中80%是女性，50%有學生，55%的年齡在35歲至54歲之間。這樣的人群在消費方面是非常有潛力的。

Pinterest是免費註冊的，使用者可以在Pinterest上免費設置「圖釘」和「釘板」。可以使用Facebook和Twitter帳號註冊Pinterest帳號，也可以使用電子郵件位址註冊Pinterest帳號。使用者要創建一個「圖釘」是很容易的。只要在瀏覽器中保存一個「書籤」(Bookmark)。這樣，當你希望「釘」住一個圖像的時候，只需要點一下書籤就可以了。要找到書籤按鈕，在頁面中打開About下拉功能表，選擇Pin It Button選項。

（三）Pinterest企業帳號

2012年11月，Pinterest推出了企業帳號。在這之前，Pinterest規定個人網站不能從事商業活動，但這個變化是不可避免的，因爲企業已經開始使用Pinterest了，並且它們希望擁有更多業務相關的工具。使用者只需要完成幾次快速設置的點擊，就可以把個人帳號轉換成企業帳號。除了可以使用品牌名稱而不是姓名作爲帳號名稱之外，企業帳號看起來並沒有什麼特殊之處。可以把網址放在個人資料中，這樣也可以給使用者的網站帶來一些流量。

四、APP：行動的溝通管道

APP 是行動應用程式或手機應用程式的縮寫（英語：mobile application，mobile app、apps），是指設計給智慧型手機、平板電腦和其他行動裝置上運行的應用程式。從商業工作者的觀點看，APP爲他們提供了一種行動的溝通管道。

（一）APP優勢

在這裡，我們討論應用程式APP是如何影響行銷，並考慮使用什麼樣的機動化工具來提高生產力，並爲消費者提高商品價值。

行銷工作者要知道，許多消費者都是透過行動設備接觸商業溝通平台來進行互動的。如果你正在追隨大部分主要網路廣告商的腳步，那麼你的策略很有可能是致力於滿足擁有行動應用程式的功能，而不是滿足消費者的實際需求而已。根據Google在Think With Google.com上發布的內部報告，79%的主要網路廣告商還沒有針對行動設備優化它們的網站。

Think With Google.com的報告指出一個驚人的數字。事實上，在這方面，因爲小公司的內容更集中且產生的問題更少，所以在行動領域更容易取得競爭優勢。消費者們會在行動設備上使用各式各樣的應用程式。

（二）瀏覽器搜索

使用者在行動設備上使用瀏覽器進行搜索的方式與他們在電腦上使用瀏覽器進行搜索的方式相同。某些情況下，內容可能會為了方便使用者瀏覽而被優化。使用者會根據易用性決定是否會在行動設備上繼續進行這種活動。

1.行動應用程式：使用者下載的行動應用程式會為在行動設備上查看特定的內容而訂製的。如果發現消費者想要進行某種與你的企業相關的活動，那麼，你可以考慮創建一個應用程式。

2.要評估需要做什麼？你可以看看你的人物角色並決定消費者會在哪裡？以什麼方式展示你的內容？為了進一步評估這些問題，商業溝通者瞭解行動使用者更喜歡在應用程式而不是瀏覽器上做什麼。然後，你可以決定需要做哪些設計或改進。

3.創建一個訂製化的應用程式，以便消費者能夠參考指定的內容，包括行動設備優化網站。

（三）理解消費者

針對理解消費者使用行動設備的方式，雅虎（Yahoo）的一項研究發現，69%的使用者在建立連接時，更喜歡使用應用程式；65%的使用者在導航時，更喜歡使用應用程式；61%的使用者在傳遞資訊時，更喜歡使用應用程式；54%的使用者在管理行動設備時，更喜歡使用應用程式；60%的使用者在娛樂時，更喜歡使用瀏覽器；63%的使用者在搜索時，更喜歡使用瀏覽器；73%的使用者在購物時，更喜歡使用瀏覽器。

根據這些資料，行銷工作者會認為行動使用者更喜歡使用應用程式來完成導航、閱讀信息等活動。然後，當進行購物、娛樂等活動時，消費者的偏好則切換為使用瀏覽器。這是普遍的調查資料，行銷工作者應該在創建應用程式之前，直接對目標溝通進行調 。

思考問題

1. Facebook（FB）的優勢是什麼？
2. 商業工作者可以在Twitter上做哪些事情？
3. Pinterest的優勢是什麼？
4. APP 是什麼？

危機的背後

在「第十三章開發溝通新工具」裡，我們要與讀者分享一則故事：危機的背後。

在這個國際競爭劇烈的年代，不同行業的個別公司難免會遇上經營的危機。假使公司沒有放棄它的員工，員工就不會放棄公司，因此，當公司有機會復甦的時候，員工自然樂意配合。有時候在商業環境裡，為對方付出關懷與努力，往往會換來意想不到的收穫！

1993年，正當經濟危機在美國蔓延的時候，加州的哈理遜紡織（Harrison textile）公司，因一場大火而化為灰燼。三千名員工悲觀地回到家裡，等待失業來臨之時，卻接到了董事會辦公室的一封信：全公司員工繼續支薪一個月。

在全國經濟一片蕭條的時候，通常是企業藉機會放無薪假，甚至裁員，有這樣的消息傳來，員工們深感意外。他們驚喜萬分，紛紛打電話或寫信向董事長亞倫·傅斯（Aaron Fox）表示感謝。

一個月後，正當他們為下個月的生活費擔心時，他們又接到董事會辦公室發來的第二封信，董事長宣布，再支付全體員工薪酬一個月。三千名員工接到信後，不再是意外和驚喜，而是熱淚盈眶。在失業席捲全國，人人生計沒有著落的時候，能夠得到這樣的照顧，誰不會感激萬分呢？

第二天他們紛紛擁向公司，自主地清理廢墟、擦洗機器，還

有一些人主動去聯絡被終斷的貨源。三個月後，哈理遜公司重新運轉了起來。，當時的《基督教科學箴言報》（The Christian Science Monitor）描述這奇蹟：

員工們用最大的力氣，日夜不懈地賣力工作，恨不得一天做二十五小時。這時，勸告亞倫・傅斯領取保險公司賠款之後一走了之的不肖商業伙伴，以及同業對手惡意批評他缺乏商業精神的人們，開始認輸。

現在，哈理遜紡織公司已成為美國最大的紡織公司，它的生意遍布五大洲的六十多個國家。

企業公司沒有放棄它的員工，員工就不會放棄公司，因此公司復甦了。員工獲得了生計。有時候在商業環境裡，為對方付出關懷與努力，往往會換來意想不到的收穫！

NOTE

參考書目

Adler, Ronald B. & Russell F. Proctor II. (2013) *Looking out Looking In*.

Atkinson,, Cliff (2011) Beyond Bullet Points: Using Microsoft *PowerPoint to Create Presentations That Inform, Motivate*.

Bechtle, Mike (2008) Confident Conversation: *How to Communicate Successfully in Any Situation*.

Berra, Yogi (2009) : *You Can Observe A Lot By Watching*.

Blokdijk , Gerard（2015）Yield Management,

Bolles, Richard N. (2015) *What Color Is Your Parachute? A Practical Manual for Job-Hunters and Career-Changers*.

Brodd, Jeffrey (2015) *Invitation to World Religions*.

Carson, Clarence B. (2015）*The Fateful Turn: From Individual Liberty to Collectivism* (3rd Ed)

Clark, Candace (2013) *The Label*.

Darwin, Charles R.. (2005) *The Expression of the Emotions in Man and Animals*.

Donnellon, Anne (2006) *Leading Teams*.

Donnellon, Anne (1996) *Team Talk The Power of Language in Team Dynamics*.

Forbes, Robert (2009) Missouri Compromise：*The Missouri Compromise and Its Aftermath*.

Freemantl, David (1999）*What Customers Like About You : Adding Emotional Value for Service Excellence and Competitive Advantage*.

Gardner, Erle Stanley & Perry Mason: (1994) *Seven Complete Novels*.

Garcia., Helio Fred (2012) *The Power of Communication: Skills to Build Trust, byInspire Loyalty, and Lead Effectively*.

Grice, H. P. (2007) *Philosophy of Language*.

Guffey, Mary Ellen & Dana Loewy (2014) *Business Communication: Process and Product*.

Herzberg, Frederick (2008) *One More Time: How Do You Motivate Employees?*

Hill, Charles L (2014) *International Business: Competing in the Global Marketplace*.

Khan, Omer (2015) *Landing Page Optimization: 22 Best Practices That Every Business Should Know*.

Kunda, Gideon (2006) *Engineering Culture: Control and Commitment in a High-Tech Corporation*.

Leahy, William MD (2014) *The Home Health Aide Handbook*.

Madison, James (2008) *Bill of Rights: with Writings that Formed Its Foundation*.

Meyers, Peter & Shann Nix (2012) *As We Speak: How to Make Your Point and Have It Stick*.

Morse, Steve (2001) *Guitar One Presents Open Ears: A Journey Through Life with Guitar in Hand*.

Negroponte, Nicholas (2012) *Beyond the Hole in the Wall: Discover the Power of Self-Organized Learning*.

Patterson, Kerry & Joseph Grenny Crucial (2011) *Conversations Tools for Talking When Stakes Are High*. (2nd Ed)

Pingdom, Royal & Geoffrey Tumlin (2013) *Stop Talking, Start Communicating*.

Powell, John. (2015) *Transforming Our Conceptions of Self and Other*

參考書目

Reichheld.

Fred (2008) *Loyalty Rules! : How Today's Leaders Build Lasting Relationships.*

Rogers, Carl (1995) *On Becoming a Person: A Therapist's View of Psychotherapy.*

Sander, Betsys , (1997) *Fabled Service: Ordinary Acts, Extraordinary Outcomes.*

Schein, Edgar H (2010) *Organizational Culture and Leadership.*

Segal, Jeanne (2008) *The Language of Emotional Intelligence: The Five Essential Tools for Building Powerful and Effective Relationships.*

Sibbet., David (2010) *Visual Meetings: How Graphics, Sticky Notes and Idea Mapping Can Transform Group Productivity.*

Skidmore, Rex A (1994) *Social Work Administration: Dynamic Management and Human Relationships.* (3rd Ed)

Stanton., Nicky (2009) *Mastering Communication.*

Thill, John V. & Courtland L. Bovee (2014) *Excellence in Business Communication.* (11th Ed)

Walton, Richard H. (2013) *Practical Cold Case Homicide Investigations Procedural Manual.*

Wolvin, Andrew D (2010) *Listening and Human Communication in the 21st Century.*

附　錄

附錄一　溝通的力量

書名：*The Power of Communication: Skills to Build Trust,*
Inspire Loyalty, and Lead Effectively
　　《溝通的力量：技能以建立信任，激發忠誠，並
　　有效地領導》
出版：2012年
作者：Helio Fred Garcia.
　　赫理奧‧弗雷德‧加西亞

溝通的力量

　　對任何一個人，特別是商務工作者而言，溝通能力非常重要，因
爲溝通決定一個人的觀念、態度與高度。溝通引發人的行動和反應，
反過來又會引發更多的溝通機會與商機。而溝通、舉止及言行一致都
很重要。良好的溝通能力賦予你力量，但與任何一種有用的工具一
樣，重點在於是否運用得當，否則會適得其反，善用溝通是商務工作
者的基本素質。

　　本書探討了領導者以語言激發、說服以獲得利益相關者的信賴，
以及建立信任，灌輸忠誠和領導有方的原則。在替管理人員策劃如何

行動、溝通，以贏得、保持或恢復公眾信任的33年期間，作者領悟到一個結論，就是人們經常完全誤解「溝通」。而誤解的後果是：商務工作者喪失競爭優勢；企業機構難以履行自己的使命；國家無力實現保護自己的國民、維護國家安全的目標。

我們誤解溝通，在於自認為對溝通方面駕輕就熟，認為自己從不滿一歲就會說話，四、五歲能讀書，不久又能寫字，與我們需要具備的其他素質不同，我們一生都在交流，而溝通似乎是一件信手拈來之事。正如魚兒意識不到身邊的水，我們也意識不到自己是否缺乏溝通能力。於是，我們會在重要關鍵時刻口誤，因為我們沒有像重視其他工作技能一樣地重視溝通。有效率的領導者知道溝通是重要的專業技能，並且想盡辦法去做好溝通的事。

作者簡介

Helio Fred Garcia 是美國Logos Consulting Group. 顧問集團董事長，Logos危機管理與行政領導學院執行董事。1998年，作者開始任教於紐約大學，現在是紐約大學斯特恩商學院高級管理人員工商管理碩士（EMBA）課程的客座教授；瑞士聯邦理工學院安全研究中心核心成員；此外，他還經常受邀到美國賓夕法尼亞大學沃頓商學院、美國海軍陸戰隊參謀學院和軍官學校、美國布魯金斯學會等機構授課或演講。

三十餘年來，作者致力於幫助商務工作領導者樹立威信、激發員工與客戶的忠誠和提高領導效率。他是一位教練、顧問、導師、作家和演講家，客戶涵蓋了世界各大知名公司和組織機構。

「談吐得體」 第一章摘要

2001年10月23日，蘋果電腦公司發布了一款將永遠改變音樂世界

的新產品，這產品將改變娛樂與電腦應用，甚至蘋果公司，並將公司名字中的「電腦」去掉。最近再度回鍋的首席執行官史蒂夫•賈伯斯（Steve Jobs）推出了一款新產品，它小巧玲瓏、可連接蘋果公司的麥金塔電腦（Macintosh）系統，可以播放音樂。

蘋果公司本來在15年前可以大肆宣揚這款新產品中的設計和技術，或5GB史無前例的存儲能力，或是強調優美的外觀、易於操作，甚至其價格。但蘋果公司沒有這麼做，相反地，史蒂夫•賈伯斯只說了一句話，就吸引了消費者的目光，就讓他們重新想像聽音樂時的感受。他沒有強調這款產品的特點，也沒有炫耀其中的技術，他只說了這款產品對消費者的意義：

iPod，將1,000首歌裝進你的口袋！

一語驚醒所有的人。直到這一刻，大多數消費者仍想像不出隨身攜帶1,000首歌是怎樣的情形，其實這相當於90到100張CD。但這句話激起了消費者的想像力，抓住了他們的心。就如創造會帶來需求的現實，之前從未想過要隨身攜帶這麼多首歌的人，現在卻突然間覺得非買一台iPod不可。

「將1,000首歌裝進你的口袋！」簡單的一句話，改變了民眾對自己與音樂之間的關係與理解。iPod和蘋果永遠改變了消費者的態度和娛樂業。十年內，蘋果憑藉iPod的替代產品iPhone 和iPad，更改變了電信業。一如蘋果對iPhone的評價：

iPod和蘋果因賈伯斯 一句話而改變！

這就是：溝通的力量（The Power of Communication）。

内容介紹

《溝通的力量》分爲三個部分，共10章。

書名：*Visual Meetings: How Graphics, Sticky Notes and Idea Mapping Can Transform Group Productivity,* 2010

《視覺會議：圖形，便箋與理念是如何投射變換為團隊的生產力》

出版：2010年

作者：David Sibbet.
大衛・西貝特

視覺會議的效力

　　讓我們從真實故事瞭解視覺會議，透過這個時代最有創造力的企業之一——蘋果公司的故事，看一群人在運用生動的視覺方法工作時，能夠達到什麼效果。

　　1985 年，剛成立不久的蘋果大學推出了旗艦專案——領導力體驗（Leadership Experience），專案是由外部團隊負責設計和帶動的，作者受到蘋果產品圖像特性的啟發，他們應用了許多視覺會議策略，這些策略你也可以重複使用。

蘋果領導力探險

這年夏天的一個溫暖下午，在矽谷南部加州海灘的著名會議勝地帕哈羅沙丘（Pajaro Dunes），大約 35 名來自蘋果公司（當時叫蘋果電腦）的年輕幹部從車上依次走下來。……牆上有九個大螢幕。我們請大家坐在地板上，在半昏暗中等待著開場。他們爲期一週的「領導力探險（Leadership Expeditions）營」即將開始。當時，IBM 已經引爆了個人電腦大戰。蘋果正帶著第一代圖形圖像電腦加入戰鬥，他們需要中層管理者敢於冒險，並擔任領袖的角色。我們的焦點任務是讓他們想像，這是可以做到的，整個會議都要努力傳達這個意圖。

九個大螢幕突然亮起來，眾人的耳朵和胸膛被一個聲音震動，這是杜比身歷聲傳來的吉姆•惠特克（Jim Whittaker）的聲音。他是第一個登頂喬戈裏峰（Chogori / Qogir）（世界第二高峰）的美國人，也是第一個包含女性隊員的登山隊隊長。當時，他的目標是攀登世界第一高峰珠穆朗瑪峰。「這是關於我們創造登山歷史的故事」在激昂的音樂聲中，他開始說道。接著，音樂換成尼泊爾的主題。在隨後的 15 分鐘裏，螢幕上持續地用多媒體播放本週的主題：領導力就像是探險，是一個團隊大事，需要主動、大膽和創造力。

⋮
⋮

峰谷圖

在蘋果「領導力探險」的第二天，我們請所有參與者從不同角度去看他們自己的職業生涯。我們請大家用一個簡單的圖像範本，叫作「峰谷圖（peak and valley diagram）」，畫出自己的工作經歷。具體做法是把一張紙橫放著，在中間畫一條橫線，然後跟隨直覺畫一條可以表示自己工作起伏的曲線，並給山峰和山谷寫上標注。這個練習根

本不要求任何繪畫才能。接下來，我們請大家分成兩人一組，把他們的圖交換著看，互相講述自己的工作經歷。蘋果電腦當時的行銷部門主管，開朗的法國人讓•路易•加斯（Jean Louis Gassee），與蘋果電腦首席財務長，穿 T 恤、很有明星相、聰明直率的黛比•科爾曼（Debbie Coleman），兩人坐在帕哈羅沙丘主樓的前門廊，分享他們的圖。儘管兩人的風格看上去完全相反，但這次經歷讓他們在蘋果工作的大部分時間，都保持著盟友的關係。

在接下來的八次領導力探險，以及我們培訓蘋果公司自己引導的十幾次活動中，都做了這個峰谷圖的練習。每一次參與的人都增長了見識，也增進了交情。人們會從中發現，在低潮或挑戰之後，曲線總是會上升，甚至出現巔峰階段。我很驚奇地看到，讓他們產生這些見識的原因，只是把觀察的視角從線性故事方式，轉變為峰谷圖的圖像方式。

換成圖像的框架，我們就轉換了觀察視角。另外，這個例子也充分地說明視覺語言可以解決看上去矛盾的衝突——就像我們生活中經歷的起起伏伏的事件，原本看起來互不相關，當你用峰谷圖清晰地畫出那條生命的起伏線，就可以看到人生其實是一些在深層有聯繫的事件的流動。不妨花些時間自己做一次練習。

願景的故事

這次領導力探險的巔峰，是讓每一位參與者為自己的團隊創作一個願景，並且要保證在結束訓練後回到自己團隊中去分享，我們是這樣設計這個過程的：

1. 聽馬丁•路德•金博士的演說《我有一個夢》，從中獲取啟發，並體會令人信服的願景都包含哪些特徵。
2. 用文字寫下他們自己團隊的願景，想像這是一部電影，用故事

的方式把重點畫出來。

3. 在晚上提供一個快速的入門培訓，講解如何在白板上畫簡單的象形圖。

4. 要求每個人對著一個假扮成他們團隊的小組發表願景，也可以用白板來輔助演講。

5. 向自己的團隊要求回饋意見，哪裡最有說服力，哪裡缺乏信任感，透過分享，改進願景。

6. 用錄音或錄影記錄下每個願景演示的過程，讓參與者離開時帶走。

創建一個共用的參考框架

這次領導力探險，我們邀請了特別擅長講故事和描繪未來可能性的特殊客人做演講。其中，艾倫‧凱伊（Alan Kay）的開場演講非常精彩，艾倫是一位思想先鋒，曾在雅達利（Atari）、施樂工作，後來加盟蘋果。他構想了最初的筆記本電腦 Dynabook。艾倫就是我們希望蘋果的與會者渴望成為的領導典範。艾倫是「蘋果特別員工」獎得主，他的圖畫和視覺思維大大地影響著人們表現的觀點，實際上直接創造了蘋果的未來。作為一位訓練有素的分子生物學家、頗有造詣的音樂家、認真的發明家，他的知識廣度與創造力是相當少見的。艾倫的演示獲得每個人的關注。我們也知道，要從我們安排的體驗活動（包括學習這本書）獲得實際的結果，我們每個人都需要感受到可能性和目的感。「我們尚未接近我們可以建立的那種系統。」艾倫一開場就說。他把現代電腦描述為一個擴大器，直接透過工具包工作，間接透過代理與網路工作（這是社交網路出現之前的方式）。「這種架構能直接使觀看者產生錯覺。」

作者簡介

　　大衛・西貝特（David Sibbet）是The Grove Consultants International（格羅夫國際諮詢公司）的總裁與創辦人。在1977 年創立的格羅夫公司。該公司在戰略規劃、願景展望、創造力、未來力量、領導力發展以及大型系統變革過程領域居於世界領導地位。大衛過去參與蘋果電腦在 1980 年代的壯大；他負責的管理團隊在 1990 年帶領美國國家半導體公司（National Semiconductor）起死回生；他也先後與惠普公司合作多年，帶領總部小組與分部的戰略願景會議，協助開發領導力專案。

　　他的近期代表著作包括如下：*Visual Teams: Graphic Tools for Commitment, Innovation, and High Performance*, 2011《爲承諾，創新和高性能的圖形工具》。*Visual Leaders: New Tools for Visioning, Management, and Organization Change*, 2012《視覺領導者：爲願景，管理和組織變革的新工具》。

內容介紹

　　《視覺會議：圖形，便箋與理念是如何投射變換爲團隊的生產力》分爲五個部分：儘管想像，吸引群體建立關係，視覺思維圖像，促進行動的圖像以及把它們組合在一起。全書一共由23個議題所組成。請參照以下的目錄內容。

目錄

視覺會議的力量

2. 人人都懂的圖像語言 ——它是帶筆的手勢

3. 四種簡單的開始方法 ——個人視覺會議，餐巾紙和白板，圖
   像範本以及讓別人畫

第二部分　吸引群體建立關係
爲什麼視覺傾聽這麼簡單而又吸引人

4. 吸引人們投入 ——用圖像進行互動

5. 做演示不用PPT ——用簡筆劃與範本圖

6. 用圖像做顧問與銷售 ——畫出顧客的興趣

7. 動手操作資訊 ——便箋及圖點法

8. 使用圖畫和互動 ——拼貼法與圖片卡法

第三部分　視覺思維圖像
導出想法與發現模型

9. 群體圖像 ——在牆上做記錄的7種方法

10. 問題解決 ——突破困境，緊迫思考

11. 故事板和構想圖 ——創新者與設計師如何工作

12. 視覺規劃 ——用圖像範本看全景

13. 多個會議法與畫廊漫步法 ——超越時空理解事物

14. 轉成數位照片 ——用視覺檔發展你的會議

15. 遠端視覺會議 ——在網路會議中使用平板電腦

第四部分　促進行動的圖像
用於團隊建設、專案管理以及獲得結果

16. 支援團隊績效 ——目標、角色和行動計畫的視覺化

17. 決策會議 ——達成一致，獲得承諾

18. 專案管理會議 ——用圖片畫出進展

附錄三　溝通關鍵對話

書名：*Crucial Conversations: Tools for Talking When Stakes are High*（2nd Edition）

《關鍵對話：溝通工具的代價是很高的》

出版：2011年

作者：Kerry Patterson and Joseph Grenny

寇里‧派特森與約瑟夫‧格雷尼

溝通關鍵對話

商業溝通的成敗牽涉到很多因素，主要包括：溝通目標、溝通策略及溝通技術三個層面。許多大企業的交易談判失敗個案顯示，雖然事前有做好妥善的目標與策略規劃，可惜在「關鍵時刻」處理不當，導致功敗垂成。《關鍵對話》這本書針對這個問題提出有效對策。

所謂「關鍵時刻」，作者定義爲：當談判者面對高風險與情緒化問題時，不當處理和對方觀點不一致的情況。對於溝通工作中的「關鍵時刻」，作者的建議是：如果人們能夠學習有效掌握高風險對話大師的做法，企業的表現一定會有巨大的改善。

本書在2002年出版第一版，頗受好評，同時也接到許多讀者的熱烈回應。因此，讓作者越來越確信這一論點的正確性，也讓他們的研究隊伍日益壯大，各種證據顯示當企業經營者努力創建關鍵對話文化之後，核電廠的運作變得更加安全；財務公司的客戶變得更加忠誠；醫療系統變得更加準確；政府機構的服務變得更加有效率；科技公司的跨國業務變得更加緊密無間。

為了回饋讀者，於是發行第二版。作者在第二版序言中提到：書中的案例和200萬讀者共同的肯定，產生了巨大的效應。它們會讓讀者同樣感受到作者們在和每位熱心讀者的互動中得到的成就感。在新版中，有一些重要更動，使之成為更有影響力的作品，包括對核心觀點的闡述、案例的更新以及對重點內容的補充強調。其中最重要的是，對新型研究結果的總結、可幫助說明理論觀點的強有力的讀者故事。本書新內容不但會提升讀者的閱讀體驗，而且會幫助讀者更有效地把書中的理論轉變成切實可行的工作經驗。

我們非常確信，改變人們應對關鍵時刻的方式可以為企業、個人和國家帶來更加美好的未來。我們唯一無法確定的是，整個世界是否會像我們期望的那樣對此做出積極回應。我們非常高興地看到，如今越來越多的人意識到關鍵對話是有效改變溝通效率的手段。

讀完本書之後，讀者不只更為積極主動溝通，並能更有效地解決對話問題而已。更準確地說，只要他們知道什麼時候會進入關鍵對話，知道努力避免陷入沉默狀態，這就很容易達到成功對話了。當然，學習和應用更多溝通技巧非常重要，它能讓商業工作者更好地應對各種對話場合。不過，如果你想從關鍵對話部分出發，應當首先從本書中抓住最有幫助的技巧勤加練習。它能更有針對性地幫助你解決問題，讓你坦然說出內心想法，同時營造安全氣氛幫助對方做到這一點。因此，讓溝通更順暢，更有效率。

作者簡介

本書作者：Kerry Patterson（寇里・派特森）與Joseph Grenny（約瑟夫•格雷尼）。兩人合著多本暢銷書。

Kerry Patterson在史坦福大學從事組織行為方面的博士研究工作。他曾負責過多個長期行為變化調查研究專案。2004年，Kerry獲得楊百翰大學馬里奧特管理學院迪爾獎，以表彰他在組織行為領域的傑出貢獻。代表著作（與Grenny合著）包括：*Crucial Accountability: Tools for Resolving Violated Expectations, Broken Commitments, and Bad Behavior*, 2013《關鍵責任：違反期望的解決工具，破碎的承諾，以及不良行為》，*Influencer: The New Science of Leading Change*, 2013《影響者：領導變革的新科學》，*Change Anything: The New Science of Personal Success*, 2012《改變什麼：個人成功的新科學》，*Crucial Confrontations: Tools for Resolving Broken Promises, Violated Expectations, and Bad Behavior*, 2004《至關重要的對峙：失信的解決工具，違反的期望和不良行為》等。

Joseph Grenny（約瑟夫・格雷尼）是一位知名主題演講師，也是在企業變革研究領域從業20多年的資深顧問。此外，他還是非營利組織Unitus的共同創始人，該組織致力於幫助世界貧困人口實現經濟自立的目標。他的代表著作與Kerry Patterson相同。

内容介紹

國家圖書館出版品預行編目資料

商業溝通：掌握交易協商與應用優勢 / 林仁
和著. 一一版. 一臺北市：五南, 2016.07
　面；　公分
ISBN 978-957-11-8653-5(平裝)

1.商務傳播 2.溝通技巧 3.職場成功法

494.2　　　　　　　　　105009863

1FW9

商業溝通
掌握交易協商與應用優勢

作　　　者 ― 林仁和

企劃主編 ― 侯家嵐

責任編輯 ― 侯家嵐

文字編輯 ― 鐘秀雲

封面設計 ― 盧盈良

出 版 者 ― 五南圖書出版股份有限公司

發 行 人 ― 楊榮川

總 經 理 ― 楊士清

總 編 輯 ― 楊秀麗

地　　　址：106台北市大安區和平東路二段339號4樓

電　　　話：(02)2705-5066　傳　　　真：(02)2706-6100

網　　　址：https://www.wunan.com.tw

電子郵件：wunan@wunan.com.tw

劃撥帳號：01068953

戶　　　名：五南圖書出版股份有限公司

法律顧問　林勝安律師

出版日期　2016年7月初版一刷
　　　　　2023年5月初版二刷
　　　　　2024年8月初版三刷

定　　　價　新臺幣480元